MUSÉE SCOLAIRE DEYROLLE

HISTOIRE NATURELLE

DE LA

FRANCE

6ᵉ PARTIE

MOLLUSQUES

(CÉPHALOPODES, GASTÉROPODES)

AVEC 20 PLANCHES

PAR

Albert GRANGER

MEMBRE DE LA SOCIÉTÉ LINNÉENNE DE BORDEAUX

PARIS

ÉMILE DEYROLLE, NATURALISTE

23, RUE DE LA MONNAIE

MUSÉE SCOLAIRE DEYROLLE

HISTOIRE NATURELLE

DE LA

FRANCE

6e PARTIE

MOLLUSQUES

(CÉPHALOPODES, GASTÉROPODES)

AVEC 19 PLANCHES

PAR

Albert GRANGER

MEMBRE DE LA SOCIÉTÉ LINNÉENNE DE BORDEAUX

PARIS

ÉMILE DEYROLLE, NATURALISTE

23, RUE DE LA MONNAIE

HISTOIRE NATURELLE DE LA FRANCE

6ᵉ PARTIE

MOLLUSQUES

INTRODUCTION

Grâce à l'admirable réseau de chemins de fer qui couvre aujourd'hui notre territoire, tout Français peut faire un voyage à la mer. Lorsqu'on se trouve pour la première fois devant ce spectacle grandiose, on est d'abord saisi d'un étonnement mêlé de stupeur, puis peu à peu on se familiarise avec cette immensité liquide, on se prend à rêver à ces profondeurs mystérieuses et aux êtres qu'elles renferment. Absorbé par ses pensées on suit machinalement la plage, et soudain on s'arrête frappé par un nouveau spectacle : mille épaves diverses gisent à vos pieds.

On se baisse pour examiner ces naufragés de la mer, on regarde avec curiosité ces coquilles arrachées violemment à leur élément, on les ramasse et on en fait une collection dans le but de la conserver comme souvenir de cette première excursion à la mer.

Au retour de son voyage, on examine plus attentivement ces coquilles, on voudrait connaître les animaux qui les habitaient. Cette étude, c'est la *Conchyliologie*, et c'est cette partie de l'Histoire naturelle que nous traiterons dans ce volume.

Mais la Conchyliologie ne s'occupe pas seulement des Mollusques marins; elle comprend aussi ceux qui rampent dans nos jardins et dans nos bois, ceux qui vivent dans nos étangs et dans nos rivières. Faire connaître tous les Mollusques terrestres, fluviatiles et marins qui appartiennent au continent français ou à ses côtes, tel est le but que nous nous proposons. Ceux qui ont voulu étudier la Conchyliologie ont souvent été arrêtés à leurs débuts par la difficulté de se procurer un ouvrage élémentaire, dégagé de ces descriptions trop scientifiques qui fatiguent un débutant et le font souvent abandonner une partie de l'Histoire naturelle pour laquelle il avait un véritable penchant. Nous chercherons dans cet ouvrage à exposer clairement la Faune conchyliologique de France en élaguant tout détail trop scientifique. Si nous avons réussi à être utile aux débutants, nous serons suffisamment récompensé de nos peines.

A. G.

GÉNÉRALITÉS

Notre but n'est pas d'exposer ici les notions élémentaires sur la structure et l'anatomie des Mollusques ; ces généralités seront traitées dans un volume spécial. Mais, avant de décrire la Faune conchyliologique de France, il est nécessaire d'entrer dans quelques explications au sujet des termes techniques employés généralement en Conchyliologie et qu'il est indispensable de connaître.

Tous les Mollusques étant des animaux au corps mou ou gélatineux, recouverts d'une peau ou pourvus d'une enveloppe calcaire nommée *coquille*, on désigne sous le nom de *Mollusques nus* ceux dont la coquille manque complètement ou est interne, tandis que ceux qui sont munis d'une coquille apparente s'appellent *Mollusques testacés*.

Tout Mollusque testacé est muni d'un *manteau* ou repli particulier de la peau enveloppant plus ou moins complètement l'animal et sécrétant le *test*. Le *test* est un produit calcaire ou corné qui devient une coquille. Cette sécrétion calcaire ne se faisant pas régulièrement à certaines époques, il en résulte sur la coquille des bourrelets plus ou moins prononcés qui portent le nom de *stries d'accroissement.*

Pour désigner les diverses parties d'une coquille, on la suppose placée la pointe en haut, l'ouverture en bas tournée vers l'observateur. Cette pointe est le *sommet*, qui offre des caractères importants, puisque c'est là le *nucléus* ou partie formée dans l'œuf.

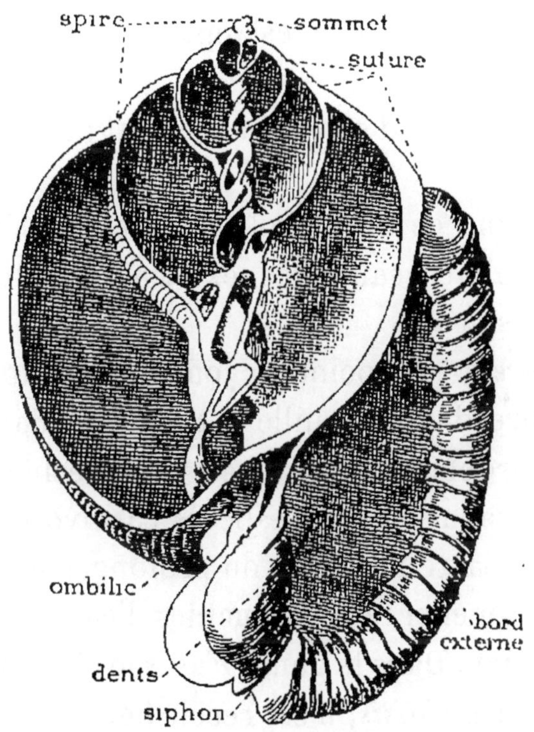

Fig. 1. — Coupe d'une coquille spirale de Gastéropode.

L'axe autour duquel s'enroule une coquille est la *columelle.*

La *spire* est la portion de la coquille enroulée autour de la columelle ; d'après la forme de certaines coquilles, on les dit à *spire élancée*, à *spire obtuse*, etc...

La columelle est percée d'un trou dans toute sa longueur. Quand ce trou est assez grand pour laisser voir un ou deux tours de la spire, la cavité formée à la base porte le nom d'*ombilic* et la coquille est dite *ombiliquée*. Si ce trou est très petit, on la dit *perforée* ; enfin si ce trou n'existe pas, on l'appelle *imperforée*.

On désigne aussi quelquefois sous le nom de columelle le bord gauche de l'ouverture appelée improprement la *bouche*. On dit alors que la columelle est :

Calleuse, quand elle est épaissie par une secrétion abondante ;

Marginée, quand son bord droit est muni d'un bourrelet renversé.

On désigne ce bord droit sous le nom de *lèvre*. Lorsque des pointes saillantes existent à l'intérieur, on les appelle des *dents*.

La *suture* est le point de jonction des tours de spire. L'ouverture d'une coquille est entière dans la plupart des Gastéropodes herbivores, mais échancrée ou prolongée en canal dans les espèces carnivores. C'est par ce canal que passe le *siphon* ou prolongement du manteau destiné à amener aux branchies l'eau nécessaire pour la respiration. Dans le genre *Fusus* le siphon est allongé; dans le genre *Cassis*, il est recourbé.

Lorsqu'on place une coquille dans la position que nous avons indiquée (fig. 1), la partie supérieure ou postérieure de l'ouverture est celle qui est en haut; la partie opposée est le *bord inférieur* ou *antérieur* ; enfin le bord qui s'appuie ordinairement sur la columelle s'appelle *bord columellaire*, tandis que le bord opposé s'appelle *bord externe*, *bord latéral* ou *lèvre droite*.

L'ouverture d'une coquille est :

Ronde, lorsqu'elle est exactement circulaire ;

Arrondie, lorsqu'elle se rapproche de la forme ronde ;

Semi-lunaire, lorsqu'elle est échancrée par la convexité de l'avant-dernier tour ;

Dentée ou *denticulée*, lorsqu'elle est garnie de dents ou de callosités ;

Plissée, lorsqu'elle est sillonnée de plis élevés ou de petites lames saillantes.

Le *péristome* est le bord de l'ouverture ; il est :

Continu, quand il forme une courbe rentrante et que le bord latéral et le bord columellaire se réunissent ;

Interrompu ou *disjoint*, quand le côté gauche de l'ouverture est formé seulement par le dernier tour ;

Évasé, quand il s'élargit en entonnoir ;

Réfléchi, quand il se replie en dehors ;

Infléchi, quand il se courbe en dedans ;

Bordé, quand il est garni d'un bourrelet intérieur ;

Simple, quand il n'est ni bordé ni réfléchi ;

Le péristome est ordinairement mince et tranchant chez les coquilles qui ne sont pas arrivées à leur entier développement. C'est un moyen généralement employé pour reconnaître si une coquille est jeune ou adulte. Le bord du péristome est quelquefois étalé ou garni d'épines comme dans le genre *Murex*. Lorsque ces bordures ou expansions sont produites périodiquement, on leur donne le nom de *varices*.

Si on considère la forme générale d'une coquille, on emploie les désignations suivantes :

Turbinée, coquille conique avec une base arrondie ;

Globuleuse, quand la hauteur est plus grande que les deux tiers du diamètre ;

Subdéprimée, quand la hauteur n'est pas plus grande que les deux tiers du diamètre ;

Aplatie ou *déprimée*, quand la hauteur est plus grande que la moitié du diamètre ;

Discoïde, quand les tours de spire suivent le même plan et que la coquille est alors plane ou convexe en dessus et en dessous ;

Ovoïde, lorsqu'elle est renflée dans la partie médiane ;

Conoïde, lorsqu'elle se rapproche de la figure conique ;

Trochiforme, lorsqu'elle a la forme d'un cône très court ;

Scalariforme, lorsqu'il existe un écartement entre chaque tour de spire ;

Cylindracée, lorsqu'elle a la forme cylindrique ;

Fusiforme, lorsqu'elle est amincie en forme de fuseau ;

Turriculée, lorsqu'elle est allongée, avec des tours peu convexes ;

Torse, lorsque les tours sont séparés par une profonde suture ;

Cordiforme, en forme de cœur, comme l'*Isocarde* ;

Auriforme, en forme d'oreille, comme l'*Haliotide* ;

Tubuleuse, en forme de tube, comme le *Dentale* ;

Clypéiforme, ayant l'apparence d'un bouclier, comme l'*Ombrelle* ;

Multivalve et *imbriquée*, composée de plusieurs pièces, comme celle de l'*Oscabrion* ;

Carénée, lorsqu'un des tours de la spire est couronné d'une saillie.

Dans quelques genres (*Pupa, Clausilia, Physa*) certains organes occupant le côté gauche de la coquille, elle est alors enroulée du côté opposé ; on la désigne sous le nom de coquille *senestre* ou *perverse*. Ce fait peut se présenter accidentellement dans d'autres genres (*Helix, Bulimus, Fusus*). Enfin dans quelques espèces spirales le sommet de la spire est abandonné et, cessant d'être vivant, il se rompt et produit une coquille *tronquée* ou *décollée*, comme le *Bulimus decollatus*.

Si on examine les caractères extérieurs de certaines coquilles, on emploie aussi les termes suivants :

Striée, coquille dont la surface est rayée de lignes creuses ou élevées (les stries sont *spirales* si elles tournent dans le sens de la spire, *longitudinales* ou *transverses*, si elles sont dans le sens de l'axe);

Hispide, lorsque la surface est hérissée de poils ;

Cornée, lorsque la coquille a la couleur et la transparence de la corne ;

Fasciée, lorsqu'elle est entourée de bandes colorées ;

Flammée ou *flambée*, lorsqu'elle est ornée de flammes irrégulières ou interrompues.

Épiderme. — Toutes les coquilles ont une enveloppe externe de matière animale appelée *épiderme*, qui est mince et transparent ou épais et opaque. Il est de couleur olive dans toutes les coquilles d'eau douce, quelquefois soyeux et frangé de poils comme dans certaines Hélices (*H. hispida. H. villosa*), quelquefois épais et velouté comme dans le *Triton corrugatum ;* on l'appelle alors *drap marin*. Enfin il est quelquefois recouvert de filaments rudes en forme de barbe, comme dans l'*Arca barbata*.

Opercule. — Les Gastéropodes rampent sur un disque charnu et musculaire qui porte le nom de *pied*. Dans certains genres, à la partie postérieure du pied adhère une pièce servant à clore la coquille quand l'animal s'y est enfermé. Cette pièce se nomme l'*opercule*. D'après sa forme, l'opercule est *concentrique*, *imbriqué*, *onguiculé*, *spiral*, *paucispiral*, *subspiral*, *multispiral* et *articulé*. Il est composé d'une substance calcaire ou cornée ; dans un même genre (*Natica*) on trouve des espèces à opercule calcaire et d'autres à opercule corné.

Fig. 5.

Fig. 2.   Fig. 3.   Fig. 4.   Fig. 6.   Fig. 7.

2, Opercule de *Natica monolifera*. — 3, Opercule de *Murex trunculus*. — 4, Opercule de *Cassidaria echinophora*. — 5, Opercule de *Neritina fluviatilis*. — 6, Opercule de *Nassa reticulata*. — 7, Opercule de *Trochus granulatus*.

Le plus souvent l'opercule s'adapte exactement à l'ouverture de la coquille ; mais quelquefois il ne ferme l'entrée qu'incomplètement ou est presque rudimentaire, comme dans les Cassidaires et les Ansérines.

Épiphragme. — On doit se garder de confondre l'opercule avec l'*épiphragme* ou *faux opercule*, feuillet mince et transparent dont certaines espèces terrestres ferment leur coquille pendant l'hiver. Les escargots de nos jardins s'enterrent à l'approche du froid et ferment leurs coquilles avec l'épiphragme qu'ils secrètent à cette époque.

Mollusques bivalves. — Les Mollusques *acéphales*, c'est-à-dire manquant de tête distincte, sont tous aquatiques. Leurs organes sont renfermés entre deux feuillets qu'on appelle *valves ;* de là leur nom de *Mollusques bivalves.* La structure de leur coquille exige aussi quelques explications :

Les valves sont égales ou inégales et les coquilles sont dites alors *équivalves* ou *inéquivalves.*

Si on examine une coquille bivalve placée dans la position de la figure 8, les sommets de chaque valve se nomment *crochets ;* les deux espaces en avant et en arrière des crochets portent le nom de *lunule* et de *vulve* ou *corselet.*

Les deux valves sont réunies par une pièce dite *charnière*, dont les ligaments sont internes ou externes.

La charnière est avec ou sans dents ; lorsqu'elle est pourvue de dents, on les nomme, d'après leur forme, *crochets, lames, cuillers, bifides.* Les dents placées sous les crochets sont les dents *cardinales*, tandis que celles qui en sont éloignées de chaque côté sont les dents *latérales.*

Enfin lorsqu'elles sont nombreuses et forment une ligne droite ou brisée, comme dans le genre *Arca*, elles sont dites *sériales.*

Les muscles qui servent au Mollusque pour fermer ses valves sont les muscles d'*attache* ou *adducteurs ;* ils laissent dans la coquille des empreintes qui portent le nom d'*impressions musculaires.*

L'*impression palléale* est celle laissée par toute la portion adhérente au manteau et successivement épaissie. Lorsque cette impression forme une échancrure (fig. 8, *s*), on la nomme *sinus*, elle indique que l'animal avait des siphons rétractiles.

Les coquilles des Mollusques bivalves sont souvent pourvues d'un faisceau de fibres soyeuses qui sert à l'animal à se fixer à des corps étrangers autour desquels

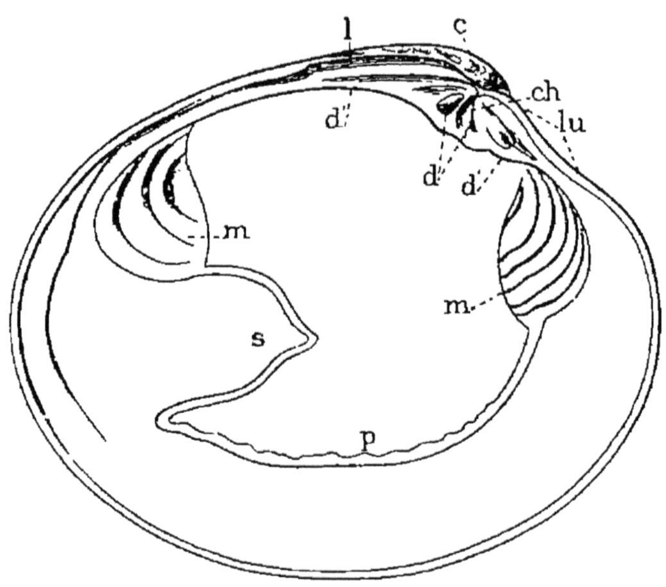

Fig. 8. — *l*, ligament ; *c*, crochet ; *lu*, lunule ; *ch*, charnière ; *d*, dents cardinales ; *d'*, dents latérales ; *m*, impressions musculaires ; *p*, impressions palléales ; *s*, sinus.

il peut se mouvoir. Ce faiseau se nomme le *byssus*. C'est au moyen du byssus que les moules de nos côtes s'a-marrent aux objets immergés. « Le byssus de certaines moules, dit M. Millet dans son livre *La Culture de l'eau*, présente jusqu'à cent cinquante petits câbles; nos vais-seaux ne sont pas amarrées aussi solidement. »

Nous terminons cette nomenclature par l'explication

de quelques termes très usités dans les ouvrages récents de Conchyliologie.

On a étudié depuis quelques années la distribution géographique des Mollusques sur la surface du globe, et on a établi à cet effet une division par régions, chacune d'elles étant caractérisée par la présence de certaines espèces. On nomme *area* ou *aire de dispersion* l'étendue plus ou moins vaste du globe habitée par une même espèce ; on dit, par exemple, que l'*Helix lactea* a une *area très étendue*.

Enfin les grandes expéditions scientifiques entreprises de nos jours par les États-Unis, l'Angleterre et, tout récemment, par la France, en opérant de nombreux dragages à toutes les profondeurs, ont démontré que cette profondeur des mers ne dépassait pas 7 ou 8 000 mètres et qu'elle atteignait en moyenne 3 000 à 3 500 mètres. On a pu aussi étudier la répartition des Mollusques suivant la profondeur, chacune ayant une association particulière d'espèces. Cette distribution, qu'on a nommée *distribution bathymétrique*, est établie par *zones*.

M. le Dr Paul Fischer, aide naturaliste au Muséum et qui, dans les récentes croisières du vaisseau *le Travailleur*, a étudié spécialement cette distribution, admet cinq zones :

1° *Zone littorale*, dont l'importance dépend de l'amplitude des marées ;

2° *Zone des Laminaires*, s'étendant de 27 à 28 mètres de profondeur et comprenant toutes les espèces qui vivent dans les Laminaires (*Laminaria digitata*) et dans les Zostères (*Zostera marina*) qui forment à cette profondeur de véritables prairies sous-marines ;

3° *Zone des Nullipores ou des Corallines*, de 28 à 72 mètres, et ainsi nommée parce qu'à cette profondeur les rochers sont couverts par les Algues incrustantes (Corallines et Nullipores);

4° *Zone des Brachiopodes et des Coraux*, de 72 à 500 mètres. Elle est surtout caractérisée par les Mollusques Brachiopodes qui s'attachent aux Polypiers et Bryozoaires qui vivent dans cette zone;

5° *Zone abyssale*, de 500 à 5000 mètres et au delà. La Faune en est peu connue, le nombre des espèces étant de plus en plus restreint au delà de 2000 mètres.

NOTIONS ÉLÉMENTAIRES POUR LA RECHERCHE ET LA PRÉPARATION DES MOLLUSQUES.

Tout conchyliologiste, à ses débuts, se promet de réunir les premiers éléments de sa collection au moyen d'excursions fréquentes à la recherche des Mollusques terrestres ou marins; mais combien partent le cœur rempli d'espérance et rentrent le soir harassés et la gibecière vide! C'est qu'il ne suffit pas d'aller loin, il faut avant tout savoir chercher. « La recherche des Mollusques vivants, dit le Dr Fischer, est basée sur la connaissance des mœurs de ces animaux. On appelle *stations* les circonstances dans lesquelles on les recueille, tandis que l'*habitat* comprend la distribution géographique de chaque espèce. »

Nous réunissons dans ce chapitre tous les renseignements dictés par une longue expérience et qui permettront à chacun d'utiliser les ressources de la région qu'il habite. Nous nous occuperons d'abord des Mollusques marins, ensuite des Mollusques terrestres et fluviatiles.

RECHERCHE DES MOLLUSQUES MARINS SUR LES COTES DE FRANCE.

Au point de vue des recherches il faut diviser les Mollusques marins en deux catégories :

1° Ceux qui vivent dans les grands fonds ;

2° Ceux qui habitent la zone du littoral.

Pour chasser les premiers, il est nécessaire de se munir de certains engins qui permettent de les atteindre dans les endroits plus ou moins profonds qu'ils habitent.

Les récents dragages opérés sur les côtes de France par les missions scientifiques du *Travailleur* et du *Talisman* ont été faits au moyen de dragues puissantes appartenant à la marine de l'État et qu'un modeste amateur ne peut posséder. Mais il est facile de faire fabriquer une drague plus simple, comme celle indiquée dans les figures 9 et 10.

C'est un cadre en fer ; quatre chaînes sont attachées aux angles, les deux supérieures sont plus courtes que les inférieures, le sac est un fort filet en fil goudronné ; pour protéger la partie qui doit traîner au fond, on peut fixer un morceau de toile à voile sur le bord inférieur du cadre en fer qui est plus saillant que les trois autres côtés ; c'est cette partie qui râcle le fond de la mer et aide à soulever les mollusques qui sont sur le sable ou les roches. La corde de halage est attachée à l'anneau qui relie les quatre chaînes.

Lorsqu'on veut draguer, il faut que cette corde ait environ le double en longueur de la profondeur de l'eau ;

lorsqu'elle est trop courte, la drague effleure à peine le fond et ne rapporte rien ou à peu près ; trop longue, vous risquez à remplir votre instrument de goémons et de sable, ce qui ne donnerait pas un meilleur résultat ; ou bien encore, si vous êtes sur un fond de roches, la drague peut s'accrocher et être à tout jamais perdue. L'extrémité de la corde qui reste dans le bateau doit être solidement amarrée ; puis, lorsque la drague est

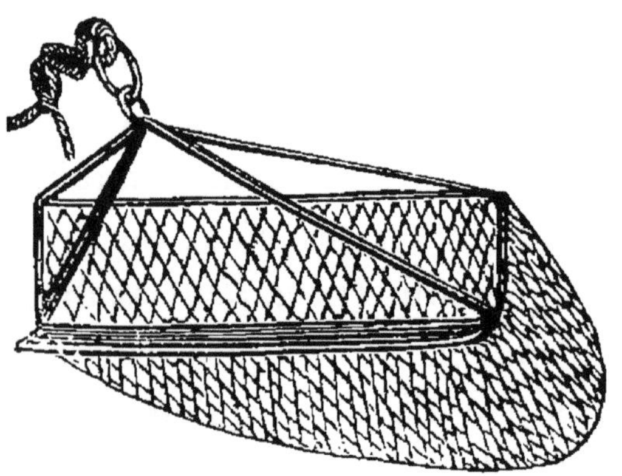

Fig. 9. — Plan de la monture d'une drague réduit au 1/8.

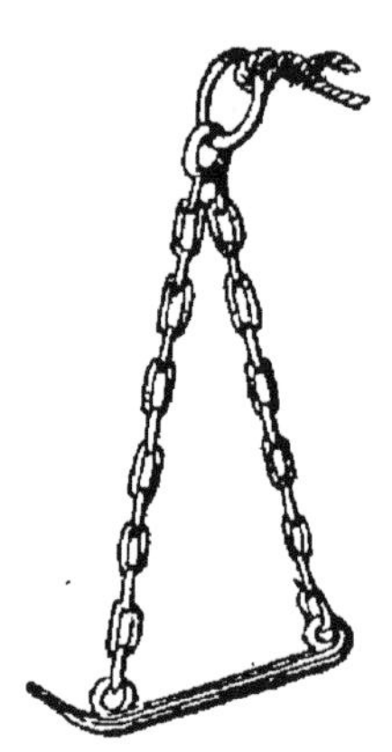

Fig. 10. — Drague vue latéralement.

à l'eau et qu'on a laissé filer la longueur de corde jugée nécessaire, on amarre avec un nœud pouvant se défaire pour permettre à la partie de la corde restée à bord de filer s'il arrivait qu'un obstacle imprévu accroche la drague ; dans ce cas, si on est à la voile on amène, et en tirant à pic ou en sens inverse, il est facile de dégager l'instrument ; à la rame la manœuvre est encore plus facile.

On peut, en l'absence de drague, employer les filets qui servent à la pêche à la *seine*, les *châluts*, etc... On atteindra par ce moyen certaines espèces qui vivent sur les fonds vaseux, quelquefois à une assez grande profondeur. Sur les côtes de la Manche on prend ainsi des *Tellina crassa, Cardium norvegicum, Pectunculus glycimeris, Buccinum undatum*, etc... Sur les côtes du Sud-Ouest et de la Méditerranée, des *Cassis, Cassidaria, Fusus, Triton, Murex, Cardium, Avicula*, etc...

Lorsqu'on remonte le filet ou la drague, on en extrait le contenu avec soin ; la boue vaseuse est recueillie dans un baquet, puis versée sur un tamis que l'on arrose d'eau à plusieurs reprises, l'eau s'écoule par le fond et les coquilles restent sur la toile mécanique. Il est aussi très utile de suivre les pêcheurs en se faisant admettre sur leurs bateaux. Lorsqu'on remonte le filet, il est rare qu'on n'y trouve pas, parmi les poissons, quelques Mollusques souvent peu communs.

Les pêcheurs ont l'habitude de rejeter à la mer les débris d'Algues ou de plantes marines renfermés dans le filet ; il faut visiter ces débris avec le plus grand soin ; on y fera de bonnes captures, et c'est parmi ces plantes que l'on recueillera les petites espèces, telles que les *Trochus, Rissoa, Phasianella*.

Ceux qui n'ont pas le loisir d'accompagner les pêcheurs pendant leurs excursions devront aller fréquemment sur la plage lorsque l'on tire les filets ; ils pourront trouver également, dans les débris, des Mollusques qu'ils ne pourraient se procurer de toute autre façon. Enfin lorsqu'on est à proximité d'une ville, il est utile de visiter chaque jour le marché où les pêcheurs apportent, parmi des espèces comestibles, des coquilles souvent assez rares et qu'ils vendent confondues avec de plus communes.

Pour les petites espèces, il ne faut pas négliger de

scruter avec la plus grande attention la cale des barques servant à la pêche. On y trouve une grande quantité de petits Mollusques que les pêcheurs y jettent en secouant leurs filets. C'est là qu'on recueillera des *Nassa, Cerithiopsis, Corbula, Syndosmia,* etc...

Il est bon aussi d'examiner les gros Mollusques bivalves aussitôt après leur capture ; on y trouve souvent de plus petits qui vivent en parasites sur les premiers. Les *Saxicaves* s'amarrent par leur byssus sur les valves du *Pecten Jacobæus* et entre les côtes du même *Pecten* on trouve des espèces fort petites, telles que *Eulima, Odostomia, Kellia, Poronia,* etc...

Quant aux Mollusques qui vivent sur la zone du littoral, leur capture est beaucoup plus facile, il ne s'agit que de connaître leur station. Ceux qui désirent se procurer le *Donax anatinum* n'auront qu'à fouiller le sable à quelques mètres du bord ; c'est dans cette eau peu profonde qu'on le trouve en abondance en creusant avec la main la surface du sable, opération facile à faire, surtout en se baignant.

On doit se munir d'une petite bêche lorsqu'on fait une excursion sur les côtes après une grande marée ; ou cherche à reconnaître sur le sable les trous qui indiquent la présence de plusieurs espèces bivalves (*Solen, Lutraria, Mya, Cardium, Venus*). Leur présence s'y décèle ordinairement par de petites bulles d'air qui crèvent à la surface du sol, par de petites élévations coniques, par des trous ou des sillons dans le sable: avec le secours de la bêche que l'on enfonce brusquement à quelques centimètres de profondeur, on parvient à extraire ces Mollusques vivants.

A la suite d'une tempête violente, on doit parcourir promptement le littoral, à basse mer, et sans attendre qu'une marée nouvelle ait fait disparaître les traces du mauvais temps. On y trouve beaucoup de Mollusques rejetés sur la plage avec des débris de toute sorte.

On doit visiter avec le plus grand soin ces débris et les Algues arrachées par le flot. On y fera bien des découvertes intéressantes. Il est aussi nécessaire de faire une provision de ces Algues qu'à son retour on dépose dans un vase rempli d'eau douce. Les petits Mollusques qui vivent sur les Algues se détachent alors et tombent au fond du vase.

« Pendant que la mer est basse, dit M. Broderip, le collecteur doit se promener au milieu des rochers et des flaques, près de la plage, et chercher sous les saillies de rochers aussi loin que ses bras peuvent atteindre. Un râteau de fer à dents longues et serrées sera un instrument utile dans ces circonstances. Il faut retourner toutes les pierres qui peuvent être remuées et toutes les Algues. »

Sur les roches lavées continuellement par la mer on trouvera les *Patella vulgata, Tarentina, Cærulea*, etc... Une seule espèce, la *Patella punctata*, vit sur les rochers au-dessus du niveau de la mer. On doit être muni d'un canif à lame très tranchante pour enlever, sans détériorer la coquille, ces espèces qui sont fortement adhérentes aux rochers. Il en est de même pour les *Chiton*, qui vivent dans les mêmes lieux et demandent une plus grande attention dans les recherches, la couleur de leur corps se confondant très facilement avec le rocher auquel ils adhèrent. Les *Trochus* sont plus faciles à reconnaître ; mais pour en capturer un grand nombre il faut retourner toutes les pierres submergées, sous lesquelles ils se tiennent habituellement et où l'on peut rencontrer aussi des *Murex, Haliotis, Fissurella, Arca* et *Lima.*

Sur tous les blocs de roche isolés qui parsèment la plage on trouvera de grandes quantités de *Littorina cærulescens*, même à une certaine distance des bords de la mer. Les autres espèces de *Littorines* se rencontrent en abondance sur nos côtes de l'Océan, fixées aux roches, goëmons et varechs qui découvrent à chaque marée. C'est là qu'on récoltera aussi la *Purpura lapillus.* Enfin sur les rochers submergés, parmi les *fucus* et autres plantes marines qui les recouvrent, on trouve plusieurs espèces de *Trochus*, les *Murex Edwardsii* et *Blainvillei*, la *Pisania maculosa*, etc... Ces petits Gastéropodes vivent au milieu des Moules dont quelques-uns font probablement leur nourriture.

Pour se procurer des Mollusques perforants (*Lithodomus, Petricola, Venerupis*, etc...) on doit se munir d'un solide marteau de fer. En examinant les pierres ou les blocs de rocher submergés, on remarquera plusieurs trous ou galeries qui les sillonnent. Au moyen du marteau on brisera alors la pierre en ayant soin de ne pas endommager la coquille qu'elle renferme. C'est souvent dans les amas de pierre, au pied des phares, des môles ou des brise-lames, que l'on trouve la plus grande quantité de ces Mollusques.

Enfin quelques espèces rares peuvent être obtenues en visitant l'estomac de certains poissons, principalement du genre *Trigla* (*Rougets* et *Grondins*) qui se nourrissent habituellement de crustacés et de coquillages vivant à de grandes profondeurs.

Les conseils que nous donnons ici pour la recherche des Mollusques marins s'appliquent également à toutes les côtes de France, mais il est évident qu'ils doivent être modifiés selon le littoral que l'on explorera.

RECHERCHE DES MOLLUSQUES TERRESTRES ET FLUVIATILES.

1° *Mollusques fluviatiles ou d'eau douce.*

Pour cette chasse l'arme indispensable est un filet à mailles très fines monté sur un cerceau de fer et adapté à un long manche. Cet instrument doit être construit sur le modèle des filets à papillons ; mais avec un tissu fort ; c'est le troubleau des entomologistes.

Lorsqu'on sera arrivé sur les bords du ruisseau ou de l'étang que l'on veut explorer, on plongera son filet dans l'eau en le promenant sous les plantes aquatiques, et à chaque coup on examinera avec soin le contenu que l'on déposera sur la berge. C'est parmi les nénuphars, les lentilles d'eau et autres plantes que vivent les *Limnées*, *Physes* et *Planorbes*. On est certain de prendre ainsi en abondance des *Limnæa stagnalis*, *Planorbis corneus*, *Physa acuta*, etc... En draguant au moyen du filet sur la surface de la vase, on capturera des *Bithynia tentaculata* et deux genres de bivalves qui vivent dans les mêmes conditions : les *Cyclas* et les *Pisidium*.

Quant aux *Paludines*, il faut les chercher dans les eaux courantes, les petites rivières et les canaux ; on les prendra également au moyen du filet. Dans le fond des ruisseaux peu profonds, on aura soin d'enlever quelques pierres immergées et de les examiner attentivement ; on y trouvera des *Néritines* et des *Ancyles* qui adhèrent à ces pierres, principalement dans le voisinage des sources.

Enfin lorsqu'on pêche dans un ruisseau ou une fontaine dont le fond est garni de mousses, de *potamogeton* ou autres petites plantes aquatiques, il est bon de draguer avec son filet au milieu de la couche la plus épaisse de ces plantes ; on en retirera une certaine quantité qu'on emportera pour faire sécher. On secouera ensuite ces plantes sur une feuille de papier blanc et on verra s'en détacher toutes les petites espèces de *Paludinella*, *Moitesseria*, *Lartetia*, etc... qu'on ne pourrait se procurer autrement.

Les *Unios* et les *Anodontes* sont d'une capture moins facile ; elles vivent dans la vase des eaux douces, dans les lacs, les étangs, les marais, les canaux, les biefs de moulins, dans les ruisseaux et rivières coulant lentement. Ces Mollusques sont souvent enfouis dans la vase, et on reconnaît facilement leur présence aux sillons qu'ils tracent en circulant sur le fond vaseux. Quand l'eau est limpide, on peut, en regardant avec attention, les apercevoir enfoncés dans la vase et laissant apparaître seulement une partie de la coquille ; on peut les prendre alors à la main avec la plus grande facilité. Mais, si l'on veut éviter la nécessité (quelquefois peu agréable) de se mettre dans l'eau pour procéder à cette pêche, on attendra la fin de l'été ; à cette époque, les eaux étant très basses dans les fossés et les marais, on pourra en prendre très facilement, même au moyen d'un râteau muni d'un long manche.

On peut aussi, dans les eaux profondes, employer la drague indiquée pour les Mollusques marins. Mais le moment le plus propice pour cette chasse est l'époque où on met à sec les canaux ou biefs de moulins ; on peut alors prendre les coquilles à la main et on est toujours certain de faire une chasse abondante.

C'est aussi par ce moyen qu'on peut se procurer la *Dreissena polymorpha*, cette moule fluviatile qui s'attache aux parois des canaux maçonnés ou forme de longues grappes fixées sur les corps flottants.

2° *Mollusques terrestres.*

L'automne est la véritable saison pour la chasse de ces Mollusques. C'est pendant le mois d'octobre et même pendant les premiers jours de novembre, lorsque la chaleur de l'été fait place aux pluies abondantes de l'automne et lorsque la terre est jonchée de feuilles mortes en décomposition, que l'on doit se mettre à la recherche des Mollusques terrestres. Certaines espèces se rencontrent, il est vrai, plus abondamment au printemps, quelques-unes l'été, après les pluies d'orage, d'autres enfin sont plus faciles à capturer l'hiver ; mais ce sont autant d'exceptions à la règle et les chasses vraiment fructueuses se feront toujours à l'automne.

Dans les jardins, autour de nos habitations, dans nos potagers, dans nos parterres, on recueillera en abondance des *Bulimus acutus, Cyclostoma elegans, Helix aspersa, carthusiana, variabilis, limbata*, etc...

Dans la campagne, c'est sur les arbres, sur les buissons ou sur les herbes où elles rampent après les pluies, que l'on trouvera les *Helix pisana, nemoralis, arbustorum*, etc...

Ces espèces sont toujours faciles à trouver parce qu'elles sont très abondantes dans toutes les localités qu'elles habitent; mais il n'en est pas de même de certaines espèces qui ont une station ou un habitat spécial. C'est sur les rochers, dans la mousse qui les tapisse, qu'il faut chercher l'*Helix cornea*, tandis que l'*Helix splendida* et l'*Helix muralis* se plaisent dans les fentes des vieux murs ou des rochers. D'autres espèces sont spéciales à certaines contrées; c'est dans le midi de la France qu'il faut chercher l'*Helix aperta* et *vermiculata*, communes dans les vignes de la Provence, le *Bulimus decollatus* qui habite le pied des buissons, le *Zonites algirus*, etc... Quelques espèces recherchent le voisinage de la mer ou des marais salants; ce sont les *Helix explanata, trochoides, terrestris*. Dans ces marais, sur nos côtes méditerranéennes, on trouvera l'*Alexia myosotis* et la *Truncatella truncatula*, petits Mollusques aussi terrestres que marins. Quelques espèces rares ne se rencontrent que sur nos montagnes des Pyrénées, à une certaine altitude, comme l'*Helix Quimperiana* et *constricta*.

Les petites espèces, comme l'*Helix rupestris, aculeata*, les *Pomatias*, les *Pupa*, etc..., sont difficiles à trouver. M. l'abbé Dupuy indique, à ce sujet, un excellent procédé: on se munit, au départ, d'un parapluie ou en-tout-cas très solide et d'une petite brosse très rude afin de brosser les rochers ou les pierres On recueille avec soin, dans le parapluie, tous les débris qui renferment ces petits Mollusques, que l'on sépare ensuite à son retour.

On doit toujours se munir de plusieurs boîtes pour renfermer les espèces selon la grosseur, et de plusieurs tubes en verre pour y introduire les espèces très fragiles ou infiniment petites. Il faut aussi un bon couteau pour fouiller la terre, afin d'y rechercher les Mollusques qui ont l'habitude de s'enfouir, comme l'*Helix constricta*, et des pinces ou bruxelles pour extraire ceux qui s'abritent entre les fentes des murs et des rochers, ou sous l'écorce des arbres.

Tous ces instruments, indispensables pour une chasse, sont placés dans un sac de naturaliste bien conditionné (1).

Les *Clausilia* et *Pupa* se tiennent dans les mousses et dans les endroits frais; c'est là qu'on doit les chercher après les pluies ; par exception, le *Pupa cinerea* se trouve, dans le Midi, en plein soleil, sur les pierres qui servent de clôtures aux jardins. Une petite espèce, la *Balæa perversa*, vit sur les troncs d'arbres, dans les interstices de l'écorce. Enfin les *Zua*, *Azeca*, *Ferussaccia* habitent sous les pierres, sous les rochers, et s'enterrent pendant la chaleur. On les trouvera toujours dans ces conditions en retournant les pierres, surtout le matin ; mais les chasseurs ne doivent pas oublier de prendre les plus grandes précautions pendant ce genre d'exploration : il arrive fréquemment qu'en soulevant les pierres pour faire des recherches, on s'expose à des rencontres peu agréables ; d'abord les Vipères, assez communes dans certaines contrées, puis le Scorpion qui, dans le midi de la France, se trouve en abondance sous les pierres, dans les localités montagneuses.

(1) On trouve ces sacs et tous les instruments cités chez M. Deyrolle, naturaliste, rue de la Monnaie, 23, à Paris.

Pour la récolte de certains Mollusques, comme les *Limaces* et les *Testacelles*, il faut chercher le soir de préférence, ces animaux étant presque tous nocturnes. On trouvera certaines espèces très facilement dans nos celliers et nos jardins. On explorera attentivement les mousses dans les prairies humides, les troncs d'arbres et les plantes dans le voisinage des ruisseaux. Dans les bois, on en trouvera dans les endroits couverts, et souvent sur les champignons qu'ils dévorent. Les *Testacelles* recherchent de préférence les murs et les champs pierreux. Les *Parmacelles*, beaucoup plus rares, ne se rencontrent guère que dans la Provence.

Les *Vitrines* habitent les bois, où elles se cachent dans les mousses. Les *Succinées* ou *Ambrettes* ne s'éloignent jamais du voisinage des eaux. Il faut les chercher sur les plantes aquatiques : *Joncs, Iris*, etc... On en trouve aussi dans les rigoles pratiquées dans les prairies humides. Pendant la chaleur du jour, elles descendent dans le pied des plantes aquatiques, ou s'abritent sous leurs larges feuilles.

On doit examiner avec le plus grand soin les alluvions provenant de cours d'eau débordés; on y trouve toujours, parmi un grand nombre d'espèces communes, quelques espèces rares ou très petites et, par conséquent, fort difficiles à trouver. Enfin certaines plantes, comme le *Plantain*, sont recherchées par de petits Mollusques ; on doit en arracher des touffes et en examiner les racines: on y trouvera souvent les *Helix costata* et *pulchella*, ainsi que les *Vertigo* qui adhèrent aux feuilles.

Les indications que nous venons de donner, pour la

recherche des Mollusques marins et terrestres, sont le résumé de nos observations personnelles, augmentées de celles de plusieurs naturalistes dont on connaît l'autorité en cette matière : MM. Woodward, Chenu, Fischer, Cailliaud, Dupuy, etc... Grâce à ces instructions, tout débutant sera certain de ne pas faire d'excursions stériles ; « car le plaisir qu'on éprouve, a dit le docteur « Chenu, à rassembler une collection, est toujours doublé « quand on parvient à l'enrichir par les produits de ses « recherches personnelles »

Nous complétons ce chapitre par l'indication des meilleurs procédés pour la préparation et la conservation des coquilles.

DE LA PRÉPARATION ET DE LA CONSERVATION DES COQUILLES.

Il ne suffit pas de trouver des Mollusques, il faut aussi savoir les conserver en bon état, et une collection de coquilles n'est réellement intéressante que lorsque les échantillons qui la composent ont gardé leurs couleurs, leur épiderme, en un mot tout ce qui les représente à nos yeux tels que la nature les a créés. Pour arriver à ce résultat, les débutants en Conchyliologie sont souvent fort embarrassés et cherchent en vain, dans les ouvrages spéciaux, des indications généralement insuffisantes ; l'expérience seule peut nous apprendre les meilleurs procédés pour la préparation des coquilles, et il reste encore des découvertes à faire sur ce sujet. Nous indiquerons ici les moyens les plus pratiques et ceux qui donnent les meilleurs résultats.

Au retour d'une excursion, la première opération

consiste à séparer les coquilles qui ont été recueillies frustes de celles qui sont habitées par l'animal. Les premières doivent être simplement lavées dans l'eau douce froide, frottées au moyen d'une brosse très souple pour les débarrasser du sable ou de tout corps étranger, et ensuite exposées à l'air pour sécher ; mais il faut les placer à l'ombre, le soleil et la lumière trop vive décolorant les coquilles. Les bivalves dont le ligament n'est pas brisé devront être fermés au moyen d'un fil enroulé plusieurs fois autour de la coquille, sinon celle-ci resterait baîllante et, lorsqu'elle serait sèche, ne pourrait que difficilement se fermer : le ligament se briserait inévitablement. Les espèces dont le test est feuilleté, comme les *Ostrea*, *Avicula*, etc..., demandent encore plus de précautions : exposées au soleil, elles s'émiettent en séchant ; les *Pinna*, les *Unio* et *Anodonta* se fendent longitudinalement lorsqu'elles sont soumises à l'ardeur du soleil.

Pour les coquilles capturées à l'état vivant (et ce sont toujours celles que l'on doit rechercher de préférence pour une collection), il y a plusieurs opérations à faire, suivant le genre auquel elles appartiennent.

Pour les bivalves, on introduit avec précaution par un des côtés de la coquille une lame mince et tranchante, et l'on coupe l'animal aux quatre points d'attache des muscles ; la coquille s'ouvre alors immédiatement ; on en extrait l'animal, on nettoie avec soin l'intérieur ; puis, après avoir lavé plusieurs fois la coquille, on la ferme par une ligature faite d'un fil enroulé autour des valves et noué du côté de l'ouverture.

Pour les Gastéropodes, l'opération est plus difficile

et tous les Conchyliologistes ne sont pas d'accord sur les moyens à employer. Quelques-uns exposent la coquille au soleil pour hâter la putréfaction de l'animal, ou pour le dessécher complètement; c'est un moyen déplorable, en ce qu'il produit d'abord la décoloration de la coquille par l'action du soleil et parce que, ensuite, il laisse toujours subsister quelques débris de l'animal qui répandent une odeur désagréable dans une collection. D'autres font macérer la coquille dans l'eau jusqu'à complète décomposition du Mollusque, ce qui altère souvent les couleurs de la coquille et détruit l'épiderme. La manière suivante est préférable pour les genres difficiles à préparer, comme les *Triton*, *Natica*, *Cassis*, *Murex*, etc.

On laisse la coquille dans un endroit ombragé, jusqu'à la mort de l'animal; on la plonge ensuite quelques instants dans l'eau chaude, puis, après refroidissement complet, on extirpe à l'aide de bruxelles le corps du Mollusque, qui n'est pas exposé ainsi à se briser, comme cela arrive lorsqu'on n'a pas attendu la mort de l'animal: celui-ci résiste alors à l'extraction par une contraction musculaire et se brise en deux parties. Si, néanmoins, un fragment restait au fond de la coquille, il suffirait de la laisser macérer dans l'eau pendant quelque temps, et en l'agitant fortement, on parviendrait à extraire le fragment qu'on n'avait pas réussi à enlever la première fois.

Pour les grosses espèces, on emploiera avec succès un instrument fabriqué par la maison Deyrolle, sous le nom de *Vide-Coquille* (fig. 11), et qui, pénétrant dans l'intérieur de la coquille, en extrait facilement le contenu. Enfin on peut aussi se servir, pour cette opération, d'un vase renfermant des *Têtards ;* on y plonge les coquilles dans lesquelles ils s'introduisent et qu'ils nettoient complètement en dévorant les restes de l'animal. Les Têtards sont, du reste, employés pour la préparation des pièces anatomiques.

Supposons maintenant la coquille débarrassée de son contenu ; il ne reste plus qu'à la laver avec soin et la faire sécher à l'ombre. Si le Mollusque que l'on prépare est *operculé*, on a dû d'abord extraire l'opercule du pied de l'animal, et, lorsque la coquille sera complètement sèche, on la remplira de ouate et l'on replacera l'opercule au moyen d'un peu de gomme liquide.

Pour les Mollusques qui sont recouverts d'un épiderme fragile ou d'un drap marin assez épais, on doit éviter un séjour trop prolongé dans l'eau qui décomposerait et enlèverait l'épiderme.

Quant aux Gastéropodes très petits, comme les *Nassa*, *Littorina*, *Trochus*, etc., on peut les renfermer dans une boîte jusqu'à complète dessicca-

Fig. 11. — Vide-Coquille.

tion de l'animal, ce qui évitera la peine d'extraire et de replacer ensuite l'opercule. On peut faire de même pour les petites espèces terrestres : *Pupa*, *Clausilia*, etc...

Pour certains Mollusques dont la coquille est interne, comme l'*Aplysie*, on recueille l'animal ; puis, au moyen d'un scalpel, on l'ouvre avec soin pour ne pas endommager la coquille que l'on extrait et qu'on fait sécher à l'ombre.

Les *Chiton* sont difficiles à préparer; les diverses pièces se contractant en séchant, si l'on n'a soin de maintenir la coquille par une petite pièce de bois placée à l'intérieur, elle se sera bientôt enroulée sur elle-même, à la manière des Hérissons. Comme les coquilles de ce genre demandent beaucoup de temps pour sécher complètement, on fera bien de les renfermer dans une boîte hermétiquement close pour les préserver de la décoloration et des piqûres des insectes.

Il arrive souvent que certaines coquilles sont recouvertes d'un dépôt calcaire qu'on veut enlever avant de les placer dans une collection. Le moyen à employer, dans ce cas, est la macération dans l'acide nitrique très étendue d'eau ; mais on doit en user avec modération et surveiller l'opération avec la plus grande attention, si l'on ne veut s'exposer à voir la coquille complètement percée ou rongée par l'acide. On devra ensuite la laver dans l'eau froide et la frotter avec une brosse très rude, pour enlever les concrétions calcaires.

Les Mollusques nus, que l'on trouve avec les autres, soit sur le rivage après les grosses mers, soit sur les rochers ou plantes marines, doivent être mis dans des flacons remplis d'alcool, ces animaux ne pouvant se conserver par un autre procédé.

« Le bon état des coquilles, a dit Petit de la Saussaye, est un point capital; il importe de ne choisir, autant qu'on le peut, que des exemplaires adultes, complets, ayant la bouche bien formée avec des bords intacts, et il **convient de laisser de côté les coquilles mortes, roulées** sur le rivage ou décolorées par l'action du soleil, à moins qu'il ne soit question d'une espèce reconnue rare ou intéressante ; mais, ce que nous recommandons, c'est de ne pas chercher à les nettoyer et à les réndre brillantes et agréables à l'œil. »

Les collections conchyliologiques ont l'avantage d'être inaltérables et de n'être pas anéanties par les insectes comme les collections entomologiques ; néanmoins on doit visiter fréquemment ses collections pour les débarrasser de la poussière et quelquefois de la moisissure qui attaque les coquilles placées dans des appartements humides et ternit leur brillant. Dans ce cas, on plonge dans l'essence de térébenthine les coquilles endommagées et, après les avoir essuyées avec soin, on les frotte avec une laine légèrement imbibée d'huile ou de glycérine ; on leur rendra ainsi l'éclat qu'elles avaient perdu.

Enfin, si les collections sont dans un meuble ou des vitrines exposées à la lumière ou aux rayons du soleil, on doit les préserver au moyen de stores ou de rideaux verts, si l'on ne veut voir bientôt les plus belles coquilles perdre leurs couleurs ; c'est ainsi qu'une des jolies espèces de nos côtes, le *Solecurtus strigillatus*, exposée à la lumière trop vive, perd ses nuances d'un beau rose pour devenir entièrement blanche, tandis que l'*Hyalœa tridentata*, qui est d'un jaune translucide, prend une teinte blanche et opaque. On ne saurait donc prendre trop de précautions pour éviter des dégâts souvent irrémédiables.

CLASSIFICATION.

Les premiers ouvrages de Conchyliologie n'étaient qu'un assemblage de légendes, de préjugés populaires et de relations fabuleuses. Le xviiie siècle lui-même n'a guère produit que des recueils iconographiques; mais c'est à la fin du xviiie et au commencement du xixe siècle qu'on voit enfin apparaître des ouvrages ayant pour but la classification systématique des coquilles, d'*après leurs caractères extérieurs :* Linné, Bruguière, Lamarck, etc..., se préoccupaient principalement de l'existence et de la forme des coquilles.

Ce n'est qu'à dater des publications de Poli et de Cuvier qu'une école nouvelle s'est formée pour la classification des Mollusques d'*après l'anatomie de l'animal.* Les grands voyages des temps modernes, en permettant des observations exactes sur les Mollusques dont on ne connaissait encore que la coquille, ont causé une véritable révolution dans la classification.

Aujourd'hui, on a presque abandonné les classifications de Lamark, Deshayes, etc..., pour adopter celles plus exactes qui sont basées sur l'anatomie des Mollusques. Depuis quelques années, on a suivi généralement, dans les Musées et les collections particulières, la classification de Woodward, dans son excellent *Manuel de Conchyliologie* (1). Cet ouvrage vient de recevoir une nouvelle édition plus complète et mise au courant des dé-

____

(1) Woodward, *Manuel de Conchyliologie ou Histoire naturelle des Mollusques vivants et fossiles,* 1 vol. avec 23 planches et 297 figures dans le texte.

couvertes les plus récentes. M. le docteur P. Fischer, aide-naturaliste au Muséum, a entrepris cette revision si utile, et nous ne saurions trop recommander son nouveau Manuel (1).

Mais, parmi les personnes qui s'occupent de Conchyliologie, beaucoup ont à leur disposition des bibliothèques municipales, publiques ou particulières, et, pour faciliter leurs recherches, nous indiquons ici les ouvrages les plus remarquables. Enfin, pour ceux qui veulent étudier spécialement une partie de la France, nous donnons une liste des *Faunes locales terrestres ou marines* les plus utiles à consulter :

Ouvrages divers de conchyliologie (2).

Blainville, Mollusques de la faune française. — Manuel de malacologie et de conchyliologie.

Chenu (D^r), Manuel de conchyliologie et de paléontologie conchyliologique. — Leçons élémentaires sur l'histoire naturelle des animaux : Conchyliologie. — Encyclopédie d'histoire naturelle : Crustacés, mollusques, zoophytes.

Cuvier (G.), Les Mollusques décrits et figurés d'après la classification de Georges Cuvier.

Deshayes (G.-P.), Traité élémentaire de conchyliologie, avec les applications de cette science à la géologie.

Draparnaud, Tableau des mollusques terrestres et fluviatiles de la France.

Draparnaud et *Michaud*, Histoire naturelle des mollusques terrestres et fluviatiles de la France.

(1) Dr Paul Fischer, *Manuel de Conchyliologie, ou histoire naturelle des Mollusques vivants et fossiles*, 1 vol. avec 24 planches et 400 gravures dans le texte. — Savy, éditeur.

(2) La maison Deyrolle, naturaliste, rue de la Monnaie, 23, à Paris, se charge de procurer tous ceux de ces ouvrages qui ne sont pas épuisés.

Drouet (*H.*), Énumération des mollusques terrestres et fluviatiles
vivants de la France continentale.

Dupuy (*D.*), Histoire naturelle des mollusques terrestres et d'eau
douce qui vivent en France. — De la recherche des mollusques
terrestres et d'eau douce, et des moyens de se les procurer.

Férussac et *Deshayes*, Histoire naturelle des mollusques terrestres
et fluviatiles.

Fischer (*P.*), Essai sur la distribution géographique des brachiopodes
et des mollusques du littoral océanique de France.

Frédol (*A.*), Le monde de la mer (1).

Grateloup et *Raulin*, Catalogue des mollusques terrestres et fluviatiles de la France continentale et insulaire.

Kiéner (*L.-C.*), Species général et iconographie des coquilles vivantes.

Lamarck, Histoire naturelle des animaux sans vertèbres. 2e édition,
revue par Deshayes et Milne-Edwards.

Moquin-Tandon (*A.*), Histoire naturelle des mollusques terrestres et
fluviatiles de France.

Petit de la Saussaye, Catalogue des mollusques testacés des mers
d'Europe.

Rang (*S.*), Manuel de l'histoire des mollusques (Encyclopédie Roret).

Faunes locales.

Baudon, Catalogue des mollusques du département de l'Oise.

Bouchard-Chantereaux, Catalogue des mollusques marins observés
sur les côtes du Boulonnais. — Catalogue des mollusques terrestres et fluviatiles observés dans le département du Pas-de-Calais.

Bouillet (*J.-B.*), Catalogue des espèces et variétés de mollusques terrestres et fluviatiles observés à l'état vivant dans la haute et basse
Auvergne (Cantal, Puy-de-Dôme et partie de la Haute-Loire).

Bourguignat, Malacologie terrestre et fluviatile de la Bretagne.

Brévière (*L.*), Catalogue des mollusques testacés terrestres et fluviatiles observés dans le département de la Nièvre.

Bucquoy et *Dautzenberg*, Les mollusques marins du Roussillon.

Buvignier (*Armand*), Catalogue des mollusques du département de
la Meuse.

Caillaud, Catalogue des radiaires, annélides, cirrhipèdes et mollusques de la Loire-Inférieure.

(1) Sous le pseudonyme de A. Frédol, cet intéressant ouvrage est
l'œuvre posthume d'un savant : M. Moquin-Tandon.

Cantraine. Malacologie méditerranéenne et littorale.

Cessac (De), Catalogue des espèces de mollusques terrestres et d'eau douce observés dans le département de la Creuse.

Clément (C.), Catalogue des mollusques marins du Gard.

Coutagne (G.), Notes sur la faune malacologique du bassin du Rhône.

Debeaux (O.), Faune macologique de la vallée de Barèges (Hautes-Pyrénées).

Desmars (J.), Essai d'un catalogue méthodique et descriptif des mollusques terrestres et fluviatiles observés dans l'Ille-et-Vilaine.

Drouet (H.), Mollusques terrestres et fluviatiles de la Côte-d'Or.

Dubreuil (E.), Catalogue des mollusques terrestres et fluviatiles de l'Hérault.

Dupuy (D.), Mollusques terrestres et fluviatiles du département du Gers.

Fagot (P.), Mollusques de la région de Toulouse.

Fischer (P.), Faune conchyliologique marine du département de la Gironde et des côtes du sud-ouest de la France.

Gassies, Catalogue raisonné des mollusques terrestres et d'eau douce de la Gironde. — Tableau des mollusques terrestres et d'eau douce de l'Agenais.

Goupil (E.-J.), Histoire des mollusques terrestres et fluviatiles observés dans le département de la Sarthe.

Granger (A.), Catalogue des mollusques testacés observés sur le littoral de Cette.

Grognot, Mollusques testacés du département de Saône-et-Loire.

Hôpital (Alp. de l'), Catalogue des mollusques terrestres et fluviatiles observés dans les environs de Caen.

Macé (J.-A.). Catalogue des mollusques marins terrestres et fluviatiles vivants des environs de Cherbourg.

Mauduit (L.), Tableau indicatif et descriptif des mollusques terrestres et fluviatiles du département de la Vienne.

Millet (P.-A.), Mollusques de Maine-et-Loire.

Moitessier (P.-A.), Histoire malacologique de l'Hérault.

Norguet, Catalogue des mollusques terrestres et fluviatiles du département du Nord.

Pascal (Louis), Catalogue des mollusques terrestres et des eaux douces de la Haute-Loire et des environs de Paris.

Picard (C.), Histoire des mollusques terrestres et fluviatiles qui vivent dans le département de la Somme.

Puton (E.), Essai sur les mollusques terrestres et fluviatiles des Vosges.

Ray et *D,ouet*, Catalogue des mollusques vivants de la Champagne méridionale.

Risso, Mollusques et annélides de Nice.

Taslé, Catalogue des mollusques marins, terrestres et fluviatiles observés dans le département du Morbihan.

Tibéri, Céphalopodes, ptéropodes et hétéropodes vivants de la Méditerranée.

Vérany, Mollusques méditerranéens. — Céphalopodes.

Wattebled, Catalogue des mollusques testacés terrestres et fluviales observés dans les environs de Moulins (Allier).

FAUNE CONCHYLIOLOGIQUE
MARINE, TERRESTRE ET FLUVIATILE
DE FRANCE.

Autant que le permettra le cadre restreint de cet ouvrage, nous exposerons les caractères distinctifs et les particularités de chaque genre. Nous citerons ensuite les espèces les plus connues ou les plus remarquables, en mentionnant les principaux synonymes adoptés par les auteurs, ainsi que les noms vulgaires. Nous ferons suivre l'indication de chaque espèce d'une description succincte ; enfin nous relaterons l'habitat, les particularités les plus intéressantes et les dimensions ordinaires de chaque espèce décrite.

CÉPHALOPODES

Les Céphalopodes sont les géants des Mollusques, en même temps qu'ils sont les plus élevés par leur òrganisation, qui présente quelques rapports avec celle des animaux vertébrés. Ils sont souvent nus, quelquefois pourvus d'une coquille. On les nomme *Céphalopodes* (*pieds en tête*), à cause de la situation de leurs membres au-dessus de la tête. Les Céphalopodes *Octopodes* ont huit membres, et les *Décapodes* dix. Leur corps se compose d'un sac épais, visqueux, surmonté d'une grosse tête arrondie, avec des yeux latéraux énormes, aplatis, et vers le sommet une bouche formée de mandibules dures et tranchantes comme le bec d'un perroquet (fig. 12) ; autour de

Fig. 12. — Bouche de céphalopode montrant les deux dents.

ce bec huit ou dix bras, dont deux souvent très longs, qui sont garnis de deux ou trois rangées de ventouses ou suçoirs (fig. 13). Ces ventouses s'appliquent avec force au corps glissant des poissons et des Mollusques ; enfin, quelquefois, les suçoirs des extrémités possèdent au centre une griffe acérée et recourbée.

On peut juger par cette description de l'horreur involontaire que cause la vue de ces Mollusques ; aussi ont-ils été le sujet de fables grotesques que les récits exagérés de certains auteurs ou voyageurs ont propagées jusqu'à nos jours. Pline a mentionné un Céphalopode du poids de 350 kilogrammes qui dévastait les côtes d'Espagne.

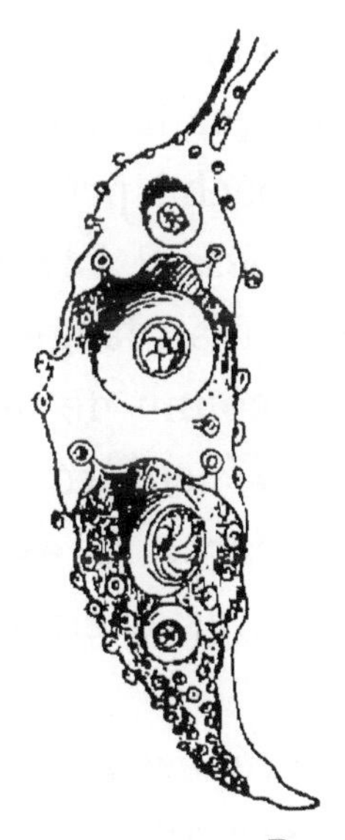

Fig. 13. — Bras de céphalopode avec les ventouses.

Olaüs Magnus en cite un qui avait au moins un mille de longueur et qu'il avait nommé le *Kraken*. C'est ce monstre dont parle Pontoppidan, évêque de Berghen, qui assure qu'un régiment pouvait manœuvrer à l'aise sur son dos ! Linné, qui avait d'abord admis ce monstre imaginaire, l'effaça plus tard de la liste des animaux vivants, tandis que Sonnini, dans ses *Suites de Buffon,* l'a représenté étreignant dans ses bras un vaisseau de haut bord et cherchant à l'engloutir. Denys de Montfort s'est plu à raconter ses aventures, aussi extraordinaires qu'invraisemblables, avec des Poulpes gigantesques. Enfin une des œuvres de Victor Hugo : *les Travailleurs de la mer,* n'a pas peu contribué à accréditer ces récits fabuleux, par sa description du combat de Gilliatt et d'une Pieuvre.

« Aujourd'hui, il est bien reconnu qu'il se trouve, dans la Méditerranée et dans l'Océan, des Céphalopodes réellement énormes, non pas de la grandeur d'une île, mais d'une taille assez extraordinaire pour mériter le nom de gigantesques » (Moquin-Tandon). On a pêché près de Nice un Calmar de $1^m,655$ de longueur et pesant 12 kilogrammes. Un autre de $1^m,820$ a été capturé au large de Cette. Enfin le plus grand Céphalopode connu de nos jours est le *Calmar de Bouyer,* qui fut rencontré par l'aviso l'*Alecton* entre Ténériffe et Madère. Il avait 10 à 15 mètres de longueur et plus de 6 mètres de circonférence !

Les Céphalopodes sont nocturnes et crépusculaires ; ils sont très communs sur nos côtes, où ils se cramponnent aux rochers avec leurs bras les plus longs, tenant les autres libres pour saisir quelque victime. Ils sont d'une grande voracité et détruisent une immense quantité de Mollusques, de crabes et de poissons qu'ils enlacent avec leurs bras et déchirent avec leur bec. Ils ont pour ennemis les Marsouins et les Dauphins qui ne dévorent que la tête et les bras de ces Mollusques ; on trouve souvent sur nos plages les restes du corps mutilé.

Enfin des oiseaux de mer, les Gorfous, les atteignent souvent, et l'on a trouvé jusqu'à vingt mandibules de Céphalopodes dans l'estomac d'un de ces oiseaux. Les pêcheurs, et surtout ceux des côtes de Provence, les capturent pour les vendre sur les marchés, où ils sont très recherchés pour la nourriture des habitants du littoral. Malgré les préparations qu'on leur fait subir, ils constituent un mets peu savoureux.

Dans l'intérieur des Céphalopodes se trouve une poche qui renferme une liqueur d'un noir violacé, et qu'on désigne généralement sous le nom de *poche à encre*. Lorsqu'ils sont attaqués, ils lancent une partie de cette liqueur qui trouble l'eau et ils en profitent pour s'échapper.

Quelques-uns ont aussi la faculté de changer de couleur, passant du blanc au gris et du gris au brun rougeâtre. On admet généralement que ces nuances sont produites par un liquide intérieur qui agirait, dans certaines circonstances, comme le sang chez l'homme, lorsqu'il est agité par une vive émotion.

Fig. 14. — OEufs de céphalopodes.

Les Céphalopodes pondent des œufs ovoïdes et mous

formant une grappe noire (fig. 14), qu'on trouve fré-quemment sur les côtes et que les pêcheurs désignent sous le nom vulgaire de *raisins de mer*.

On divise ces Mollusques en deux ordres qui ont été nommés par Owen : *Dibranches* et *Tétrabranches*, et par d'Orbigny : *Acétabulifères* et *Tentaculifères*. L'ordre des Tétrabranches ne renferme que des genres fossiles et une espèce exotique bien connue, le *Nautile*, dont la coquille, en forme de grand casque nacré, se vend dans tous les ports de mer.

Nous ne nous occuperons donc que du premier ordre.

ORDRE DES DIBRANCHES OU ACÉTA-BULIFÈRES.

Ces Céphalopodes sont caractérisés par une tête dis-tincte avec des yeux saillants, des mandibules cornées, un corps arrondi ou allongé, une poche à encre ; ils sont tous nageurs et nus (à l'exception d'une seule es-pèce : l'*Argonaute*).

1° Octopodes.

(Céphalopodes à huit pieds, avec une coquille interne et rudimentaire.)

Les Céphalopodes octopodes se subdivisent ainsi :

Octopodes..	Ventouses sur un seul rang.......		*Elédonidés.*
	Ventouses sur deux ou trois rangs.		*Octopodidés.*
			Trémoctopodidés.
			Argonautidés.

FAMILLE DES ÉLÉDONIDÉS.

(Corps sans nageoires. — Bras portant une simple rangée
de ventouses.)

Genre Élédona (*Leach*), Élédone.

Les Élédones ont les bras réunis à leur base par une membrane assez courte ; on les désignait autrefois sous le nom de *Poulpes musqués*.

Une espèce, l'*Eledona moschata* (Lam.) (fig. 1, pl. 1) vit sur nos côtes méditerranéennes. Les Italiens la nomment *Muscardino* ; à Nice on l'appelle Mouscardin. Elle est commune et n'est mangée que par les pêcheurs, à cause de l'odeur nauséabonde de musc dont sa chair est infectée. Elle change rapidement de couleur lorsqu'elle est calme ou agitée, passant du blanc au jaune ou au brun marron. Quand elle marche, elle est grise avec des taches lie de vin ; ces nuances s'effacent dès qu'elle cesse de marcher.

L'*Eledona Aldrovandi* (Raf.), des mêmes parages, diffère de la précédente par sa taille plus grande et l'absence d'odeur de musc.

FAMILLE DES OCTOPODIDÉS.

(Bras semblables entre eux, unis à la base par une courte-membrane ;
ventouses sessiles disposées sur deux rangs.)

Genre Octopus (*Lam.*), Poulpe.

Les Poulpes ont le corps oblong, arrondi et dépourvu de nageoires. Ils sont très communs sur nos côtes où ils vivent dans les anfractuosités de rochers. Lorsqu'ils sont laissés dans des flaques d'eau par la marée descendante, ils sont encore très difficiles à prendre et s'ils peuvent se fixer avec leurs ventouses dans quelque crevasse de rocher, il faut beaucoup de force pour les arracher. Leur voracité est extrême, ils dévorent une grande quantité de Mollusques bivalves et de crabes. « Quand le repas du Poulpe, dit le docteur Fischer, est terminé, il laisse les débris accumulés devant son refuge et quelques-uns lui servent de clôture ou de bouclier ; il saisit par les ventouses de la base de ses bras des carapaces de crustacés ou des coquilles vides et les maintient au-devant de son corps ; ses yeux apparaissent au-dessus de cet abri et guettent de nouvelles victimes. La retraite des Poulpes est indiquée par les accumulations de coquilles. »

L'*Octopus vulgaris* (Lam.), Poulpe commun et vulgairement *Pieuvre* (fig. 2, pl. 1) est très commun sur toutes nos côtes ; on le vend sur les marchés dans les ports de mer, où on le considère comme le plus succulent des Céphalopodes édules. Il nage très rapidement et se colore subitement de teintes diverses : brun rougeâtre quand il est irrité, il devient entièrement blanc après sa mort. Une espèce très voisine, le *Scæurgus Coccoi* (Vérany), ou *Poulpe à cirrhes* (fig. 3, pl. 1), vit dans la Méditerranée, principalement sur les côtes de Nice. Il est petit, d'un gris bleuâtre sur le dos et blanc sous le ventre.

FAMILLE DES TRÉMOCTOPODIDÉS.

(Octopodes à ventouses pédonculées.)

Genre Parasira (*Steenstrup*), Parasire.

Ce genre a le corps arrondi, sans nageoires, la tête petite et courte ; les femelles sont différentes des mâles et beaucoup plus grandes. Une espèce vit sur nos côtes méditerranéennes, la *Parasira carena* (Vérany) (fig. 4, pl. 1), dont la femelle a été nommée par Risso *Philonexis tuberculatus*. On la trouve sur les côtes de Provence, où elle est rare.

FAMILLE DES ARGONAUTIDÉS.

(Mâle sans coquille. — Femelle portant une coquille enroulée. —
Ventouses pédonculées.)

Genre Argonauta (*Lin.*), Argonaute.

Les Argonautes ont été, dans l'antiquité, considérés comme doués d'un instinct surnaturel ; leur mode de navigation surtout a été la source de récits fabuleux qui sont presque arrivés jusqu'à nos jours. « L'histoire naturelle de l'Argonaute, dit le docteur Fischer, a été pendant longtemps hérissée de difficultés, et même aujourd'hui nombre de faits sont encore incertains. L'antiquité nous avait légué des fables qui ont été acceptées sans contrôle par les auteurs et qui nous représentaient ce Céphalopode se servant de ses bras palmés comme de véritables voiles avec lesquelles il dirigeait sa fragile nacelle flottant à la surface des mers.

« Les observations précises de S. Rang démontrent que l'Argonaute embrasse son test avec les bras palmés de la première paire dorsale qui s'appliquent sur presque toute la surface, ne laissant à découvert qu'une portion voisine du bord de l'ouverture. Lorsque l'animal nage, il se sert de l'entonnoir normalement placé du côté de la carène; la natation est alors rapide, rétrograde, et les trois autres paires de bras sont rapprochées en un seul faisceau. Quand il rampe sur le fond du rivage, il porte sa coquille comme un Gastéropode, et il avance au moyen des bras non palmés; la mâchoire est alors tournée vers le sol. »

Ces observations, en détruisant les croyances poétiques des anciens sur la navigation à voile de l'Argonaute, ont prouvé que sa locomotion, par l'impulsion d'une force interne refoulant l'eau, doit plutôt être comparée à la navigation à vapeur.

Une particularité singulière de l'organisation des Argonautes est que la coquille n'est ni moulée au corps de l'animal ni attachée par des muscles; de là on avait conclu que l'Argonaute n'était pas le constructeur de sa coquille, qu'elle appartenait à un autre Mollusque et qu'il s'en emparait pour s'y réfugier. Cette nouvelle fable a été détruite par les observations de plusieurs savants conchyliologistes : on a pu capturer des Argonautes vivants, dont on brisait une partie de la coquille et on a constaté qu'au bout de quelques jours ils avaient réparé les brèches, comme cela arrive fréquemment chez l'Escargot. La coquille de l'Argonaute lui appartient donc réellement.

Mais, comme si tout dans l'histoire naturelle de ce Céphalopode devait être extraordinaire, on a découvert que ces coquilles n'étaient habitées que par les femelles. La coquille n'est donc destinée qu'à protéger les œufs. Les mâles, très différents des femelles, sont semblables à des Poulpes et dépourvus de bras palmés et de coquille. On les rencontre beaucoup plus rarement que les femelles, parce qu'ils sont plus nocturnes et se tiennent dans la haute mer.

Une seule espèce fréquente les côtes de France, c'est l'*Argonauta Argo* (Lin.), *Argonaute papyracé* (fig. 5, pl. 1). L'animal a huit tentacules assez grands, couverts de deux rangées de suçoirs, dont six étroits, amincis vers l'extrémité et pointus, et deux terminés par une large dilatation membraneuse. « La coquille est mince, fragile, roulée en spirale et marquée de fortes rides divergentes, fourchues et se terminant par un tubercule comprimé. Ces tubercules forment une double crête sur la carène. L'ouverture est grande et bordée, de chaque côté, d'une espèce d'oreillon. Sa couleur est d'un blanc mat ; la carène et les oreillons sont souvent d'un brun noirâtre. » (Cantraine.)

Cette espèce est commune dans la Méditerranée, où elle vit en troupes assez nombreuses. A la suite des tempêtes, on en trouve quelquefois sur nos côtes. La coquille a, en moyenne, 10 centimètres de longueur et 6 centimètres de hauteur.

2° DÉCAPODES.

(Céphalopodes à dix pieds ou bras formés par quatre paires sessiles et une paire tentaculaire — Mandibules cornées. — Coquille interne logée dans le milieu de la région dorsale.)

D'Orbigny divise ainsi les Décapodes :

<table>
<tr><td rowspan="2">Décapodes..</td><td>Oigopsidés
(yeux à cornée largement ouverte).</td><td>Chiroteuthidés.
Ommatostréphidés.</td></tr>
<tr><td>Myopsidés
(yeux à cornée entière).</td><td>Sépiolidés.
Loliginidés.
Sépiidés.
Spirulidés.</td></tr>
</table>

DÉCAPODES OIGOPSIDÉS

FAMILLE DES CHIROTEUTHIDÉS.

(Nageoires terminales. — Bras tentaculaires très longs. — Bras sessiles munis de cupules denticulées.)

Genre Histioteuthis (*d'Orbigny*).

Ces Mollusques ont le corps court et conique, la tête volumineuse, les nageoires terminales arrondies et échancrées. La coquille interne est représentée par une lame cornée et lancéolée, en forme de plume, à laquelle on donne le nom de *gladius*. Une seule espèce vit sur les côtes de Nice, c'est l'*Histioteuthis Bonelliana* (d'Orb.) (fig. 6, pl. 1).

FAMILLE DES OMMATOSTRÉPHIDÉS.

(Corps allongé. — Bras munis de cupules à cercle corné et denticulé. — Gladius lancéolé terminé par un cône à son extrémité postérieure.

Genre Ommastostrèphes ou Ommastrèphes (*d'Orb.*).

Ces Céphalopodes vont par troupes et vivent dans la haute mer. A Terre-Neuve on en emploie de grandes quantités comme appâts pour la pêche de la Morue. Les marins anglais les ont surnommés *Calmars - flèches*, parce qu'ils ont l'habitude de sauter hors de l'eau, souvent à une grande hauteur. Ils atteignent de 25 centimètres à 1ᵐ, 20 de longueur. De grands individus de cette espèce ont été pris quelquefois sur nos côtes. Un *Ommastrephes sagittatus* (Lam.) qui fut jeté par une tempête le 4 janvier 1880 sur la côte de Cette avait 1ᵐ,90 de longueur et pesait 36 livres !

L'*Ommastrephes sagittatus* (fig. 1, pl. 2) vit dans la Méditerranée ; il est rare sur nos côtes du Sud-Ouest, où il ne paraît qu'accidentellement en hiver. Il est dur et coriace ; sa couleur générale est un blanc nacré avec un reflet violet sur certaines parties. Une espèce très voisine, l'*Ommastrephes todarus* (delle Chiaje) (fig. 2, pl. 2) est rare sur toutes nos côtes.

DÉCAPODES MYOPSIDÉS

FAMILLE DES SÉPIOLIDÉS.

(Corps court. — Tête large. — Nageoires étroites et arrondies. — Gladius mince et n'atteignant que la moitié de la longueur du corps.)

Genre Sepiola (*Rondelet*), Sépiole.

Les Sépioles vivent le plus souvent au fond de l'eau, où elles s'enfoncent dans le sable. On les mange sur les côtes de Provence et on les vend à Nice sous le nom de *Sepieta*. La *Sepiola Atlantica* (d'Orb.) (fig. 3, pl. 2) se trouve à l'embouchure de la Gironde et est très commune sur les côtes de la Charente-Inférieure. La *Sepiola Rondeleti* (Gesn.) (fig. 4, pl. 2) se rencontre en abondance sur les côtes de Provence et sur celles du Roussillon, où les pêcheurs la nomment *Glaüchaü* et s'en servent comme appât pour la pêche.

Genre Rossia (*Gray*).

Ce genre offre de grands rapports avec le précédent. Ces Mollusques ont le corps court et la tête séparée du corps à la face dorsale. Le gladius est petit et étroit. Une seule espèce se rencontre sur les côtes de Nice, c'est la *Rossia macrosoma* (Delle Ch.). Sa tête est grosse, presque aussi large que le corps, mais rétrécie derrière les yeux. Ses yeux sont gros et recouverts par une membrane transparente, ses bras tentaculaires sont longs et cylindriques et pourvus à leur extrémité d'une crête natatoire.

FAMILLE DES LOLIGINIDÉS.

(Corps atténué en arrière. — Nageoires terminales réunies. — Ventouses sur deux rangs, munies de cercles cornés dentés.)

Genre Loligo (*Lam.*), Calmar ou Encornet.

Les Calmars sont des animaux très vifs et très bons nageurs. Ils s'approchent des côtes de France vers les mois d'avril et de mai, et la ponte s'effectue de mai en juin. Les œufs forment un paquet composé d'un grand nombre de ramifications rayonnant autour d'un point central. On a calculé que ces paquets contenaient environ 40,000 œufs !

On trouve sur nos côtes le *Loligo vulgaris* (Lam.) ou *Calmar commun* (fig. 5, pl. 2), désigné en Provence sous le nom d'*Encornet* et que les pêcheurs d'Arcachon appellent la *Seiche rouge.* Il est très abondant dans la Méditerranée, où on le considère comme un mets délicat. Son gladius (fig. 15) est corné et aussi long que le corps. Dans les individus vieux on en trouve plusieurs serrés les uns derrière les autres (Owen).

Le *Loligo subulata* (Lam.) *Sepia media* (Lin.), est une petite espèce très commune dans la Méditerranée et que l'on retrouve sur les côtes de la Vendée, de la Charente-Inférieure et jusqu'à l'embouchure de la Bidassoa.

Le *Loligo Forbesi* (Steenstrup) est plus grêle que le *L. vulgaris ;* ses yeux sont plus petits et plus écartés. Il vit sur toutes nos côtes du Sud-Ouest, mais manque dans la Méditerranée.

Le *Loligo pulchra* (Blainv.) paraît en septembre dans le bassin d'Arcachon ; on le retrouve jusqu'à l'embouchure de la Loire.

On trouve aussi, mais rarement, sur les côtes du Sud-Ouest les *Loligo affinis, Microcephala, Moulinsi,* et *Macropthalma.*

Les Calmars sont très estimés par les Basques, *qui les mangent sous le nom de Chipirones.*

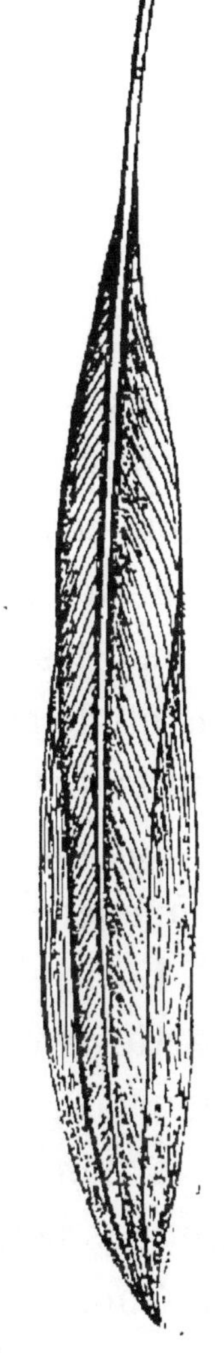

Fig. 15. — Gladius de Loligo vulgaris.

FAMILLE DES SÉPIIDÉS.

Corps oblong, à nageoires latérales aussi longues que lui. —
Bras à quatre rangs de ventouses.)

Genre Sépia (*Lin.*), Seiche.

Les Seiches sont excessivement communes sur les côtes de France ; elle se rapprochent du littoral au printemps pour la ponte, qui atteint jusqu'à une centaine d'œufs en 24 heures ! Ces œufs ou *raisins de mer* (voir fig. 14) sont attachés aux Zostères et autres plantes marines. Les Seiches se nourrissent de poissons et de crustacés qu'elles saisissent au moyen de leurs bras tentaculaires déroulés brusquement. La Seiche, comme les autres Céphalopodes, possède une poche à encre qui communique à l'extérieur par un petit canal. Lorsqu'elle est poursuivie ou menacée, elle lance une partie de cette liqueur qui trouble l'eau et elle en profite pour s'échapper. Avec l'encre des Seiches on prépare la *Sépia de Rome* employée dans la peinture à l'aquarelle. Les beaux dessins qui accompagnent une partie des mémoires de Cuvier sur l'anatomie des Mollusques ont été exécutés avec l'encre fournie par les individus qu'il disséquait. On a prétendu pendant longtemps que les Chinois composaient l'*encre de Chine* avec la liqueur des Seiches. Il est certain aujourd'hui que cette encre est surtout composée de noir de fumée.

Dans l'intérieur du dos de la Seiche se trouve ce corps plat, léger et friable (fig. 16) nommé *sépion* ou *sépiostaire* et plus vulgairement *os de Seiche*. Cette plaque se termine par une pointe saillante nommée *mucro*, qui sert, d'après d'Orbigny, à protéger les Seiches contre les chocs fréquents auxquels elles sont exposées en nageant en arrière. Ce sépion, que l'on trouve à certaines époques en grande quantité sur nos plages, est employé par les orfèvres. On le donne aussi à becqueter aux serins.

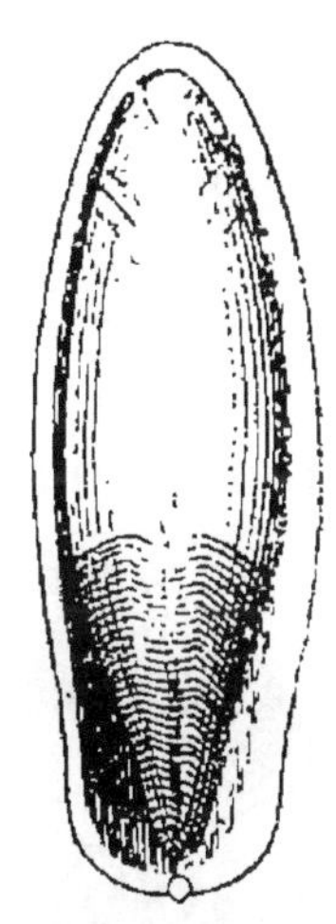

Fig. 16. — Sépion de *Sepia officinalis*.

La *Sepia officinalis* (Lin.) (fig. 6, pl. 2) ou *Seiche officinale* est l'espèce la plus commune. Elle est répandue sur toutes nos côtes et est mangée par les habitants du littoral. Son sépion était jadis employé par les pharmaciens comme une base ; aujourd'hui on l'utilise pour fabriquer la poudre de sandaraque, des poudres dentrifrices et pour prendre des empreintes.

La *Sepia Filliouxi* (Lafont) est une grande et belle espèce dont l'animal et le sépion se rapprochent de la *Sepia officinalis*. Le sépion s'en distingue par les caractères de sa face ventrale ; il est moins bombé, et les stries transversales, ondulées et concentriques à la pointe, commencent en avant de sa longueur totale. Cette Seiche arrive au printemps dans le bassin d'Arcachon, tandis que la véritable *Sepia officinalis* paraît en automne. Elle a été signalée par Vérany dans la Méditerranée (docteur Fischer).

La *Sepia Orbignyana* (Fer.) *Sepia elegans* (Vérany) est abondante sur toutes nos côtes du Sud-Ouest ; elle est commune dans la Méditerranée.

La *Sepia rupellaria* (d'Orb.) *Sepia biserialis* (Vérany) est une petite espèce bien distincte de la précédente par son sépion. On la trouve quelquefois dans le bassin d'Arcachon, où M. Lafont a signalé aussi une espèce plus rare, la *Sepia Fischeri* (Lafont).

FAMILLE DES SPIRULIDÉS.

(Corps oblong avec de petites nageoires verticales. — Coquille enroulée, placée dans la partie postérieure du corps.)

Genre Spirula (*Lam.*), Spirule.

Les Spirules ne vivent que sous les tropiques, mais une espèce, la *Spirula Peroni* (Lam.) doit être mentionnée dans la faune de nos côtes. Sa coquille (fig. 17) est blanche, nacrée, fragile et divisée en plusieurs cloisons. Elle est amenée par le courant du *Gulf-Stream* et rejetée fréquemment sur nos plages de l'Océan. On désignait autrefois ces coquilles par le nom vulgaire de *cornets de postillon*.

Fig. 17. — Coquille interne de *Spirula Peroni*.

GASTÉROPODES

Les Gastéropodes ont été ainsi nommés parce qu'ils sont pourvus d'un disque musculaire ou *pied*. Ce pied, généralement en forme de semelle aplatie, sert à ramper sur le sol par une sorte de glissement. Ce mode caractéristique de locomotion est celui que l'on voit chez l'Escargot de nos jardins, qui rampe par l'expansion et la contraction successive de son pied musculaire.

Les Gastéropodes ont généralement une coquille externe ou interne ; quelques-uns cependant sont sans coquille : ce sont les *Gastéropodes nus*. La tête de ces Mollusques est plus ou moins distincte ; ils ont aussi quelquefois des tentacules par paires sur la partie antérieure de la tête ; ce sont des organes de tact et d'olfaction.

Quelques Gastéropodes sont remarquables par leur mâchoire, qui se compose de plusieurs pièces constituant quelquefois trois mâchoires, une supérieure et deux latérales. Ces mâchoires sont cornées, dures et tranchantes. « La langue est cartilagineuse, recouverte d'une membrane sèche, striée, guillochée, garnie de papilles ou de crochets. Cette langue est presque toujours en mouvement ; elle lèche, lape, frotte, lime avec beaucoup de force » (Moquin-Tandon).

La membrane de la langue, à laquelle on a donné le nom de *ruban lingual* ou *radula*, est reçue en arrière de la bouche dans une poche en forme de talon recourbé, où elle s'enroule sur elle-même. « A mesure que la partie antérieure de la membrane s'use par l'exercice ou perd ses denticules, le ruban est poussé en avant par un mécanisme spécial, à peu près comme la lame de fer dans le rabot du menuisier, de telle sorte que la partie agissante est toujours neuve et dans les meilleures conditions pour fonctionner » (Moq.-Tandon).

D'autres Gastéropodes n'ont ni mâchoire ni langue ; mais ils sont armés d'une trompe musculeuse et mobile, tantôt charnue, tantôt coriace, avec des denticules pour entamer les corps les plus résistants ; aussi ces Mollusques détruisent-ils une grande quantité de bivalves, dont ils percent les coquilles pour dévorer l'animal.

La plupart des Gastéropodes sont *androgynes*, c'est-à-dire mâles et femelles à la fois. Ils pondent des œufs très différents selon les espèces : les uns sont isolés, mous, gélatineux ; d'autres sont agglomérés ou pédiculés. Ceux de la *Bulle cornée* forment un ruban autour des varecs ; plusieurs sont entourés d'une matière gélatineuse qu'on nomme *nidamentum*, ou enfermés dans une capsule membraneuse appelée *oothèque* (fig. 18). On trouve sou-

Fig. 18. — Capsules nidamentaires de Buccin.

vent sur les plages des paquets formés de capsules nidamentaires ayant renfermé des œufs de Nasses ou de Buccins ; chaque capsule peut contenir au moins 5 ou 6 œufs ; on a compté jusqu'à 540 capsules réunies ! Lorsque ces paquets ont été jetés sur la côte et roulés par le vent, ils ressemblent à des corallines ou à de grossiers spongiaires.

L'ordre des Gastéropodes est le plus nombreux en espèces ; il renferme des Mollusques marins, fluviatiles et terrestres. On l'a divisé en deux groupes naturels : les

Gastéropodes *pulmonifères;* ce sont ceux qui respirent l'air en nature, et les *Branchifères,* qui respirent l'air dissous dans l'eau. On admet aujourd'hui les quatre ordres suivants :

Ordre des Prosobranches ;

Ordre des Pulmonifères ;

Ordre des Opisthobranches ;

Ordre des Nucléobranches.

ORDRE DES PROSOBRANCHES

Première section. — Siphonostomatés.

(Gastéropodes carnivores, marins, pourvus d'une trompe rétractile. — Coquille spirale à ouverture échancrée et prolongée en un canal en avant. — Opercule corné.)

FAMILLE DES MURICIDÉS.

(Animal à pied large. — Coquille à canal antérieur droit.)

Genre Murex (*Lin.*), Rocher.

Les Murex sont caractérisés par leur coquille ovale ou oblongue ornée de varices longitudinales continues et en nombre variable. Ils sont répandus dans toutes les mers, surtout dans les mers des tropiques, où ils acquièrent leurs plus brillantes couleurs; ce sont ces belles coquilles généralement à ouverture rose, que l'on vend dans tous les ports de mer sous les noms vulgaires de *rocher* ou *chicorée.* Ceux des côtes de France ne sont pas remarquables par la coloration de leur coquille, mais ils sont employés à la nourriture des habitants du littoral, et deux espèces, les *Murex trunculus* et *brandaris*, figurent sous le nom de *Bious* dans les préparations culinaires des Provençaux.

Les Murex sont des carnivores d'une grande voracité, aussi font-ils une consommation incroyable de bivalves dont ils percent les coquilles. Le *Murex erinaceus* est la terreur de nos ostréiculteurs. Si les Murex sont des ennemis redoutables pour les bivalves, ils trouvent un ennemi non moins acharné dans un Crustacé bien connu sous le nom de *Bernard-l'Hermite*. Ce Crustacé s'empare fréquemment de leurs coquilles après en avoir dévoré l'habitant.

Les Murex étaient connus dans la plus haute antiquité et ils étaient employés, avec les Pourpres, à la confection de cette admirable couleur dont on n'a pu retrouver les procédés de fabrication. On a ignoré jusqu'à ces derniers temps quelle partie de l'animal produisait la *pourpre*. C'est à M. Lacaze-Duthiers que la science est redevable de cette découverte. L'organe purpurifère est une glande placée à la face intérieure du manteau du Mollusque ; elle a la forme d'une bandelette. La matière de la pourpre est d'un blanc jaunâtre. Soumise à la lumière, elle devient jaune citron, verte, puis violette. Cette dernière coloration, sous l'influence du soleil, est indissoluble et inaltérable.

On trouve sur les côtes de France les espèces suivantes de Murex :

Murex brandaris (Lin.).

Cette espèce, désignée vulgairement sous les noms de *Rocher massue* ou *droite Épine* (fig. 1, pl. 3), ne se trouve que sur nos côtes méditerranéennes. On la reconnaît facilement à sa forme en massue terminée par une queue allongée, à son ouverture jaune, aux épines en nombre variable disposées sur les tours de sa coquille. Très commun sur les côtes du Roussillon, ce Murex vit dans les fonds sablonneux, où les pêcheurs en capturent de grandes quantités dans leurs filets. Il est comestible et se vend en abondance sur le marché de Cette ; ce mets coriace et d'une saveur qui n'a rien d'agréable justifie peu la faveur dont il jouit parmi les habitants du littoral. Il atteint généralement de 70 à 80 millimètres. C'était une des espèces employées par les anciens pour la fabrication de la pourpre, comme le témoignent les amas de ces coquilles que l'on trouve encore aujourd'hui sur les côtes de Morée.

Murex trunculus (Lin.) ; *Rocher fascié* (fig. 2, pl. 3).

La coquille de ce Murex est plus ventrue que celle du précédent, elle est finement striée transversalement ; sa queue est recourbée et légèrement ascendante. Dans le jeune âge, la coquille est rayée de bandes obscures, rousses et blanches ; à l'ouverture ces bandes sont plus visibles et deviennent d'un blanc rosé et d'un beau violet ; mais dans les individus adultes la coquille est presque toujours recouverte d'un épiderme verdâtre et encroûtée de concrétions calcaires. Assez commun dans la Méditerranée, il vit dans les fonds vaseux, et après sa capture, il exsude abondamment un liquide visqueux d'une belle couleur violette. Il était employé aussi pour la fabrication de la pourpre. On voit encore aujourd'hui sur la côte de Tyr des monceaux de coquilles brisées du *Murex trunculus* et des trous en forme de chaudrons creusés dans les rochers pour la préparation de ce Mollusque. On a découvert à Pompéi des amas de ces Murex près de la boutique de plusieurs teinturiers. Il est comestible sur les côtes de Provence et se vend dans les marchés confondu avec le *Murex brandaris*. Sa longueur est de 60 à 65 millimètres.

Murex erinaceus (Lin.), *Rocher hérisson* (fig. 3, pl. 3).

C'est le plus connu de tous nos Murex, on le trouve sur toutes nos côtes. Sa coquille est ovale, rugueuse et plissée par des côtes transversales. Son canal est court, presque toujours soudé; son ouverture est blanche. La couleur générale de la coquille est d'un gris cendré. Elle atteint environ 40 millimètres.

Ce Murex est célèbre sur les côtes du Sud-Ouest par ses ravages dans nos parcs aux huitres; on le désigne vulgairement sous les noms de *Cormaillot*, *Bigorneau* ou *Perceur*. Dans les parcs du Morbihan il faisait autrefois de si grands ravages que, sur le conseil de M. Coste, le gouvernement fit armer un bateau spécialement destiné à draguer les *Cormaillots* sur les bas-fonds. Ce bateau, qui était équipé aux frais de l'État, était monté par 40 hommes et commandé par un lieutenant. De 1863 à 1866 il fit une guerre acharnée à ces Mollusques et parvint à en détruire une grande quantité. Nous empruntons au docteur Fischer les intéressants détails sur les ravages des Cormaillots, qu'il a publiés dans sa *Faune conchyliologique marine de la Gironde* :

« Le *Murex erinaceus* s'est développé sur les bancs huîtriers avec une abondance déplorable. Les marins font au Murex une chasse incessante; une grande partie de leur temps est employée à sa destruction; ils extraient la totalité du pied, y compris l'opercule avec la pointe de leur couteau et rejettent sur le sol le Gastéropode ainsi mutilé; ces restes deviendront la proie d'autres carnivores..... Si on visite un parc, on apercevra çà et là des huîtres vides, mais dont les valves adhèrent encore au ligament; l'examen de la coquille montre sur une des valves, et principalement sur la valve concave, un trou arrondi, quelquefois légèrement oblong, coupant le test très nettement..... La place du trou est assez constante; elle se remarque vers le centre de la coquille ou entre l'impression musculaire et la charnière; l'instinct pousse ce carnassier à choisir une place qui corresponde soit au muscle adducteur, soit aux viscères les plus essentiels de l'huître. Les coquilles perforées sont surtout des huîtres de six à douze mois; les vieilles huîtres sont trop épaisses pour que les Murex les attaquent avec succès. Les huîtres plus jeunes sont attaquées par les jeunes Cormaillots; ainsi chaque carnivore choisit une victime appropriée à sa taille, à sa force, à son appétit.

« Quand on prend le *Perceur* sur le fait, on le trouve adhérant assez solidement par son pied à la valve qu'il entame, et exécutant, par moments, de légers mouvements de translation à droite et à gauche, autour d'un axe fixe qui correspond à l'orifice de sa trompe; trois ou quatre heures lui suffisent pour percer une coquille d'épaisseur moyenne. Le trou étant achevé, le Murex fait pénétrer sa trompe à l'intérieur des valves et se repaît à son aise. — Que devient l'huître ainsi traitée? Elle meurt ou perd ses forces et laisse bâiller ses valves; à ce moment une myriade d'animaux qui habitent les parcs : crustacés, mollusques, vers, poissons, mangent sa chair morte et bénéficient de l'ouvrage du Murex, qui va un peu plus loin recommencer ses déprédations. »

Les ravages du *Murex erinaceus* sont considérables dans le bassin d'Arcachon ; il en est de même dans la Charente-Inférieure et sur plusieurs points du littoral de l'Ouest de la France. Un fait suffira pour démontrer la prodigieuse multiplication de ces Mollusques : en une seule marée du mois de mars, douze marins de l'aviso *Le Léger* employés pendant deux heures ont recueilli quatorze mille six cents Cormaillots sur le *crassat* (1) de la Hillon (4 hectares) !

Ces Murex se réunissant pour l'accouplement à la fin de mars et au commencement d'avril, c'est l'époque la plus favorable pour les détruire. Aujourd'hui, grâce à la chasse acharnée qui leur est faite depuis vingt ans, on est parvenu à restreindre beaucoup le nombre de ces dangereux Gastéropodes.

Le *Murex Tarentinus* (Lam.) n'est qu'une variété du *Murex erinaceus*. Il est toujours plus petit, plus allongé et se distingue par le développement beaucoup moindre des varices. On le trouve, avec le type, dans la Méditerranée, mais il est beaucoup plus commun. Il abonde dans l'étang de Thau, où il vit aux dépens des nombreuses variétés du genre *Tapes* connues sous le nom vulgaire de *Clovisses*. On le vend sur le marché de Cette sous le nom de *poivre ;* sa coquille n'a que 30 à 35 millimètres.

Murex Edwardsii (Payr.), pourpre d'Edwards.

____

(1) On nomme *crassats* des bancs de sable plus ou moins émergents, recouverts d'une couche de limon et d'une épaisse végétation marine.

Cette petite espèce (fig. 4, pl. 3) est facile à reconnaître à son ouverture blanche sur le bord, violette à l'intérieur, avec cinq dents sur la lèvre droite. Sa coquille est ovale, noduleuse, ridée transversalement et d'une couleur fauve ou rousse. Son canal est fermé en dessus. Ce Murex est commun sur nos côtes méditerranéennes, sur les rochers submergés, souvent près du littoral et jusqu'à l'entrée des ports, comme à Port-Vendres et à Cette, où on le trouve sur les pierres au môle et au brise-lames. Il vit parmi les *Fucus* et autres plantes marines, au milieu des jeunes Moules dont il fait probablement sa nourriture. Sa longueur n'est que de 15 à 20 millimètres; sur nos côtes de l'Océan il est beaucoup plus rare, à l'exception de la baie de Saint Jean de Luz, où on trouve communément une variété bien caractérisée par sa taille plus petite et sa forme plus allongée.

Murex Blainvillei (Payr) ; *M. cristatus* (Brocchi). Rocher de Blainville.

Cette espèce (fig. 5 et 6, pl. 3), très variable dans sa taille, ne l'est pas moins sous le rapport de la coloration. Sa coquille est fusiforme, sillonnée longitudinalement et ridée en travers de stries lamelleuses élevées et aiguës. Elle est d'une couleur violacée avec l'ouverture blanche et quelquefois violette, garnie de petits tubercules. Sa longueur ne dépasse guère 10 à 15 millimètres. Ce Murex vit dans les mêmes lieux que l'espèce précédente, mais il est beaucoup plus rare. On ne le trouve pas sur le littoral de l'Océan.

Murex aciculatus (Lam.); *Murex corallinus* (Scacchi), Rocher aciculé.

C'est le plus petit de tous nos Murex (fig. 7, pl. 3). Sa

coquille est allongée, fusiforme, plissée longitudinalement et striée en travers. Son ouverture ovale est plissée à l'intérieur. Sa couleur est jaune roussâtre. Sa dimension varie de 6 à 8 millimètres. Une variété plus petite, de nuance grenat, a été nommée par Deshayes *Fusus minutus*. Il vit sur les rochers, parmi les algues. Il a été trouvé quelquefois sur les côtes de Bretagne, sur celles de Cherbourg et plus communément sur celles de la Méditerranée.

Genre Pisania (Bivona), Pisanie.

Les Mollusques de ce genre sont caractérisés par leur canal court, leur bord columellaire ridé, leur bord droit crénelé. Ils ont été longtemps confondus avec les *Buccins*.

Deux espèces vivent sur le littoral français et seulement sur les côtes méditerranéennes.

Pisania striata (Gmel.); *Buccinum maculosum* (Lam.).

Connu anciennement sous le nom de *Buccin truité*, il n'a que 20 à 22 millimètres. Sa coquille (fig. 8 et 9, pl. 3) est recouverte d'un épiderme fauve ; dépouillée de cet épiderme, elle est violette avec une bande blanche au centre, finement striée transversalement et ponctuée irrégulièrement de blanc jaunâtre. L'ouverture est violacée et quelquefois blanche avec neuf ou dix dents sur la lèvre externe. Ce mollusque vit sur les rochers recouverts de végétation marine, il est peu commun.

Pisania d'Orbignyi (Payr.); *Buccin de d'Orbigny*.

Cette espèce (fig. 10, pl. 3) est plus rare que la précédente sur notre littoral, où elle vit également sur les rochers. Sa coquille est ovale, effilée, sillonnée de nodosités, de couleur brune avec une bande blanche sur le dernier tour. Elle atteint de 15 à 20 millimètres. L'ouverture est blanche et a 10 dents sur la lèvre externe.

Genre Ranella (*Lam.*), Ranelle.

Les Ranelles se distinguent par leurs coquilles à deux rangs de varices continues, dont un de chaque côté. Une seule espèce vit sur notre littoral :

Ranella gigantea (Lam.); *Ranella reticularis* (Lin.), Ranelle géante.

C'est une des plus belles espèces de nos côtes (fig. 1, pl. 4). Sa coquille n'a pas moins de 15 centimètres de longueur et 6 de largeur dans son dernier tour. Elle est fusiforme, turriculée, avec des côtes plus ou moins granuleuses et des varices très saillantes. L'ouverture est blanche, arrondie, terminée par un canal assez court et légèrement tortueux. Elle est denticulée intérieurement avec le bord ridé. Sa couleur est d'un gris cendré tacheté de rougeâtre; l'épiderme est brun. Elle est assez rare, ne vit que dans les grands fonds; elle est capturée quelquefois au large dans les filets.

Cette espèce est spéciale à la Méditerranée ; elle a été cependant trouvée accidentellement sur nos côtes océaniques, au cap Ferret.

Genre Triton (*Montf.*), Triton.

Le genre *Triton* se compose de coquilles à varices longitudinales non continues, à canal saillant et ayant les bords de l'ouverture denticulés.

Triton nodiferum (Lam.), Triton nodifère.

Cette espèce est la plus grande de nos côtes. Sa co-

quille (fig. 1, pl. 5) atteint ordinairement 23 à 25 centimètres de longueur ; elle est fusiforme, ventrue ; les
tours de spire sont ornés de cordons aplatis, avec des
varices lamelleuses. L'ouverture est blanche, grande,
ovale, évasée à la base et terminée par un canal court.
Le bord est mince et fortement denté sur toute son étendue. La couleur générale de la coquille est blanchâtre,
parsemée de taches rousses. Ce *Triton* est bien connu
des marins qui, après avoir brisé l'extrémité de la spire,
l'emploient en guise de trompe. On ne le trouve presque
jamais rejeté sur la plage parce qu'il vit dans les grands
fonds ; mais il est capturé quelquefois dans les filets. Il
est peu commun sur nos côtes de l'Océan et devient rare
sur nos côtes méditerranéennes.

Triton corrugatum (Lam.), Triton froncé.

Ce Triton (fig. 2, pl. 4) se distingue par sa coquille
épaisse, plus ou moins fusiforme, turriculée, ridée transversalement, avec des côtes longitudinales garnies de
petits tubercules irrégulièrement disposés sur les tours.
L'ouverture, fortement dentée, est blanche, souvent
avec une tache brune au-dessus de chaque dent. Un drap
marin très épais, verdâtre et velouté, recouvre la coquille, qui est entièrement blanche et a 80 à 90 millimètres.

Ce Triton vit sur les fonds sablonneux. Rare sur notre
littoral de l'Océan, il est très commun sur nos côtes de
la Méditerranée, principalement dans les parages de
Cette, où les pêcheurs en prennent fréquemment pour les
vendre sur le marché, confondus avec le *Murex brandaris*. On les mange sur cette partie du littoral, dont les
habitants consomment sans répugnance presque tous les
Mollusques de leurs côtes.

Triton cutaceum (Lin.), Triton cutacé.

Il vit dans les mêmes lieux que le précédent. Sa coquille (fig. 1, pl. 6), assez variable dans sa forme, est ventrue, garnie de nodosités sur les premiers tours et sillonnée de côtes transversales. Elle a 60 à 65 millimètres. L'ouverture est blanche, dentée à l'intérieur et garnie extérieurement d'un bourrelet épais et noduleux. La couleur de la coquille est chamois ; elle est recouverte d'un épiderme fauve, très mince, membraneux et finement strié.

Ce Triton est peu commun sur nos côtes océaniques, où on le trouve depuis l'embouchure de la Loire jusqu'à Biarritz. Il est commun sur notre littoral de la Méditerranée, où il se vend sur les marchés avec l'espèce précédente.

Genre Fasciolaria (*Lam.*), Fasciolaire.

Les *Fasciolaires* ont des coquilles fusiformes, à tours ronds ou anguleux, à canal ouvert. Quelques espèces exotiques atteignent des dimensions considérables. Une seule espèce vit sur les côtes de France et seulement dans la Méditerranée :

Fasciolaria Tarentina (Lam.), Fasciolaire de Tarente.

Cette Fasciolaire (fig. 3, pl. 4) a une coquille turriculée formée de sept tours portant un rang de tubercules terminés en forme de plis. Elle a 30 à 35 millimètres. Sa coloration est un blanc sale ou blanc verdâtre. L'ouverture est blanche sur les bords, rougeâtre à l'intérieur.

Cette espèce est rare sur toutes nos côtes méditerranéennes.

Genre Cancellaria (*Lam.*), Cancellaire.

Dans ce genre les coquilles sont cancellées, avec l'ouverture canaliculée en avant.

Une seule espèce représente ce genre sur les côtes de France (littoral de la Méditerranée) :

Cancellaria cancellata (Lam.), Cancellaire rosette.

Sa coquille (fig. 4, pl. 4) est ventrue, atténuée à ses extrémités. Ses tours sont arrondis, striés par des côtes longitudinales obliques, et traversés par des côtes horizontales plus petites. Ces côtes sont garnies de petits tubercules à leur point d'intersection ; la coquille est comme gaufrée et rude au toucher. Sa longueur est 30 à 35 millimètres. L'ouverture est allongée et se termine à sa base par un canal profond et recourbé vers le dos. Le bord est tranchant et denté intérieurement. La columelle est pourvue de deux plis peu élevés et d'un troisième très gros. La coloration générale de cette Coquille est blanche avec des bandes brunes. Elle n'a pas d'opercule, probablement parce que l'animal est suffisamment protégé par l'ouverture étroite de sa coquille.

Commune sur les côtes d'Algérie, cette Cancellaire ne se trouve que sur notre littoral de la Méditerranée, où elle est rarement prise au large par les pêcheurs.

Genre Fusus (*Lam.*), Fuseau.

Les *Fuseaux*, comme leur nom l'indique, ont des coquilles allongées, terminées par un canal droit et long. Ce genre est très voisin des *Fasciolaires*, dont il ne diffère que par l'absence de plis à la columelle. Quelques Fuseaux exotiques atteignent de grandes dimensions :

les *Fusus colosseus* et *proboscidalis* sont les deux plus grands Gastéropodes vivants. Les espèces des côtes de France sont d'une taille beaucoup plus petite et sont toutes peu communes :

Fusus antiquus (Lin.), Fuseau du Nord.

La coquille de ce *Fuseau* (fig. 2, pl. 6) est ovale, fusiforme, ventrue, sans varices, et finement striée. Elle est d'une couleur jaune corné et longue de 80 à 90 millimètres. Sa coloration terne lui donne l'apparence d'une coquille roulée. L'ouverture est large, le bord tranchant, le canal court.

Cette espèce, qui vit dans les mers du Nord, est très commune sur les côtes d'Écosse, où elle est draguée en quantité pour l'alimentation. « Dans les chaumières des Shetland on suspend ce Fuseau horizontalement et on s'en sert comme d'une lampe ; l'huile est contenue dans la cavité de la coquille, et la mèche passe dans le canal » (Fleming). Il a été trouvé plusieurs fois sur nos côtes océaniques, à Arcachon, sur le littoral de la Charente-Inférieure et du Morbihan et dans les parages du Croisic.

Le *Fusus contrarius* (Lin.), espèce très voisine du précédent, mais à coquille sénestre (fig. 3, pl. 6), a été trouvé également sur nos côtes de l'Océan, mais trop rarement pour qu'on puisse le considérer comme appartenant à la Faune française.

Fusus Jeffreysianus (Fischer), Fuseau de Jeffreys.

Cette espèce, qui a été confondue avec plusieurs autres, se distingue par sa coquille fusiforme, renflée vers le centre et légèrement striée dans le sens des tours. L'ouverture est blanche, le bord tranchant, le canal faiblement ascendant vers son extrémité. La coloration

générale de la coquille est blanche ; mais elle est recouverte d'un épiderme très mince qui lui donne une apparence verdâtre. Elle est longue de 40 à 45 millimètres.

Ce Fuseau vit à de grandes profondeurs ; on le trouve
sur toutes les côtes du Sud-Ouest, depuis l'embouchure
de la Loire jusqu'à l'Espagne. Il a été dragué vivant en
dehors du bassin d'Arcachon et dans les parages de
Belle-Isle-en-Mer.

Fusus Syracusanus (Lin.), Fuseau rubané.

On reconnaît ce Fuseau à sa coquille allongée et turriculée (fig. 4, pl. 6), avec les tours de spires étagés et
carénés à leur partie supérieure. Ces tours sont ornés de
côtes longitudinales serrées et coupées transversalement
par des sillons nombreux. L'ouverture ovale se pro-
longe en un canal étroit, légèrement oblique ; elle est
striée intérieurement sur la lèvre droite. Sa coloration
est un brun chamois coupé par des bandes blanches sur
les côtes. Il atteint jusqu'à 40 millimètres.

Cette espèce ne se trouve que sur nos côtes méditerranéennes, où elle est peu commune.

Fusus rostratus (Olivi) ; *Fusus strigosus* (Lam.) ; Fuseau
de Tarente.

La coquille de ce Fuseau est allongée et turriculée.
Elle se compose de sept tours ornés de stries transversales et surmontés par de petites lamelles, ce qui rend
la surface rude au toucher. Elle est longue de 30 à 35
millimètres. Son canal est droit, mince, et dépasse en
longueur celle de l'ouverture, qui est d'un blanc rosé.
La coloration de la coquille est d'un roux clair. On
trouve ce Fuseau seulement sur nos côtes méditerranéennes, à Port-Vendres, Cette, etc., mais il est assez rare.

Fusus pulchellus (Phil.), Fuseau élégant.

Cette espèce (fig. 5, pl. 4), qui a été admise par quelques conchyliologistes comme une variété de la précédente, est certainement une forme intermédiaire entre les *Fusus Syracusanus* et *rostratus*. Sa coquille est plus petite, turriculée, ornée de côtes longitudinales et de stries transversales. Son canal est court; sa coloration se compose d'un fond jaune clair avec des cordons bruns sur les côtes. C'est une espèce méditerranéenne qui vit dans les mêmes parages que l'espèce précédente et dont la longueur ne dépasse pas 20 millimètres.

Fusus lignarius (Lam.); *Fusus corneus* (Lin.), Fuseau veiné.

Ce Fuseau (fig. 5, pl. 6) est facile à reconnaître à sa coquille épaisse, à tours de spire concaves à la partie supérieure. L'ouverture est ovale et terminée par un canal court légèrement relevé. Le bord est tranchant et obliquement strié à l'intérieur. Cette coquille qui est longue de 30 à 40 millimètres, est très variable dans sa taille et dans sa coloration; elle est ordinairement brune, ponctuée de blanc, quelquefois violette avec des lignes transversales blanches et interrompues. L'ouverture est blanche sur le bord, violette à l'intérieur.

Cette espèce vit sur les fonds sablonneux; on ne la trouve que sur notre littoral méditerranéen, où elle n'est pas très rare.

Fusus craticulatus (Blainv.), Fuseau costulé.

La forme de ce Fuseau le distingue de toutes les autres espèces de nos côtes. Sa coquille est plus courte, renflée dans son dernier tour; ses tours sont anguleux à leur partie supérieure, garnis de côtes longitudinales et de stries transversales. L'ouverture ovale est blanche, le bord est tranchant et strié intérieurement ; le canal est fort et soudé dans toute sa longueur. La coloration de la coquille est d'un jaune corné uniforme. Ce Fuseau vit sur les rochers et les plages sablonneuses de nos côtes méditerranéennes. Il y est peu commun et ne vit pas sur notre littoral de l'Océan.

Nous ne citons que pour mémoire les *Fusus propinquus* (Alder), *Fusus Islandicus* (Chemn.), *Fusus gracilis* (Alder) et *Fusus Berniciencis* (King), dont les coquilles ont été trouvées accidentellement sur nos plages océaniques, mais presque toujours dépourvues de l'animal, ce qui prouve qu'elles avaient été entraînées par les courants et qu'on ne peut les considérer comme appartenant à la Faune de notre littoral. Il en est de même pour le *Fusus vaginatus* (Cristof.) sur nos côtes méditerranéennes ; cette jolie petite espèce est ornée de varices en forme d'épines, plus longues sur le dernier tour ; sa coloration est rousse.

Genre Trophon (*Montfort.*).

Le genre *Trophon* est très voisin du genre *Fusus*, dont il n'est qu'un démembrement. Il est caractérisé par des coquilles à varices nombreuses, de forme variable, et terminées par un canal court ouvert en forme de gouttière. Une seule espèce vit sur le littoral français :

Trophon muricatus (Montagu). Trophon muriqué.

Sa coquille, qui n'a que 6 à 8 millim., est fusiforme et turriculée, avec les tours arrondis et ornés de plis nombreux, longitudinaux et variqueux, entre-croisés de petites lamelles qui donnent à la coquille une apparence gaufrée. L'ouverture ovale est blanche et terminée par un canal assez long et légèrement oblique. Le bord est mince et plissé intérieurement. La coloration de la coquille est gris rosé.

Cette espèce vit sur nos côtes méditerranéennes; elle a été aussi trouvée sur le littoral du Sud-Ouest, sur les côtes de la Gironde et à l'embouchure de la Loire; elle est rare partout.

FAMILLE DES BUCCINIDÉS.

(Animal carnivore semblable à celui des *Murex*. — Coquille échancrée en avant ou à canal brusquement réfléchi.)

Genre Buccinum (*Lin.*), Buccin.

Les Buccins ont des coquilles à tours ventrus et peu nombreux, à ouverture large, à canal court. Une seule espèce vit sur notre littoral :

Buccinum undatum (Lin.), Buccin ondé.

Ce Buccin est bien connu sur nos côtes océaniques (fig. 6, pl. 6). Sa coquille est ventrue, striée transversalement et sillonnée longitudinalement de plis assez gros et obliques; elle est longue de 60 à 70 millimètres. Sa couleur est grise ou blanchâtre, l'ouverture est blanche ou violette à l'intérieur. Les exemplaires des côtes de la Gironde atteignent jusqu'à 11 centimètres de longueur et 7 de largeur.

Cette espèce, qui appartient aux mers du Nord, vit sur nos côtes du Boulonnais, de Bretagne et jusqu'au bassin d'Arcachon, mais ne se rencontre pas dans la Méditerranée.

Les Morues en absorbent une grande quantité, et on a

trouvé dans l'estomac d'une Morue de 35 à 40 coquilles de ce Buccin ! Il est assez commun et on trouve fréquemment sur nos plages les capsules renfermant ses œufs (Voy. fig. 18).

Dans la baie de la Hougue, les pêcheurs le désignent sous le nom de *Ran;* on le mange dans quelques localités des côtes de Normandie.

Genre Nassa (*Lam.*), Nasse.

Les *Nasses* sont très voisines des *Buccins,* dont elles ont été séparées. L'animal est muni d'un pied large, avec des cornes divergeant en avant. La coquille, semblable à celle du genre précédent, a le bord calleux et étalé, formant une saillie en forme de dent près du canal extérieur.

Les Nasses vivent de chair morte et possèdent un odorat assez délicat pour reconnaître de très loin dans les eaux la présence d'un animal putréfié. Elles sont répandues dans toutes les mers et on les trouve depuis le niveau de la marée basse jusqu'à 90 mètres.

Toutes les côtes de France en possèdent un certain nombre d'espèces :

Nassa reticulata (Desh.). Nasse réticulée.

C'est l'espèce la plus commune de nos côtes (fig. 7, pl. 6). Sa coquille, qui est longue de 25 à 30 millimètres, est ovale, assez effilée, treillissée par des stries transversales et des plis longitudinaux. La lèvre externe est dentée, l'ouverture est blanche. Sa coloration varie du blanc jaunâtre au brun.

Cette Nasse, qui porte dans le bassin d'Arcachon le nom vulgaire de *Cornichon,* est bien connue des marins à cause de ses ravages dans les parcs d'huîtres. Ne pouvant perforer les coquilles aussi facilement que le *Murex erinaceus*, elle s'attaque de préférence aux huîtres blessées. « Il suffit de jeter un poisson pourri sur le rivage pour la voir arriver en droite ligne et de tous les points dans un rayon de plusieurs mètres vers cette substance odorante. » (Dʳ Fischer.) Mais elle est, à son tour, fréquemment victime d'un crustacé, le Bernard-l'Ermite, qui la dévore pour s'emparer de sa coquille. Elle est commune sur toutes nos côtes de l'Océan, de la Méditerranée et jusque dans l'étang de Thau.

Nassa incrassata (Mull.), Nasse épaissie.

Cette Nasse (fig. 8, pl. 6) est facile à reconnaître à sa coquille longue de 12 à 15 millimètres, à plis longitudinaux élevés, légèrement obliques, et à stries décurrentes. L'ouverture est arrondie, le canal très court. La lèvre est dentée intérieurement et garnie à l'extérieur d'un bourrelet épais. Sa coloration est très variable : fauve clair ou rosée, avec trois zones plus foncées sur le dernier tour. Elle a été désignée par Bruguière sous le nom de *Buccin ascanias* et par Payraudeau sous celui de *Nassa Lacepedii* (Nasse de Lacépède). Elle est très commune sur toutes les côtes de France.

Nassa pygmæa (Desh.), *Ranella pygmæa* (Lam.), Nasse pygmée.

Espèce très voisine de la précédente dont elle diffère par sa coquille plus mince, à lèvre violacée, à ouverture plus arrondie. Sa coloration générale est jaunâtre avec trois bandes plus foncées. Elle habite aussi sur toutes nos côtes.

Nassa variabilis (Phil.), Nasse variable.

Cette Nasse, comme son nom l'indique, offre dans la coloration des variétés dont on a fait plusieurs espèces ; nous les réunissons ici (fig. 9, pl. 16).

Celle qui a été nommée par Payraudeau *Nassa Cuvieri* (Nasse de Cuvier) a une coquille ayant les premiers tours costulés et les deux derniers lisses. Elle est d'un gris ambré avec des stries transversales accompagnées de lignes très fines d'un rouge bai, pointillées de blanc ; la lèvre droite est dentée à l'intérieur et tachée de brun à l'extérieur. Une autre variété, nommée par Payraudeau *Nassa Ferussaci* (Nasse de Férussac) est facile à reconnaître à sa coloration d'un brun noirâtre, excepté au sommet des tours qui est taché de blanc. L'ouverture est d'un blanc pur. Elle est longue de 9 millimètres.

Celle qu'on peut considérer comme le type de l'espèce est intermédiaire entre ces deux variétés, d'une coloration jaunâtre avec des linéoles brunes. Ces Nasses ne vivent que sur nos côtes méditerranéennes, où elles sont assez communes.

Nassa grana (Desh.), Nasse graine.

Sa coquille (fig. 11, pl. 6) est longue de 12 millimètres, ovale, lisse et luisante. Sa lèvre est finement dentée à l'intérieur et bordée extérieurement d'un bourrelet large et aplati. Sa coloration est blanc-jaunâtre ; le dernier tour assez ventru est sillonné de petites lignes interrompues d'un brun rouge. Cette espèce ne se trouve que sur nos côtes méditérranéennes, où elle est peu commune.

Nassa mutabilis (Lin.), Nasse ceinturée.

C'est la plus grosse Nasse de notre littoral. Sa coquille est longue de 25 millimètres. Elle est ventrue, à spire acuminée. Le bord externe est strié. Une bande alternative-

ment blanche et rousse couronne les tours (fig. 10, pl. 6).
La coloration générale de la coquille est fauve clair ;
l'ouverture est blanche. Elle ne vit que dans la Méditerranée, où elle est commune. Son opercule est corné, jaune,
dentelé, et sa largeur n'est que du tiers de l'ouverture.

Nassa corniculum (Olivi.), *Nassa Calmeilii* (Payr.),
Nasse de Calmeil.

Cette Nasse a une coquille ovale, sensiblement effilée
et polie, longue de 15 à 18 millimètres (fig. 12, pl. 6).
Sa coloration est d'un brun livide ; elle est recouverte
d'un épiderme verdâtre. L'ouverture est violette et dentée à l'intérieur. Elle est commune sur notre littoral méditerranéen et très abondante dans l'étang de Thau. Elle
a été trouvée aussi dans les parages de Saint-Jean de Luz.

Citons pour mémoire d'autres espèces de Nasses qui
n'ont été rencontrées qu'accidentellement sur nos côtes :
Nassa trifasciata (Adams), *Nassa Gallandiana* (Fischer),
Nassa nitida (Jeffreys), *Nassa gibbosula* (Lam.), etc.

Sous-genre Cyclonassa (*Swains.*)**, Cyclops** (*Montf.*).

Ce sous-genre renferme des coquilles ayant les caractères des Nasses, mais à forme semi-orbiculaire et
plus déprimée. Deux espèces seulement vivent sur les
côtes méditerranéennes de France :

Cyclonassa neritea (Monteros.), Nasse néritoïde.

Sa coquille (fig. 1 et 2, pl. 7) est haute de 6 à 8 millimètres et large de 12 à 15, à spire fortement aplatie,
orbiculaire et oblique. Dans le jeune âge le sommet de
la spire se termine par une petite pointe aiguë. L'ouverture est blanche, étroite et a la forme de celle du genre
Nérite. La coquille est en dessus fauve ou brune, recou-

verte d'un épiderme verdâtre, blanche ou rousse en dessous. Cette espèce est très commune sur la zone littorale, principalement dans les eaux saumâtres; on la trouve dans les étangs de Canet, de Leucate, de Thau et dans les canaux de dérivation des salins.

Cyclonassa pellucida (Risso.), Nasse pellucide.

Espèce très voisine de la précédente, dont elle diffère par sa forme plus allongée, plus aplatie, par sa taille plus petite (5 à 6 millim.) et par sa coloration transparente avec des linéoles brunes (fig. 3, pl. 7). L'ouverture est blanche. Elle est beaucoup plus rare que l'espèce précédente.

Genre Ringicula (*Desh.*), Ringicule.

Les Ringicules ont des coquilles petites, ventrues, à spire courte, à ouverture échancrée. On ne trouve sur nos côtes qu'une seule espèce:

Ringicula buccinea (Renier.), *Ringicula auriculata* (Men.). Ringicule buccinée.

Cette petite espèce (fig. 4, pl. 7) est longue de 3 millimètres et entièrement blanche. Elle vit dans la Méditerranée et a été draguée au cap Breton (Landes).

Genre Purpura (*Lam.*), Pourpre.

Les *Pourpres* ont des coquilles striées, imbriquées ou tuberculeuses, à spire courte, à ouverture large. Deux espèces représentent ce genre dans la Faune française:

Purpura lapillus (Lam.), Pourpre à teinture.

Cette espèce est bien connue sur nos côtes; en pressant sur son opercule on obtient une sécrétion violette; aussi était-elle employée dans l'antiquité à la fabrication de la Pourpre. Très carnassière, comme la *Nassa reti-culata*, elle commet de grands ravages dans les bancs de moules. Sa coquille (fig. 5, pl. 7) est longue de 25 à 27 millimètres, ovale, épaisse, avec des cordons trans-verses ; le sommet de la spire est acuminé ; l'ouverture très épaissie est dentée intérieurement, le canal est court et légèrement relevé. Sa coloration est très variable, on en trouve des variétés blanches, jaunes, brunes ou fas-ciées de bandes plus foncées.

Une variété, nommée par Lamarck *Purpura imbricata*, est remarquable par sa coquille sillonnée de lamelles longitudinales et ondulées, ce qui lui donne une appa-rence gaufrée. Les œufs sont renfermés dans des capsu-les cornées, jaunes, ovoïdes et de la grosseur d'un grain de blé. Ces capsules sont rangées l'une contre l'autre et fixées par un pied sur une pellicule également cornée. Ces nids se composent quelquefois de 250 capsules con-tenant chacune une vingtaine d'œufs, ce qui donne une éclosion de 5,000 Pourpres !

Cette espèce, qui manque totalement dans la Méditer-ranée, est commune sur tout notre littoral de l'Océan : sur les côtes de la Manche, de Bretagne, de la Charente-Inférieure, de la Gironde et jusqu'à Saint-Jean de Luz. La variété *imbricata* est commune à Cordouan et à Royan.

Purpura hæmastoma (Lin.), Pourpre bouche de sang.

C'est une des plus belles coquilles de nos côtes (fig. 6, pl. 7). Sa hauteur est de 60 millimètres et sa largeur de 40 millimètres. Elle est épaisse, ovale, à spire coni-que. Ses tours sont ornés de cordons parfois noduleux et de stries nombreuses. L'ouverture est grande, dente-lée et fortement plissée à l'intérieur, elle est d'un beau

rouge brillant. La coloration générale de la coquille est
fauve grisâtre. Elle varie beaucoup dans sa forme.

Cette Pourpre est rare sur nos côtes méditerranéennes
où elle a été quelquefois draguée vivante. Elle est beaucoup plus répandue sur nos côtes océaniques : on la
trouve à Brest, à la Rochelle, à l'île de Ré, au cap Ferret,
mais surtout dans les rochers de Saint-Jean de Luz et
de Biarritz, où les pêcheurs l'appellent *Ouarque*.

Elle devient quelquefois très grosse et on en a pris
des exemplaires ayant 10 centimètres de longueur et 7 de
largeur.

Genre Cassis (*Lam.*), Casque.

Les Casques ont des coquilles ventrues, à varices irrégulières, à spire courte. L'ouverture est longue, à bord
externe réfléchi et denticulé ; le canal est brusquement
recourbé. Les espèces exotiques atteignent de grandes
dimensions et chacun a pu voir ces belles coquilles qui
se vendent dans le commerce sous les noms de *Casque
rouge*, *Casque tricoté*, *Casque* de *Madagascar* et ont jusqu'à 25 centimètres de longueur et 18 de largeur ; on
les emploie à fabriquer des camées. Les représentants
de ce genre sur nos côtes ont des proportions beaucoup
plus réduites.

Cassis-saburon (Brug.), Casque saburon.

Sa coquille (fig. 7, pl. 7) est haute de 52 millimètres
et large de 38 ; elle est ovale, globuleuse, épaisse, à
spire courte, elle est recouverte de stries nombreuses et
régulièrement espacées. Son ouverture est ovale, blanche
sur le bord et rousse intérieurement ; elle est fortement
dentée et garnie à sa base de rides et de granulations.

La coloration générale de la coquille est un gris fauve ; elle est quelquefois marquetée de taches quadrangulaires rousses. La forme est très variable : on rencontre des exemplaires très grands, à test mince, et d'autres petits, très épais et pesants.

Cette espèce est rare sur toutes les côtes de France ; dans la Méditerranée elle a été quelquefois pêchée au large ; sur le littoral de l'Océan on la trouve vivante à la pointe sud du bassin d'Arcachon, à Soulac, et sur les côtes de la Charente-Inférieure ; mais elle n'a jamais été signalée au-dessus de l'embouchure de la Loire.

Cassis sulcosa (Brug), Casque cannelé.

Ce Casque se reconnaît facilement à sa coquille bombée dont les sept tours de spire sont sillonnés de côtes aplaties et situées à égale distance les unes des autres. L'ouverture est ovale, garnie d'un bourrelet extérieur, la columelle est oblique, ridée et très granuleuse à sa base ; la lèvre droite est dentée par des plis parallèles. La coloration générale de la coquille est fauve avec des flammules brunes irrégulièrement disposées. Cette espèce varie beaucoup sous le rapport de la taille, de la forme et de l'épaisseur du test. Sa longueur est d'environ 78 millimètres et sa largeur de 55 millimètres.

Ce Casque est rare sur les côtes de la Méditerranée, où on le prend quelquefois au large dans les filets. Quoique ayant été capturé accidentellement dans les parages de Groix (Morbihan), il ne paraît pas vivre sur notre littoral de l'Océan.

Genre Cassidaria (*Lam.*), Cassidaire.

Ce genre est très voisin du précédent, mais il en diffère par certains caractères : la coquille est moins bombée, le canal qui termine son ouverture n'est point replié brusquement vers le dos. Les coquilles des *Cassidaires* ont l'ouverture longitudinale, rétrécie à ses extrémités, peu large dans le milieu; le bord droit est épaissi et renversé en dehors; l'opercule est corné et oblong. Deux espèces seulement vivent sur les côtes de France :

Cassidaria echinophora (Lin.), Cassidaire échinophore.

Dans cette espèce (fig. 8, pl. 7) la coquille a le dernier tour sensiblement ventru, sillonné transversalement et cerclé par des rangs de tubercules en nombre variable. Sa couleur est roux clair; l'ouverture est blanche et le bord droit légèrement plissé. Cette espèce est très variable; on trouve des exemplaires avec un ou plusieurs rangs de tubercules et une variété n'en possède aucune trace : c'est la variété *mutica* (Tiberi) qui a été confondue souvent avec l'espèce suivante. Cette Cassidaire ne vit que sur nos côtes méditerranéennes où elle n'est pas rare; on la vend sur les marchés et les pêcheurs du Roussillon et de la Provence la mangent confondue avec plusieurs mollusques comestibles. La longueur ordinaire de la coquille est de 50 millimètres et la largeur de 40 millimètres.

Cassidaria tyrrhena (Lam.); *Cassidaria rugosa* (Lin.), Cassidaire tyrrhénienne.

Cette espèce diffère de la précédente par sa taille plus grande, par ses tours plus convexes et par l'absence de nodosités. Sa coquille (fig. 9, pl. 7) est longue de 58 à 60 millimètres et large de 40 millimètres; elle est d'une coloration gris roux et striée transversalement; l'ouverture est blanche.

Beaucoup plus rare que la *Cassidaria echinophora*, elle vit à de grandes profondeurs et n'est capturée que rarement sur nos côtes méditerranéennes; il en est de même sur le littoral de l'Océan, où elle a été prise quelquefois au Croisic, à Belle-Ile-en-Mer, sur les côtes de la Charente-Inférieure et à la pointe sud du bassin d'Arcachon.

Genre Dolium (*Lam.*), Tonne.

Ce genre est caractérisé par une coquille mince, ventrue, bombée, à ouverture très grande, à bord externe crénelé. Une seule espèce vit sur nos côtes méditerranéennes :

Dolium galea (Lam.), Tonne cannelée.

Cette magnifique espèce (fig. 1, pl. 8) est remarquable par sa coquille volumineuse qui atteint jusqu'à 20 centimètres de longueur et 16 centimètres de largeur. Cette coquille est très mince, d'un roux clair et cerclée de cordons réguliers. On ne la trouve que dans les parages de Nice et de Menton, où elle est assez rare.

Genre Columbella (*Lam.*), Colombelle.

Les *Colombelles* ont des coquilles petites, à ouverture longue et étroite, à bord externe denté et épaissi surtout vers le milieu, à bord interne crénelé. Elles vivent dans les eaux peu profondes et sur les fonds sablonneux; on en connaît un grand nombre d'espèces et celles des côtes des Antilles sont très communes, surtout la *Columbella mercatoria* (Lam.), que l'on emploie à la fabrication de ces boîtes en coquillages que l'on vend dans tous les ports de mer.

Les espèces des côtes de France sont peu nombreuses et n'habitent que le littoral de la Méditerranée :

Columbella rustica (Lin.), Colombelle étoilée.

Cette espèce (fig. 10, pl. 7) est longue de 15 millimètres et large de 10 millimètres. Sa coloration est très variable : sur un fond blanc jaunâtre elle est tachetée de brun rouge formant des points ou des zigzags. Les premiers tours sont ordinairement teintés de violet. Le bord externe est fauve et garni de denticulations blanches ; le fond de l'ouverture est blanc. La coquille est souvent recouverte d'un épiderme gris verdâtre, velouté et strié longitudinalement. On ne trouve cette espèce que sur nos côtes méditerranéennes, où elle n'est pas très commune.

Columbella scripta (Lin.) ; *Buccinum corniculatum* Lam.), Buccin de Linné (Payr.).

Cette Colombelle (fig. 11, pl. 7) est longue de 15 millimètres et large de 7 millimètres. Elle est assez épaisse, à spire élevée, ordinairement tronquée à son extrémité ; l'ouverture est allongée, la lèvre est finement plissée intérieurement. La coloration de la coquille est brun marron, avec de petits points blancs peu visibles. L'ouverture est d'un rose violacé. Elle vit dans les mêmes parages que la précédente et est moins commune.

Columbella Gervillei (Payr.) ; *Columbella decollata* (Brusina), Colombelle de Gerville.

Espèce très voisine de la précédente, de forme plus effilée et à ouverture plus étroite ; sa longueur est de 12 millimètres et sa largeur de 5 millimètres (fig. 12, pl. 7). Sa coloration est un mélange de brun et de blanc ; l'ouverture est violette. Son habitat est le même que la précédente.

Columbella Greci (Phil.), Colombelle olivoïde.

Petite espèce à coquille ovale, allongée; surface treillissée, ouverture allongée, canal court et ouvert, faiblement échancré, péristome simple, finement denticulé à l'intérieur. Coloration d'un brun foncé uniforme. Longueur 5 à 6 millimètres, vit sur nos côtes de la Méditerranée.

On trouve encore sur cette partie de nos côtes, mais très rarement, la *Columbella minor* (Scacchi).

FAMILLE DES CONIDÉS.

(Coquilles en forme de cône renversé. — Ouverture longue et étroite. — Opercule petit et lamelleux.)

Genre Conus (*Lin.*), Cône.

Dans ce genre les coquilles sont caractérisées par leur forme conique; elles sont enroulées sur elles-mêmes, à spire peu élevée, à ouverture étroite, à bords presque parallèles et sans denticulations. L'animal possède une langue armée de nombreux crochets subcornés et dont l'extrémité libre ressemble à un fer de flèche; ces crochets servent à lacérer les aliments. Ce genre renferme des espèces exotiques très remarquables par l'éclat de leurs couleurs et recherchées dans les collections; plusieurs sont très rares et ont encore aujourd'hui une grande valeur : le *Conus omaicus* vaut 300 fr., le *C. cervus* 475 fr., le *C. cedo-nulli* de 450 à 500 fr., et le *C. gloria maris* 1,000 fr. Notre littoral ne possède qu'une seule espèce de Cône, encore ne vit-elle que sur nos côtes de la Méditerranée.

Conus mediterraneus (Brug.). Cône méditerranéen.

Cette espèce est le seul représentant du genre *Conus* dans les mers d'Europe. La coquille (fig. 13, pl. 7) est

longue de 32 millimètres et large de 16 millimètres.
Elle est turbinée, assez épaisse, à spire conique et acuminée. Sa coloration ordinaire est un vert olive parsemé
de flammules blanches et brunes et de linéoles articu-
lées de points blancs et roux; l'ouverture est brune à
l'intérieur; l'opercule est corné et très allongé, l'épiderme est mince et jaunâtre. La coloration de cette coquille change beaucoup et ces variétés ont été érigées
en espèces par quelques auteurs : le *Conus franciscanus*
(Lam.) n'est certainement qu'une variété du *C. mediterraneus*.

Ce Cône est assez commun dans la partie rocheuse de
nos côtes : à Port-Vendres, Paulilles, Banyuls, Cerbère,
etc. On ne le trouve pas vivant sur les côtes de l'Hérault
et du Gard.

Genre **Pleurotoma** (*Lam.*), **Pleurotome.**

Les coquilles de ce genre sont faciles à reconnaître à
leur forme turriculée, fusiforme, à canal long et droit
dont le bord externe est pourvu d'une entaille profonde
près de la suture; l'opercule est corné et pointu. On
trouve parmi les Pleurotomes exotiques de très belles
espèces : le *Pleurotoma grandis* (Gray) atteint une longueur de 12 centimètres, le *P. babylonica* (Lam.), moins
grand, est agréablement tacheté de noir sur un fond
blanc pur.

La forme de la coquille des Pleurotomes étant très
variable, on a dû subdiviser ce genre en plusieurs sections qui constituent les sous-genres : *Defrancia, Mangilia, Bela, Lachesis, Nesæa.*

Les Pleurotomes des côtes de France appartiennent à

ces subdivisions; mais, comme ces coquilles sont rares sur notre littoral et qu'il est difficile de les recueillir à l'état frais, nous n'essaierons pas de donner ici la description de toutes ces petites espèces ; nous nous bornons à citer les principales, en indiquant les localités dans lesquelles elles se trouvent.

1° *Defrancia* (Millet).

Defrancia gracilis (Mont.). Coquille allongée, à tours de spire étagés et garnis de côtes longitudinales. Ouverture oblongue, canal droit et largement ouvert; coloration fauve avec une bande brune sur le dernier tour, longueur 19 millimètres. Arcachon, le Pouliguen, Cherbourg ; Méditerranée.

D. anceps (Eichw.). Coquille turriculée, à spire élevée ; tours convexes garnis de nombreux cordons décurrents. Coloration d'un gris jaunâtre, parsemé de taches brunes irrégulières et disposées en flammules longitudinales, longueur 7 millimètres, vit à de grandes profondeurs sur les côtes de la Méditerranée.

D. Comarmondi (Mich.), variété de *D. gracilis*, plus grande, avec les plis longitudinaux plus prononcés. Méditerranée.

D. reticulata (Ren.) (fig. 14, pl. 7). Coquille allongée, turriculée, à tours convexes pourvus de côtes longitudinales étroites et de cordons élevés et lamelleux ; coloration fauve violacée, longueur 24 millimètres. Les *D. Cordieri* (Payr.) et *D. rudis* (Scac.) ne sont que des variétés. Arcachon, Belle-Isle, Méditerranée.

D. Leufroyi (Mich.). Coquille allongée, turriculée, à spire élevée, [à tours] convexes et garnis de cordons lamelleux comme le *D. reticulata*, canal droit, court et ouvert. Coloration jaunâtre avec des points bruns parsemés sur les côtes, longueur 17 millimètres. Méditerranée.

D. linearis (Mont.) (fig. 15, pl. 7). Coquille fusiforme, à tours convexes munis de côtes et de nombreux cordons. Coloration d'un gris jaunâtre orné de linéoles brunes. Sommet de la spire et intérieur de l'ouverture teintés de violet, longueur 7 à 8 millimètres. Arcachon, Quiberon, le Croisic, la Hougue, Port-Vendres, Cannes. Menton.

La *D. concinna* (Scac.) est une variété du *D. linearis*.

D. purpurea (Mont.) (fig. 16, pl. 7). Coquille allongée, à tours convexes garnis de nombreuses côtes et de cordons très fins qui lui donnent une apparence treillissée. Coloration d'un brun pourpré, longueur très variable. Vieux-Soulac, Quiberon, la Hougue. Port-Vendres. Cette, Cannes, cap Pinède.

La *D. Philberti* (Mich.) (fig. 17, pl. 7) est une variété plus allongée que le type ; mêmes parages.

La *D. variegata* (Phil.) est une autre variété plus petite. Méditerranée.

2° *Mangilia* (Leach.).

Mangilia attenuata (Mont.). Coquille allongée, turriculée, à spire acuminée, plissée longitudinalement ; ouverture allongée formant un canal assez long. Coloration d'un brun noirâtre, longueur 15 millimètres. Arcachon, le Croisic, le Pouliguen, Quiberon, côtes de la Méditerranée.

La *M. Bertrandi* (Payr.) (fig. 7, pl. 8) est une variété de l'espèce précédente, mêmes parages, ainsi que la

M. Villiersii (Mich.), variété plus petite, d'une coloration jaunâtre.

M. striolata (Risso), espèce voisine de la précédente, coquille petite, finement striée. Arcachon, Méditerranée.

M. costulata (Risso). Coquille allongée, turriculée, à spire acuminée, à côtes longitudinales. Coloration rousse. Arcachon, Méditerranée.

M. lævigata (Phil.). Coquille allongée, mince, à côtes longitudinales, à ouverture étroite et allongée. Coloration blanche ornée de bandes rousses sur les tours, longueur 12 millimètres. Arcachon, le Croisic, Belle-Isle, Méditerranée.

La *M. nebula* (Mont.), *M. ginnaniana* (Phil.), est une variété de cette espèce.

M. nuperrima (Phil.), belle espèce voisine de *M. attenuata*, mais qui s'en distingue par ses côtes aiguës formées par des cordons décurrents élevés. Coloration rousse. Arcachon, Méditerranée.

M. septangularis (Mont.). Coquille fusiforme, atténuée à ses extrémités, tours garnis de fortes côtes longitudinales ; ouverture ovale et blanche. Coloration rousse, longueur 12 millimètres. Côtes de Bretagne, la Hougue, Méditerranée.

M. costata (Penn.). Coquille turriculée, épaisse, plissée par des côtes longitudinales très marquées. Coloration brune. Vieux-Soulac, Arcachon, le Croisic, Quiberon.

M. brachystoma (Phil.). Coquille turriculée, courte, à côtes longitudinales, épaisses. Coloration brune. Arcachon, le Croisic, Méditerranée.

M. borealis (Loven). Coquille petite à canal très court, espèce assez rare. Arcachon, Méditerranée.

M. Vauquelini (Payr.) (fig. 18, pl. 7). Coquille ovalaire, turriculée, tours traversés par des côtes épaisses et peu nombreuses. Coloration jaunâtre avec une bande brune sur les derniers tours ; sommet de la spire noirâtre, longueur 7 à **8** millimètres. Côtes de Bretagne, Méditerranée.

M. multilineolata (Desh.). Coquille étroite, allongée, striée de plis longitudinaux très nombreux ; ouverture allongée. Coloration fauve avec des linéoles rousses, longueur 8 millimètres. Antibes, Cannes, Port-Vendres.

M. rugulosa (Phil.), *M. albida* (Desh.). Coquille oblongue, turriculée, à tours convexes, ornés de fortes côtes longitudinales et de cordons décurrents espacés ; ouverture allongée, canal très court. Coloration variable, blanche, brune ou ornée d'une bande rousse sur un fond blanc, longueur 5 à 6 millimètres. Arcachon (commune de 12 à 18 brasses), Méditerranée.

M. tæniata (Desh.) Jolie espèce à surface lisse et luisante ; coquille oblongue, turriculée, épaisse ; tours convexes garnis de fortes côtes longitudinales élevées, arrondies et anguleuses à leur partie supérieure ; suture ondulée, ouverture longue et étroite, canal court et ouvert, coloration d'un blanc jaunâtre orné de deux bandes rousses à la base du dernier tour et de linéoles rousses espacées sur toute la coquille ; sommet de la spire bleuâtre, longueur 6 millimètres. Méditerranée. La *M. Paciniana* (Calc.) est une variété de la précédente ; la coquille est sillonnée de côtes longitudinales nombreuses, élevées, obliques et ondulées. La coloration est la même que la *M. tæniata ;* longueur 5 à 6 millimètres. Méditerranée.

3° *Bela* (Leach.).

Bela rufa (Mont.) Coquille turriculée, assez épaisse, luisante, ouverture oblongue, canal court, coloration d'un brun rouge ; longueur 15 à 16 millimètres. Vieux-Soulac, Arcachon, Quiberon, Cherbourg.

Bela turricula (Mont.) (fig. 2, pl. 8). Coquille turriculée, garnie de côtes longitudinales et finement striée transversalement ; coloration d'un blanc rosé ; longueur 20 millimètres. Boulogne-sur-Mer, Cherbourg.

4° *Lachesis* (Risso).

Lachesis minima (Mont.) (fig. 3, pl. 8). Coquille petite, turriculée, à côtes longitudinales peu élevées ; coloration rousse ; longueur 5 millimètres. Quiberon, Méditerranée.

L. mamillata (Risso) (fig. 4, pl. 8). Coquille allongée, garnie de côtes longitudinales et de stries transversales qui lui donnent une apparence perlée ; coloration brun rougeâtre, longueur 6 millimètres. Méditerranée.

5° *Nesæa* (Risso).

Nesæa granulata (Risso) (fig. 5, pl. 8). Coquille petite, couverte de nombreuses granulations ; coloration rousse ; longueur 6 millimètres. Méditerranée.

N. candidissima (Phil.). Coquille petite, épaisse, entièrement blanche ; longueur 4 à 5 millimètres. Méditerranée.

N. Folinæ (Phil.). Espèce plus grande que la précédente, coquille épaisse, couverte de ponctuations rousses sur un fond blanc ; longueur 6 millimètres. Méditerranée.

FAMILLE DES VOLUTIDÉS.

(Coquille turriculée ou enroulée. — Ouverture échancrée en avant. —
Columelle plissée obliquement).

Genre Mitra (*Lam.*), Mitre.

Les *Mitres* ont une coquille fusiforme, épaisse, à spire élevée et aiguë ; l'ouverture est petite, échancrée en avant, avec plusieurs plis obliques sur la columelle. Ce genre, qui est répandu dans toutes les mers, renferme plus de 400 espèces. Quelques Mitres exotiques sont recherchées dans les collections pour leurs brillantes couleurs, comme la *Mitra episcopalis* (Lam.), agréablement tachetée de rouge vif sur un fond blanc, la *M. pontificalis* (Lam.), la *M. papalis* (Lam), etc. Les espèces des côtes de France sont peu nombreuses et sont loin d'égaler par leur coloration leurs congénères exotiques ; on ne les trouve que sur nos côtes méditerranéennes :

Mitra ebenus (Lam.), Mitre bois d'ébène.

Cette Mitre (fig. 6 pl. 8) est longue de 18 à 20 millimètres. Sa coloration est brune, plus ou moins foncée, l'ouverture est blanche avec trois plis à la columelle.

La *Mitra Defrancei* (Payr.) n'est qu'une variété. On la trouve assez communément sur tout notre littoral de la Méditerranée, mais rarement vivante.

Mitra Savignyi (Payr.), Mitre de Savigny.

Dans cette petite espèce, la coquille n'a que 6 millimètres de longueur ; elle est luisante, de couleur fauve ou cornée, avec une zone d'un blanc pur ; elle est sillonnée de côtes longitudinales épaisses et noduleuses. Sa coloration est assez variable : la *Mitra tricolor* (Gmel.) n'est probablement qu'une variété ornée sur chaque tour de petits points blancs et bruns. On la trouve fréquemment parmi les débris rejetés sur le rivage à Port-Vendres, Cette, Palavas, etc.

Mitra zonata (Risso); *M. Santangeli* (Marav.), Mitre zonée.

Cette belle espèce a été longtemps très rare sur notre littoral, et, si nous la décrivons, c'est qu'il est bien constaté aujourd'hui qu'elle vit sur nos côtes de Provence où elle est encore peu commune. « Elle est, dit Petit de la Saussaye, le rêve et en même temps le désespoir de l'amateur ». Draguée d'abord en rade de Toulon, elle a été retrouvée sur les côtes de Nice et de Marseille. C'est la plus grande Mitre des mers d'Europe et elle paraît habiter à de grandes profondeurs, c'est ce qui explique sa rareté.

Cette belle coquille a 65 millimètres de long et 18 de large ; elle est ovale, allongée, à spire pointue. L'ouverture est blanche à l'intérieur, le bord droit est simple et tranchant, la columelle est oblique et garnie de six plis. Toute la surface est lisse et polie ; la base est noire, la partie supérieure est ornée d'une large zone fauve, marbrée de petites taches brunes irrégulières.

On trouve aussi, sur nos côtes de la Méditerranée, la *Mitra cornea* (Lam.) et la *Mitra lutescens* (Lam.) ; mais ces espèces ne paraissent pas appartenir à la faune française ; car on les trouve rarement à l'état vivant.

Genre Marginella (*Lam.*), Marginelle.

Les *Marginelles* ont des coquilles lisses, brillantes, à

spire courte, à columelle plissée, à bord externe épaissi. Plusieurs espèces ont été souvent confondues dans un genre voisin, le genre *Volvaria* (Lam.). Les Marginelles ne se trouvent que sur les côtes méditerranéennes de France :

Marginella miliacea (Lam.). Marginelle grain de mil. Cette petite espèce (fig. 8, pl. 8) est longue de 3 à 4 millimètres. Sa coquille est courte, renflée, blanche et légèrement transparente, avec 5 plis à la columelle. Elle est assez commune sur tout le littoral méditerranéen.

On trouve aussi sur la même partie de nos côtes, mais très rarement, les espèces suivantes : *Marginella clandestina* (Brocchi), coquille voisine de *M. miliacea* plus petite, d'un blanc pur ; *M. triticea* (Lam.), coquille de forme allongée, épaisse et ayant souvent des zones rousses. *M. minuta* (Pfeif.), espèce très petite, entièrement blanche.

FAMILLE DES CYPRÆIDÉS.

(Coquille enroulée. — Ouverture étroite canaliculée à chaque extrémité. — Bord externe épaissi. — Pas d'opercule.)

Genre Cypræa (*Lin.*), Porcelaine.

Les Mollusques de ce genre ont des coquilles ventrues, enroulées, très brillantes, à bords crénelés. Plusieurs espèces exotiques sont bien connues, et l'on vend dans tous les ports de mer les *Cypræa tigris* et *tigrina*. Tout le monde connaît ces coquilles marbrées de taches brunes et dont on fabrique des tabatières. Quelques autres sont rares et très recherchées : la *Cypræa aurora* (Lam), qui est portée par les chefs des îles des Amis comme marque de dignité, a encore aujourd'hui une valeur de 80 à 100 fr. La *Cypræa princeps* (Gray) vaut 1,000 fr. et la *Cypræa guttata* (Gmel.) 1,050 ! Comme dans les genres *Conus* et *Mitra*, les Porcelaines de nos côtes sont loin d'égaler en beauté les espèces exotiques. On ne trouve sur le littoral français que deux petites Porcelaines, d'apparence bien modeste, qui appartiennent au sous-genre *Trivia*.

Sous-genre Trivia (*Gray*).

Les coquilles sont semblables à celles du genre *Cypræa*, elles en diffèrent par les stries qui sillonnent le dos.

Trivia Europæa (Montagu.); *Cypræa coccinella* (Lam.). Porcelaine coccinelle.

Cette espèce est bien connue et on la désigne vulgairement sous le nom de *pou de mer*. Sa coquille (fig. 9 et 10, pl. 8) est ovale, ventrue, striée transversalement, avec un sillon dorsal plus ou moins prononcé. Sa coloration est rose uniforme ; elle est souvent maculée de brun. Sa longueur est de 11 millimètres. Elle est commune sur tout notre littoral méditerranéen ; elle a été trouvée plus rarement sur les côtes de la Manche, du Morbihan et de la Loire inférieure.

Trivia pulex (Sol.), Porcelaine puce.

Cette espèce offre beaucoup de ressemblance avec la précédente ; mais elle en diffère par sa taille plus petite (9 millimètres) et par sa coloration d'un brun livide en dessus, blanche en dessous (fig. 11, pl. 8). Elle est finement striée en travers et sans sillon dorsal. Cette espèce est plus rare que la *Trivia Europæa* et ne se trouve que sur nos côtes méditerranéennes.

Genre Erato (*Risso*).

Ce genre comprend des coquilles petites, semblables à celles des *Marginelles*, et ayant les bords de l'ouverture finement crénelés :

Erato lævis (Donov.), Marginelle de Donovan (Payr.).

Dans cette petite espèce (fig. 12, pl. 8), la coquille est renflée à sa partie supérieure, la spire courte et obtuse, l'ouverture allongée, étroite et finement dentelée dans toute sa longueur. Elle est longue de 10 millimètres et large de 6 millimètres. Sa coloration est d'un blanc grisâtre. Elle vit sur les côtes de Provence, où elle est rare.

Genre Ovula (*Brug.*), Ovule.

Les *Ovules* ont des coquilles semblables à celles des *Cypræa*, mais à bord interne lisse. Le type du genre est une espèce exotique bien connue, l'*Ovule des Moluques* (*Ovula ovum*, Sow.), belle coquille de 10 centimètres de longueur, entièrement blanche, avec l'ouverture d'un brun rouge à l'intérieur. Les espèces des côtes de France sont moins brillantes et ne vivent que sur le littoral de la Méditerranée :

Ovula Adriatica (Sow.). Ovule Adriatique.

Sa coquille (fig. 13, pl. 8) est longue de 20 millimètres : elle est ovale, enflée vers son extrémité postérieure, entièrement blanche et transparente. Le bord droit est épaissi, bordé en dehors et finement strié. Cette espèce vit à de grandes profondeurs ; on la prend dans les filets sur les côtes d'Agde et de Cette.

Ovula carnea (Lam.), Ovule incarnate.

Dans cette espèce (fig. 14, pl. 8), la coquille a la même

forme que la précédente ; mais elle est plus petite (11 millimètres) et colorée d'un rose vineux. On la trouve sur les côtes de Provence, principalement dans les parages de Toulon.

Ovula spelta (Lam.), Ovule spelte.

Cette espèce (fig. 15, pl. 8) diffère complètement des deux autres par sa forme allongée, renflée au centre et pointue aux deux extrémités. Son ouverture est étroite, le bord droit est épaissi et sans denticulations. Cette coquille, qui est d'un blanc laiteux uniforme, vit dans les mêmes parages que la précédente.

Deuxième section. — Holostomatés.

Gastéropodes à mufle court, habitant la mer ou les eaux douces. Coquille spirale ou patelliforme. Opercule corné ou calcaire.

FAMILLE DES NATICIDÉS.

(Coquille globuleuse, à tours peu nombreux, à spirale courte et obtuse, à bord externe tranchant.)

Genre Natica (*Lam.*), Natice.

Les *Natices* ont des coquilles épaisses, lisses, à bord intérieur calleux et à large ombilic. L'opercule est corné dans certaines espèces et calcaire dans d'autres. Ces Mollusques vivent dans les fonds sablonneux, généralement à peu de profondeur. Ils sont carnivores et possèdent, comme les *Nasses*, un odorat assez délicat pour reconnaître de loin la présence d'un animal putréfié.

Avec leur pied dilaté en avant et tranchant comme une pelle, ils coupent le sable et cheminent ainsi horizontalement dans l'épaisseur du sol. « Leur manteau, qui est très ample, se replie sur la coquille, protège les yeux, les cornes et l'orifice de la respiration et rend en même temps la marche plus glissante. » (Moq.-Tandon.) Leurs œufs, agglutinés en un ruban large et court et très légèrement attachés, reposent dans une sorte de nid de sable. On en trouve un certain nombre d'espèces sur les côtes de France :

Natica monilifera (Lam.), Natice porte-collier.

C'est l'espèce la plus commune de nos côtes. Sa coquille (fig. 16-17, pl. 8) est globuleuse, d'une teinte grise avec des taches brunes couronnant chaque tour de spire ; l'ouverture est brune à l'intérieur, l'ombilic est nu ; le diamètre de cette coquille est de 30 millimètres. Son opercule est jaune et corné.

Cette Natice dépose ses œufs dans un nid ayant la forme d'une courroie enroulée, les parois sont consolidées avec du sable. On la trouve sur les côtes de Bretagne, de Normandie, de la Charente-Inférieure et d'Arcachon ; elle est très commune sur tout notre littoral de la Méditerranée.

Natica sordida (Phil.), Natice sale.

Cette Natice est très voisine de la précédente dont elle diffère par sa forme moins globuleuse et par sa teinte d'un gris sale. Son diamètre est de 20 à 22 millimètres. Elle vit sur nos côtes de l'Océan et est très rare sur celles de la Méditerranée.

Natica olla (Marcel de Serres), Natice bouton.

Cette espèce (fig. 18, pl. 8) est facile à reconnaître à

sa coquille déprimée, à spire obtuse ; de couleur isabelle. L'ombilic est très large et formé par une callosité en forme de bouton ; on trouve des exemplaires avec la callosité brune, et d'autres avec la callosité violette. Son opercule est jaune et corné ; son diamètre est de 25 millimètres. Elle ne vit que sur nos côtes de la Méditerranée où elle est très commune ; on trouve fréquemment sur la plage ses œufs agglutinés en forme d'un large ruban.

Natica cruentata (Desh.) ; *Natica maculata* (Ulysses), Natice marbrée.

La coquille de cette Natice (fig. 19, pl. 8) est globuleuse, à sommet obtus ; l'ouverture est violette à l'intérieur, blanche sur les bords ; l'opercule est calcaire et strié profondément ; l'ombilic est garni d'une callosité étroite et rousse. Sur un fond blanc grisâtre cette Natice est marbrée de taches inégales d'un rouge de rouille. Son diamètre est de 30 à 35 millimètres. On ne la trouve que sur nos côtes de la Méditerranée, où elle est assez commune.

La *Natica millepunctata* (Lam.), Natice mille-points ou fustigée (fig. 20, pl. 8) n'est qu'une variété de la précédente ; elle vit dans les mêmes parages, son opercule est également calcaire, sa coquille a les mêmes dimensions ; mais, au lieu des taches inégales de la *Natica cruentata*, elle est sablée régulièrement d'une multitude de points bruns sur un fond gris.

Natica Guilleminii (Payr) ; *Natica nitida* (Donov.), Natice de Guillemin.

Cette espèce (fig. 21, pl. 8), dont le diamètre n'est que de 10 millimètres, a une coloration très variable, elle est ordinairement flammée de raies lilas sur un fond rosé, sa spire est aiguë et d'une teinte orangée ; l'ouverture est rayée à l'intérieur de blanc et de brun. L'ombilic est presque recouvert par une callosité épaisse ; l'opercule est jaune et corné. Assez rare sur les côtes du sud-ouest, elle est beaucoup plus commune sur les côtes de la Méditerranée, où elle vit jusque dans l'étang de Thau.

Natica Dillwynii (Payr.), Natice de Dillwyn.

Espèce très voisine de la précédente dont elle diffère par sa coloration : elle est nuancée de tons pourprés avec deux lignes blanches semées de taches fauves anguleuses. Elle est peu commune.

Natica Valenciennesii(Payr.) ; *Natica intricata*(Donov.), Natice de Valenciennes.

Cette jolie coquille (fig. 22, pl. 8) a sur un fond cendré cinq raies dans le sens des tours de spire, mélangées de taches blanches, de rouge bai ou de brun. Son diamètre est de 11 millimètres. L'ombilic, brun foncé à l'intérieur, est ouvert et profond ; il est pourvu de deux petites callosités séparées par deux sillons ; l'opercule est jaune et corné. Cette Natice, draguée rarement sur nos côtes de l'Océan, vit sur notre littoral méditerranéen, où elle est peu commune.

Genre Coriocella (*Blainv.*), Lamellaria (*Montagu*), Coriocelle.

Les Mollusques de ce genre ont une coquille auriforme, mince, transparente et fragile ; pas d'opercule. L'animal est beaucoup plus grand que sa coquille et l'enveloppe avec les bords de son manteau. Une seule espèce vit sur les côtes de France :

Coriocella perspicua (Blainv.); *Bulla haliotidea* (Montagu), Coriocelle déprimée.

Sa coquille (fig. 23, pl. 8) est mince et entièrement blanche; l'ouverture est grande et étalée; le bord interne est retiré en arrière. Cette espèce a été trouvée rarement sur les côtes de la Loire-Inférieure, de la Vendée, de la Charente-Inférieure et de la Méditerranée. Elle est plus commune sur les côtes du Boulonnais, à Wimereux, où elle pond pendant les mois de février et de mars; elle creuse son nid dans les colonies d'Ascidies composées dont elle fait sa nourriture (A. Giard).

Genre Velutina (*Fleming*), Velutine.

Dans ce genre, la coquille est mince, à spire courte, à suture profonde. L'animal est carnivore et a les bords du manteau développés tout autour de la coquille.

Velutina capuloïdea (Blainv.); *Velutina lævigata* (Lin.), Velutine légère.

Cette espèce (fig. 1, pl. 9) a une coquille mince, d'une teinte gris rosé, à épiderme velouté, à ouverture très grande et arrondie; pas d'opercule. Elle vit à de grandes profondeurs sur les plantes marines; elle a été draguée rarement sur les côtes du Croisic, de Belle-Isle et de la Rochelle; on ne la trouve pas sur le littoral de la Méditerranée. On a trouvé aussi dans les mêmes parages une espèce appartenant à un genre très voisin, l'*Otina otis* (Turton); mais elle ne paraît pas habiter les côtes de France.

FAMILLE DES PYRAMIDELLIDÉS.

(Coquilles spirales, turriculées, à ouverture petite, à columelle ayant
quelquefois un ou plusieurs plis saillants.)

Genre Odostomia (*Fleming*), Odostomie.

Les *Odostomies* ont des coquilles petites, subulées ou
ovalaires, lisses, à sommet sénestre, à ouverture ovale,
à bord mince, à opercule corné ; la columelle n'a qu'un
seul pli en forme de dent. L'animal a la tête très courte,
munie d'une longue trompe rétractile. Ces Mollusques
vivent à d'assez grandes profondeurs sur les Zostères et
autres plantes marines. On en connaît un grand nombre
d'espèces, mais, à cause de leur petitesse, il est difficile
de les recueillir ; nous indiquons ici les principales
espèces du littoral français :

Odostomia conoidea (Broc.); *O. Eulimoides* (Hanley).
Coquille oblongue, solide, opaque ; spire composée
de sept tours lisses et luisants ; ouverture ovale rétrécie ;
opercule épais ; coloration blanche ; longueur 5 à 6 millimètres. C'est l'espèce la plus connue des Odostomies
de nos côtes. Baie de Bourgneuf, Royan, embouchure de
la Gironde ; Méditerranée où elle se rencontre fréquemment sur les valves du *Pecten Jacobœus*.

O. unidentata (Mont.). Coquille assez épaisse, luisante,
composée de quatre tours lisses, le dernier très large ;
ouverture subquadrangulaire, columelle pourvue d'une
dent très visible ; péristome simple et légèrement évasé.
Coloration blanche ; longueur 3 millimètres. Le Croisic,

Quiberon, bassin d'Arcachon, golfe de Gascogne, Méditerranée.

O. turrita (Hanl.). Espèce voisine de la précédente, mais à spire plus élevée; coquille solide et luisante, à six tours lisses; ouverture étroite; columelle arquée et munie d'une dent. Coloration rousse; opercule mince; longueur 3 millimètres. Côtes de Bretagne, bassin d'Arcachon, Cap-Breton; très rare dans la Méditerranée.

O. plicata (Mont.) (fig. 2, pl. 9). Cette espèce se distingue facilement par sa spire allongée, son ouverture ovale et arrondie à la base. Coquille turriculée composée de cinq tours lisses; columelle arquée et pourvue d'une dent. Coloration blanche hyaline; opercule strié; longueur 3 millimètres. Assez abondante sur les côtes de la Loire-Inférieure et du Morbihan, baie de la Hougue, golfe de Gascogne, Méditerranée.

O. rissoides (Hanl.). Coquille mince, diaphane, brillante, composée de trois à quatre tours convexes, le dernier très grand, à suture profonde. Ouverture ovale, allongée; columelle arquée, pourvue d'une dent peu visible. Coloration d'un blanc jaunâtre; opercule strié; longueur 2 à 3 millimètres; cette espèce est assez variable. Le Croisic, Quiberon, Cap-Breton, Méditerranée.

L'*O. albella* (Loven) est une variété. Côtes de Bretagne, baie de la Hougue.

O. tricincta (Jeff.) (fig. 3, pl. 9). Coquille solide, opaque. Spire composée de quatre tours convexes pourvus de côtes longitudinales lisses, arrondies et saillantes; ouverture petite, ovale. Columelle courte, pourvue d'une dent peu visible. Coloration jaunâtre ornée de trois linéoles brunes sur le dernier tour; longueur 2 millimètres et demi. Baie de Bourgneuf et Méditerranée.

O. interstincta (Mont.). Coquille allongée, composée de quatre tours convexes pourvus de côtes minces et arquées et d'un cordon à la base des tours; ouverture ovale, columelle munie d'une petite dent. Coloration blanche; opercule mince et finement strié, longueur 3 millimètres. Baie de la Hougue, Quiberon, baie de Bourgneuf, bassin d'Arcachon, Méditerranée : Port-Vendres.

O. decussata (Mont.). Coquille ovale, mince, transparente, composée de trois tours convexes, traversés de côtes longitudinales et de nombreux cordons qui lui donnent une apparence finement treillissée. Ouverture ovale; columelle munie d'une dent peu visible; opercule mince et strié; coloration blanche, longueur 2 millimètres. Le Croisic, Quiberon, bassin d'Arcachon, golfe de Gascogne, très rare dans la Méditerranée.

O. excavata (Phil.). Coquille assez solide, composée de quatre tours recouverts d'un treillis large et saillant; ouverture ovale ; columelle munie d'une dent assez visible. Coloration blanche; longueur 2 millimètres. Golfe de Gascogne (rare); Méditerranée : Banyuls, Port-Vendres (assez commune).

O. Moulinsiana (Fischer). Coquille grêle, élancée, à huit tours de spire; ouverture étroite et allongée; columelle munie d'une dent très visible ; coloration blanche ; longueur 4 millimètres. Quiberon, bassin d'Arcachon (rare).

O. spiralis (Mont.). Coquille courte, solide, à tours arrondis garnis de côtes un peu arquées, avec des stries longitudinales très fines. Columelle munie d'une dent peu visible ; coloration blanche; longueur 1 millimètre et demi. Côtes de la Loire-Inférieure, Quiberon, la Rochelle.

O. insculpta (Mont.). Coquille pyramidale composée de cinq tours un peu convexes, couverts de stries fines et régulières en spirale; ouverture ovale; columelle munie d'une petite dent; coloration blanche; longueur 2 millimètres. Le Croisic, Quiberon; draguée dans le golfe de Gascogne par 60 à 80 brasses (rare). Méditerranée (rare).

O: acuta (Jeff.). Coquille pyramidale, grêle et allongée; coloration rousse; longueur 1 millimètre et demi. Côtes de Bretagne, Quiberon, bassin d'Arcachon, golfe de Gascogne, Méditerranée.

O. truncatula (Jeff.). Très petite espèce facile à reconnaître à sa spire courte qui lui donne une apparence tronquée; coloration blanche; longueur 1 millimètre. Golfe de Gascogne par 30 à 70 brasses.

O. pallida (Mont.). Coquille mince, lisse, composée de six tours peu élevés. Sommet de la spire aigu; ouverture arrondie, columelle arquée et sans dent; coloration blanche; longueur 2 millimètres. Cette espèce est de forme et de taille assez variables; l'extrémité de la spire est souvent rose. Bassin d'Arcachon, de 2 à 16 brasses (commune), golfe de Gascogne, côtes de la Loire-Inférieure et de la Charente-Inférieure.

O. dolioliformis (Jeff.). Espèce facile à distinguer de ses congénères par sa coquille courte et renflée vers le centre; coloration blanche; longueur 1 millimètre et demi. Quiberon; golfe de Gascogne entre Biarritz et la côte d'Espagne par 28 brasses.

O. marginata (Cailliaud). Coquille ventrue, conoïde, à spire obtuse, composée de cinq à six tours un peu convexes, finement striés transversalement ; ouverture oblongue, avec un pli au milieu du bord columellaire ; coloration blanche ; longueur 2 millimètres. Le Croisic, Quiberon.

Genre Chemnitzia (*d'Orb.*), Chemnitzie.

Ce genre est très voisin du précédent ; l'animal est le même ; la coquille est grêle, allongée, à tours nombreux garnis de côtes, à ouverture généralement ovale, à opercule corné. Ces petits Mollusques vivent, comme les Odostomies, sur les plantes marines, souvent à de grandes profondeurs. Les principales espèces du littoral français sont :

Chemnitzia rufa (Phil.). Coquille mince à spire élevée, turriculée, composée de six tours garnis de côtes longitudinales lisses assez nombreuses ; suture profonde ; ouverture subquadrangulaire. Coloration rousse souvent traversée par une zone plus foncée ; opercule très mince ; longueur 3 à 4 millimètres. Côtes de la Loire-Inférieure, golfe de Gascogne (rare), Méditerranée.

C. fenestrata (Jeff.). Coquille mince, turriculée ; striée ; coloration blanche ; longueur 2 millimètres. Quiberon, le Croisic (rare), bassin d'Arcachon (commune).

C. elegantissima (Mont.) (fig. 4, pl. 9). Coquille solide, opaque, composée de dix tours garnis de côtes longitudinales lisses et obliques ; ouverture ovale ; coloration d'un blanc pur ; opercule très mince ; longueur 7 à 8 millimètres. Baies de Cherbourg et de Saint-Vaast, Quiberon, côtes de la Loire-Inférieure, bassin d'Arcachon, Méditerranée.

C. indistincta (Mont.). Coquille à spire conique, composée de cinq tours aplatis, à côtes droites couvertes de stries très fines. Coloration blanche; longueur 2 millimètres. Mêmes parages que l'espèce précédente.

C. pallida (Phil.). Coquille mince, élancée, composée de neuf tours convexes garnis de côtes longitudinales très nombreuses et très serrées et de stries très fines; coloration rousse ornée de trois linéoles plus foncées. Côtes méditerranéennes de France.

C. pusilla (Phil.). Coquille solide, à spire élevée, composée de huit tours convexes garnis de côtes longitudinales lisses et arrondies; coloration blanche; longueur 2 à 3 millimètres. Vit sur le *Zostera marina*. Côtes de Bretagne, Cap-Breton, Hendaye, par 28 brasses, Méditerranée : commune à Banyuls, Port-Vendres, etc.

C. scalaris (Phil.) (fig. 5, pl. 9). Espèce qui se distingue de ses congénères par sa taille assez grande et ses côtes lamelleuses; spire allongée composée de six tours; coloration rousse, longueur 4 millimètres. Cap-Breton, Méditerranée : Banyuls, Port-Vendres, etc.

C. simillima (Mont.). Espèce voisine de *C. elegantissima*, coquille mince composée de huit à neuf tours couverts de stries élevées et un peu obliques, ouverture ovale, coloration blanche; longueur 5 millimètres. Baie de Cherbourg, côtes de la Loire-Inférieure.

Genre **Eulimella** (*Forbes*), **Eulimelle.**

Les coquilles de ce genre sont petites, longues, lisses et luisantes, à columelle simple, à sommet sénestre. Elles sont peu communes sur notre littoral.

Eulimella acicula (Phil.). Coquille mince, lisse, transparente, turriculée; ouverture subquadrangulaire; coloration d'un blanc vitreux ; opercule mince et finement strié ; longueur 2 millimètres. Côtes de Bretagne, bassin d'Arcachon, golfe de Gascogne, Méditerranée.

E. nitidissima (Mont). Coquille grêle, composée de neuf tours de spire extrêmement délicats, lisses, terminés par une pointe aiguë ; ces tours sont élevés, très arrondis et séparés par une profonde dépression ; ouverture suborbiculaire ; coloration d'un blanc pur. Longueur 2 millimètres. Mêmes parages que l'espèce précédente.

E. scillæ (Scacchi.). Espèce voisine d'*E. acicula*, mais à coquille plus épaisse ; coloration blanche ; longueur 3 millimètres. Mêmes parages.

Genre Eulima (*Risso*), Eulime.

Les *Eulimes* ont des coquilles petites, blanches et polies, grêles, allongées et formées de nombreux tours aplatis ; l'ouverture est ovale, l'opercule corné. L'animal a une longue trompe rétractile, le pied tronqué en avant, les tentacules subulés.

Les Eulimes vivent à d'assez grandes profondeurs ; elles rampent avec le pied très en avant de la tête qui est ordinairement cachée en dedans de l'ouverture, les tentacules seuls faisant saillie (Forbes). Ces petits Mollusques, comme les Odostomies, sont difficiles à capturer. On en connaît peu d'espèces sur nos côtes :

Eulima polita (Lin.); *Rissoa Boscii* (Payr.) (fig. 6, pl. 9). Coquille solide, luisante ; spire élevée, conique, à sommet aigu ; ouverture ovalaire ; coloration d'un blanc d'ivoire, longueur 4 à 5 millimètres. Baie de Cherbourg (rare), côtes de la Loire-Inférieure (rare) ; assez commune sur les côtes de la Méditerranée.

E. distorta (Phil.). Coquille mince, diaphane, composée de dix tours ; sommet flexueux et légèrement recourbé ; coloration blanchâtre, longueur 2 à 3 millimètres. Mêmes parages que l'*E. polita*.

E. nitida (Phil.) ; *E. intermedia* (Cantr.). Espèce très voisine de la précédente pour la forme, mais plus grosse, plus renflée ; coloration blanche, diaphane, longueur 5 millimètres. Quiberon, Méditerranée.

E. subulata (Desh.) ; *Melania Cambessedesii* (Payr.) (fig. 7, pl. 9). Coquille mince, luisante, à spire effilée, composée de neuf à dix tours lisses ; ouverture ovalaire, coloration rousse avec des zones plus foncées ; opercule mince et strié ; longueur 9 millimètres. Quiberon, Méditerranée.

Genre Aclis (*Loven.*), Aclis.

Dans ce genre, la coquille est petite, striée en spirale, à ouverture ovale ; l'animal est assez semblable aux Eulimes. Ces Mollusques vivent à de très grandes profondeurs ; ils sont rares sur nos côtes, où on ne trouve que les espèces suivantes :

Aclis ascaris (Turton.). Coquille petite, grêle, voisine pour la forme de celle des Eulimelles ; coloration blanche ; longueur 2 millimètres. Côtes de Bretagne, golfe de Gascogne.

A. unica (Mont.). Coquille luisante, composée de neuf tours terminés par une pointe aiguë, arrondis, garnis de côtes longitudinales un peu ondulées et finement striées transversalement ; ouverture ovale, coloration blanche ; longueur 1 millimètre et demi. Quiberon, bassin d'Arcachon (rare).

A. supranitida (S. Wood) (fig. 8, pl. 9). Espèce très voisine de l'*A. ascaris*, très luisante; coloration blanche; longueur 1 millimètre et demi à 2 millimètres. Quiberon, golfe de Gascogne par 35 brasses.

FAMILLE DES CÉRITHIADÉS.

(Coquilles spirales, allongées, à tours nombreux, à ouverture canaliculée en avant, à opercule corné. — Animal à mufle.court, non rétractile, à tentacules distants et grêles, habitant la mer, les estuaires ou les eaux douces.)

Genre Cerithium (*Brug.*), Cérite.

Les *Cérites* ont des coquilles turriculées, à tours nombreux avec des varices indistinctes, à ouverture petite, terminée par un canal tortueux en avant. Ces Mollusques, qui sont répandus dans toutes les mers, sont représentés par peu d'espèces sur nos côtes :

Cerithium vulgatum (Brug.), Cérite goumier.

C'est l'espèce la plus commune et la plus grande du littoral français. Sa coquille (fig. 9, pl. 9) est d'un brun grisâtre, sillonnée et striée transversalement, avec des tubercules sur le milieu de chaque tour de spire. Le canal qui termine l'ouverture se recourbe vers le dos de la coquille. Elle mesure ordinairement 48 millimètres de longueur; on en trouve quelquefois des exemplaires beaucoup plus grands.

Cette espèce, qui ne vit pas sur nos côtes de l'Océan, est excessivement commune sur tout le littoral de la Méditerranée.

Cerithium rupestre (Risso); *Cerithium Mediterraneum* (Desh.), Cérite de la Méditerranée.

Sa coquille (fig. 10, pl. 9) est plus allongée que la précédente, turriculée, avec des stries transverses et des plis longitudinaux irréguliers. Sa couleur est assez variable, le plus souvent brune tachetée de blanc et pointillée de brun foncé. Sa longueur est de 20 millimètres. Elle ne vit que sur nos côtes méditerranéennes, où elle est moins commune que la précédente.

Cerithium mamillatum (Risso), Cérite conique.

Cette Cérite (fig. 11, pl. 9) a une coquille petite, grisâtre ou brune, à tours nombreux sur lesquels s'élèvent deux ou trois rangées transverses de granulations. Sa coloration est assez variable ; sa longueur est de 18 millimètres. Elle est peu commune sur nos côtes où on ne la trouve que dans les parages d'Antibes et de Nice.

Sous-genre Cerithiopsis (*Forbes*).

(Coquilles assez semblables aux *Cerithium*. — Animal à trompe rétractile, à opercule pointu.)

Cerithiopsis scaber (Oliv.); *Cerithium lima* (Brug.), Cérite hérissée, Cérite de Latreille (Payr.).

Sa coquille (fig. 12, pl. 9) est sillonnée transversalement par des stries saillantes et granuleuses, avec des varices blanchâtres de chaque côté. Sa longueur est de 11 millimètres. Sa coloration est d'un brun rougeâtre. Cette espèce est très commune sur toutes nos côtes, où elle vit dans les *Fucus*, sur les rochers avancés dans la mer. On la trouve aussi dans les étangs saumâtres.

Cerithiopsis tubercularis (Montagu), Cérite tuberculaire.

Espèce voisine de la précédente (fig. 13, pl. 9), mais à coquille plus courte et plus renflée. On la trouve sur notre littoral méditerranéen, et sur nos côtes océaniques, dans le bassin d'Arcachon, à la Rochelle, au cap Lévi, à Quiberon, à Boulogne-sur-Mer ; mais elle est moins commune que l'espèce précédente.

Sous-genre **Triphoris** (*Desh.*).

(Coquilles sénestres, avec les canaux antérieur et postérieur tubuleux.)

Triphoris perversus (Lin.), Cérite perverse.

Sa coquille (fig. 14, pl. 9) est allongée, garnie de stries transversales coupées par des sillons longitudinaux formant des granulations ; le canal est presque droit ; l'ouverture est située du côté gauche. Sa couleur est rouge brun ; sa longueur est de 15 millimètres. Elle est peu commune sur nos côtes méditerranéennes, ainsi que sur celles de l'Océan où elle a été trouvée à Quiberon, dans la baie de Cherbourg et sur les côtes du Croisic.

Le *Triphoris adversus* (Montagu) n'est qu'une variété de cette espèce.

FAMILLE DES APORRHAIDÉS.

(Coquilles à spire allongée, à tours nombreux et tuberculeux, à bord externe digité, à ouverture étroite, avec un canal court en avant.)

Genre **Chenopus** (*Phil.*), **Aporrhaïs** (*Aldrov.*), **Ansérine.**

L'animal a un pied ovalaire, anguleux en avant, pointu en arrière. La tête est très grosse, à tentacules allongés, grêles et pointus. Deux espèces vivent sur le littoral français.

Chenopus pes pelecani (Phil.), Ansérine pied de pélican.

Cette espèce est bien connue sur nos côtes, où on la désigne vulgairement sous le nom de *Pied de Pélican*.

Sa coquille (fig. 15 et 16, pl. 9) a le bord externe très dilaté et divisé en trois longues digitations aiguës, parcourues par une forte côte et sillonnées intérieurement par un petit canal ; la digitation supérieure est réunie à la spire. Cette coquille est jaune chamois et longue de 45 à 48 millimètres. Dans le jeune âge (fig. 16, pl. 9), elle est très variable et les digitations, moins aiguës, sont réunies entre elles. L'opercule est très petit, jaune, corné et oblong. Cette espèce est très commune sur toutes nos côtes de la Méditerranée, plus rare sur celles de l'Océan où elle a été trouvée sur le littoral breton, à Quiberon, à Belle-Ile ainsi que dans le bassin d'Arcachon.

Le *Chenopus Serresianus* (Michaud) offre de grands rapports avec l'espèce précédente, dont il diffère par sa coquille à digitations longues et effilées. Il n'a été trouvé que sur notre littoral de la Méditerranée, où il est rare.

FAMILLE DES VERMÉTIDÉS.

(Les espèces de cette famille ont été souvent confondues avec les *Serpules* ou *Vers marins* de l'ordre des Annelides tubicoles. Les coquilles des *Vermets* se distinguent des tubes des Serpules par leurs cloisons internes concaves et lisses. — Si la coquille est formée d'une substance solide, fortement sculptée de sillons longitudinaux ou d'écailles, ou si elle est d'une couleur brunâtre, elle est certainement due à un Vermet.) (Woodward, supplément.)

Genre Vermetus (*Adanson*), Vermet.

Ces Mollusques ont des coquilles tubuleuses, fixées,

à tube plusieurs fois cloisonné, à ouverture circulaire, ainsi que l'opercule qui est corné et concave extérieurement. Ils vivent attachés aux coquilles frustes, aux pierres, aux épaves. On ne les trouve que sur nos côtes de la Méditerranée ; les principales espèces sont :

Vermetus triqueter (Bivona). Vermet triangulaire. Sa coquille en tube contourné forme des amas irréguliers qui ont pour point d'appui soit des galets, soit de vieilles coquilles dépourvues de leur animal. La surface du tube est divisée en trois parties par deux carènes saillantes. Sa coloration est d'un blanc fauve. Les plus grands individus n'ont guère que 10 millimètres de diamètre.

Vermetus arenarius (Lin.). Vermet des sables. Tube de 11 à 12 millimètres, à tours irrégulièrement contournés ; surface granuleuse. Sa coquille est généralement composée de sable agglutiné. On le trouve sur les rochers et souvent sur les valves des *Pecten*.

Vermetus corneus (Forbes), Vermet corné.

Cette espèce (fig. 17, pl. 9) est facile à reconnaître à sa couleur de corne pâle. On la trouve assez fréquemment sur nos côtes adhérant à des pierres ou à des débris, sur lesquels elle est enroulée en spirale.

Genre Siliquaria (*Brug.*), Siliquaire.

Les *Siliquaires* ont des coquilles assez semblables par la forme à celles des Vermets, mais le tube s'en distingue par une fente longitudinale continue. On ne les trouve que dans la Méditerranée. Une seule espèce, la *Siliquaria anguina* (Lam.) (fig. 18, pl. 9), a été draguée dans les eaux de Marseille, près du château d'If ; plusieurs exemplaires vivants ont été trouvés sur une pierre à une assez faible profondeur.

FAMILLE DES CÉCIDÉS.

(Coquilles tubuleuses, régulières, quelquefois fixées. — Ouverture circulaire. — Opercule corné.)

Genre Cœcum (*Fleming*).

Dans ce genre, les coquilles sont cylindriques, arquées, d'abord discoïdes et décollées lorsqu'elles sont adultes. Le sommet est fermé par une cloison mamelonnée. Ces Mollusques vivent à une profondeur de 15 à 18 mètres; ils sont peu communs :

Cœcum trachea (Montagu).

Cette espèce (fig. 19 et 20, pl. 9), a une coquille solide, divisée en une série d'anneaux égaux entre eux, coloration fauve avec des bandes transversales brunes, opercule brun et concave, a été trouvée à Quiberon (dans les grands fonds), sur les côtes de la Loire-Inférieure, de la Vendée près de l'île de Noirmoutiers, et sur celles de la Charente-Inférieure, au large de l'île de Ré. Elle vit aussi dans la Méditerranée. Elle est rare partout.

Cœcum glabrum (Montagu), *C. auriculatum* (de Folin).

Cette espèce est moins rare que la précédente; sa coquille est recouverte d'un épiderme fauve clair, l'ouverture est entourée d'un anneau peu développé; sa coloration est d'un blanc vitreux. Elle a été trouvée sur les côtes de la Manche, du Morbihan, de la Loire-Inférieure, de la Gironde, des Landes et dans la Méditerranée.

Une espèce beaucoup plus rare, le *Cœcum spinosum* (de Folin), a été draguée à Cap-Breton (Landes). La coquille est translucide ; la surface entière est hérissée d'épines diaphanes, d'abord droites, puis recourbées comme des griffes à leur extrémité. Son diamètre est de 4 à 5 millimètres.

FAMILLE DES TURRITELLIDÉS.

(Coquilles tubuleuses ou spirales, ouverture simple, opercule corné. — Animal à mufle et à pieds courts.)

Genre Turritella (*Lam.*), Turritelle.

Dans ce genre les coquilles sont allongées, à tours nombreux, striées en spirale, à ouverture arrondie. L'animal a des tentacules longs et subulés. On trouve des Turritelles dans toutes les mers, et quelques-unes atteignent de grandes dimensions. Les espèces des côtes de France sont peu nombreuses :

Turritella cornea (Lam.), Turritelle cornée.

Cette Turritelle se distingue facilement par sa coquille à forme élancée, ses tours de spire étroits chargés de sillons transverses et rapprochés. Sa coloration est d'un jaune corné. Sa longueur est de 25 à 30 millimètres. Elle est peu commune sur les côtes de l'Océan, où on la trouve sur le littoral de la Loire-Inférieure et sur celui d'Arcachon.

Turritella communis (Risso) ; *Turritella terebra* (Lam.), Turritelle tarière.

C'est l'espèce la plus anciennement connue (fig. 21, pl. 9). Elle se rapproche de la précédente par sa forme, mais elle est plus grande ; le nombre de ses côtes transverses est très variable. Sa coloration est rougeâtre, quelquefois violette. Son opercule est noir et corné. Elle a une longueur de 35 à 45 millimètres. Assez rare sur notre littoral de l'Océan, où elle a été trouvée sur les côtes de Bretagne et dans la baie de la Hougue, elle est très commune sur toutes nos côtes de la Méditerranée.

Turritella triplicata (Brocchi), Turritelle à trois plis.

Elle diffère des précédentes par sa taille toujours plus grande, son test plus solide et par ses trois côtes transverses et saillantes. Elle est longue de 75 millimètres. On ne la trouve que sur notre littoral de la Méditerranée où elle est rare.

Genre Eglisia (*Gray*).

Ce genre comprend des coquilles à caractères très ambigus, intermédiaires entre les *Scalaires* et les *Cérites*. L'ouverture est assez analogue à celle des *Chemnitzia*. Une seule espèce vit sur les côtes de France.

Eglisia subdecussata (Cantr.), *Mesalia striata* (Adams).

Sa coquille est turriculée, longue de 22 millimètres, d'un gris ferrugineux, les premiers tours portent des empreintes de côtes longitudinales. Elle est peu commune ; elle a été draguée plusieurs fois vivante en dehors du bassin d'Arcachon ; elle vit aussi dans la Méditerranée.

FAMILLE DES SCALARIADÉS

(Coquilles turriculées, à tours nombreux arrondis et ornés de côtes transversales. — Ouverture circulaire. — Opercule corné.)

Genre Scalaria (*Lam.*), Scalaire.

Ce genre a été ainsi nommé parce que ses coquilles,

élégamment turriculées, s'enroulent en forme d'escalier. L'animal a des tentacules rapprochés, longs et pointus, le pied triangulaire ; il est carnivore et exsude, lorsqu'on l'inquiète, un liquide de couleur pourpre. Une espèce exotique, la *Scalaria pretiosa* (Lam.), Scalaire précieuse, a été longtemps très recherchée dans les collections ; les amateurs du dix-septième siècle la payaient jusqu'à 100 louis ! Aujourd'hui, on peut l'avoir pour 6 fr. Plusieurs espèces de Scalaires vivent sur les côtes de France :

Scalaria communis (Lam.), Scalaire commune.

Cette Scalaire est bien connue sur nos côtes où elle n'est pas rare. Sa coquille (fig. 22, pl. 9) est d'un gris fauve, maculée de brun, lisse et polie ; ses côtes sont égales, obliques et un peu épaisses. Son opercule est noir et corné. Sa longueur est de 20 à 22 millimètres. On la trouve dans la baie de la Hougue, dans le golfe du Morbihan, au Croisic, au Pouliguen, sur les côtes de la Charente-Inférieure et de la Gironde ; elle est commune sur tout le littoral de la Méditerranée.

Scalaria lamellosa (Lam.), Scalaire lamelleuse.

Elle diffère de la précédente par sa coloration blanche et par ses côtes minces et tranchantes (fig. 23, pl. 9). Sa longueur est de 20 millimètres. Elle vit dans la Méditerranée ; elle a été trouvée rarement sur les côtes du Finistère, du Morbihan et de la Charente-Inférieure.

Scalaria Turtoni (Fleming) ; *Scalaria planicosta* (Bivona), Scalaire de Turton.

Cette espèce (fig. 24, pl. 9) est plus longue et plus effilée que les précédentes, à stries transversales nombreuses et très fines ; ses côtes sont aplaties ; sa coloration est brun marron. Sa longueur est de 27 millimètres. Elle est peu commune sur le littoral de la Méditerranée et rare sur les côtes du Morbihan, de la Loire-Inférieure et de la Gironde.

Scalaria clathratula (Montagu), Scalaire treillissée.

Cette coquille a, en général, 5 ou 6 tours ; ses côtes sont serrées ; sa coloration est blanche. Elle est rare sur tout le littoral français : on l'a trouvée sur les côtes du Morbihan et de la Loire-Inférieure, sur celles des Basses-Pyrénées à Saint-Jean-de-Luz et à Hendaye, et dans la Méditerranée.

Scalaria crenulata (Kiener), Scalaire crénelée.

Cette espèce est facile à reconnaître à ses tours de spire séparés par une suture crénelée. Sa coloration est blanche. Sa longueur est de 20 millimètres. On la trouve à l'embouchure du bassin d'Arcachon ; elle est assez abondante à Biarritz, Saint-Jean-de-Luz et Hendaye.

FAMILLE DES MÉLANIADÉS.

(Coquilles spirales, turriculées, à opercule corné. — Animal à mufle large, non rétractile, habitant les lacs et les rivières.)

Genre Paladilhea (Bourguignat).

Ce genre ne renferme que de très petites espèces, à coquille mince, cristalline, extrêmement fragile et dont le bord externe a une fente près de la suture. Ces Mollusques vivent dans les eaux douces des environs de Montpellier ; ils sont difficiles à capturer vivants, on ne les trouve guère que dans les alluvions. Une seule espèce est connue, c'est la *Paladilhea Moitessieri* (Bourg.)

qui habite le cours du Lez (Hérault). Coquille très petite, hyaline, turriculée ; coloration blanche.

Genre Bugesia (*Paladilhe*).

Les coquilles de ce genre ressemblent à une petite Cérite microscopique. On ne connaît guère qu'une espèce, la *Bugesia Bourguignati* (Palad.) qui vit dans les mêmes localités que la *Paladilhea*. Sa coquille est turriculée, à tours nombreux et arrondis ; coloration blanche ; longueur 1 à 2 millimètres.

FAMILLE DES PALUDINIDÉS

(Coquilles coniques ou globuleuses. — Épiderme épais. — Ouverture arrondie. — Animal à mufle large, à tentacules longs et grêles, habitant les eaux douces ou saumâtres.)

Genre Paludina (*Lam.*), Paludine.

Les *Paludines* ont des coquilles turbinées, à tours arrondis, à opercule corné et concentrique. Elles sont ovovivipares et contiennent en automne 20 à 30 œufs. « Ces œufs ont depuis 3 millimètres jusqu'à 7 millimètres de diamètre et sont d'autant plus développés qu'ils approchent de l'ouverture de la coquille ; l'enveloppe externe des plus petits est blanche et opaque ; elle devient de plus en plus translucide au fur et à mesure qu'ils grossissent. Les embryons se développent dans le corps de leur mère et ne sont déposés que lorsqu'ils ont la forme qu'ils doivent conserver. » (Bouchard-Chantereau.) Les jeunes Paludines ont sur la coquille trois carènes munies de poils. Ces Mollusques habitent les eaux dormantes ou les grands cours d'eau de presque toute la France ;

Paludina vivipara (Lam.); *Vivipara vulgaris* (Dupuy), Paludine vivipare.

Cette Paludine est l'espèce la plus commune de France (fig. 1, pl. 10). Sa coquille est grande, turbinée, solide, striée finement en long, de couleur olivâtre, avec trois bandes d'un brun sombre. Elle est presque toujours encroûtée de limon ; l'ouverture est oblique, arrondie inférieurement, anguleuse dans sa partie supérieure et fermée exactement par un opercule corné. Sa hauteur est de 32 millimètres, son diamètre de 26 millimètres.

Elle est abondante dans le canal du Midi, dans les marais du Languedoc et de la Provence ; on la trouve dans le Nord de la France jusqu'à Valenciennes, Saint-Omer et Calais.

Paludina fasciata (Mull.) ; *Paludina achatina* (Lam.), Paludine fasciée.

Cette espèce (fig. 2, pl. 10) offre une grande ressemblance avec la précédente ; elle en diffère par sa coquille moins ventrue, par ses tours de spire moins convexes, par son ouverture moins arrondie, par son test plus épais et par son sommet non mucroné ; les bandes brunes sont plus visibles ; sa longueur est de 35 millimètres. Elle habite les rivières, principalement celles du Nord de la France, la Seine, la Loire, la Meuse, l'Escaut, le Rhin.

Genre Bithynia (*Gray*), Bithynie.

Les *Bithynies* ont des coquilles assez semblables à celles des Paludines, mais plus petites et à opercule calcaire. Elles sont ovipares et vivent dans les eaux stagnantes.

Bithynia tentaculata (Gray); *Paludina impura* (Lam.), Paludine sale.

Cette espèce bien connue (fig. 25, pl. 9) a une coquille turbinée, translucide, longue de 8 millimètres, d'une coloration verdâtre, avec un opercule de même couleur. L'animal est noir avec des tentacules longs et flexibles, il se nourrit de détritus de plantes et de substances animales. Il dépose ses œufs sur les pierres et les plantes aquatiques. « Sa ponte est on ne peut plus remarquable ; elle a lieu de mai en août et se compose ordinairement de 30 à 70 œufs globuleux, hyalins; ils ont 2 millimètres de diamètre et sont rangés sur trois rangs ; ils forment ainsi une bande de 15 à 35 millimètres de longueur sur 5 millimètres de largeur ; les œufs, situés au centre de cette bande, sont si comprimés qu'ils ont une apparence carrée. » (Bouchard.) La Bithynie nettoie la surface de cette bande à mesure qu'elle veut y déposer ses œufs ; les jeunes éclosent au bout de trois ou quatre semaines. Cette espèce est excessivement commune dans toute la France où elle vit dans les marais, les étangs et les fossés.

La *Bithynia ventricosa* (Leach) diffère de la précédente par sa forme plus ventrue ; elle habite une grande partie de la France septentrionale et centrale : Valenciennes, Laval, Rennes, Angers.

Les *Bithynia humilis* (Boubée), *decipiens* (Mill.), *Michaudii* (Duv.) ne sont que des variétés locales.

Genre Hydrobia (*Hartm.*). Hydrobie.

Ce genre comprend de très petits Mollusques à coquille lisse ou finement striée et ne dépassant pas en longueur 2 à 3 millimètres. Ils habitent les eaux douces ou saumâtres et ont été divisés en plusieurs sous-genres : *Paludinella* (Loven), *Bithynella* (Moq.-Tandon), *Peringia* (Pal.), *Belgrandia* (Pal.), *Lartetia* (Pal.).

Ces petites espèces vivent sur les plantes aquatiques et sur les pierres submergées, dans les ruisseaux, les fontaines, les sources thermales ; elles sont difficiles à trouver vivantes à cause de leur petite taille, mais on peut les recueillir dans les alluvions. Nous indiquons ici les espèces les plus connues des diverses parties de la France :

Hydrobia abbreviata (Mich.). Coquille petite, conique, obtuse et mamelonnée, subperforée, lisse ; ouverture arrondie ; péristome droit et tranchant, quelquefois bordé de noir ; espèce mince et transparente ; coloration cornée claire ; longueur 2 à 3 millimètres. Vosges, Jura, Rhône, Nièvre, Hérault, Pyrénées-Orientales, Lot-et-Garonne, Gironde.

H. bicarinata (Desm.). Coquille conique, à cinq tours surmontés d'une double carène, fente ombilicale très étroite ; ouverture subarrondie ; coloration verdâtre ; longueur 2 millimètres. Dordogne.

H. brevis (Drap.). Coquille très petite, cylindrique et conoïde, obtuse au sommet, imperforée, finement striée, très mince ; ouverture arrondie ; péristome légèrement évasé ; coloration de corne claire ; longueur 2 millimètres. Jura et Hérault (fontaines de Ganges).

H. carinulata (Drouet). Coquille conoïde, courte, composée de trois tours carénés ; péristome simple et évasé ; coloration verdâtre ; longueur 2 millimètres. Haute-Marne.

H. Cebennensis (Dup.). Coquille allongée, conoïde, presque aiguë au sommet, étroite et subperforée, faiblement striée, mince, fragile et transparente ; péristome droit et tranchant ; coloration verdâtre ; longueur 4 à 5 millimètres. Hérault, à Ganges.

H. ferussina (Desm.). Coquille petite, allongée, subperforée, assez lisse, mince, transparente et brillante ; ouverture ovale un peu oblique, péristome droit et tranchant ; longueur 2 à 4 millimètres. Vit sur les mousses, les pierres, les conferves dans les sources d'eau vive, les bassins et les ruisseaux d'une grande partie de la France.

H. gibba (Drap.). Coquille très petite, presque conique, ventrue en bas, un peu obtuse au sommet et presque mamelonnée, subperforée, finement striée, très mince ; coloration cornée verdâtre ; longueur 2 millimètres. Habite les sources limpides : Clermont-Ferrand, Montpellier, Nîmes.

H. marginata (Mich.) (fig. 3, pl. 10). Coquille petite, allongée, presque aiguë au sommet, étroite, imperforée, très finement striée, très mince ; ouverture presque arrondie ; péristome tranchant ; coloration de corne claire ; longueur 2 à 3 millimètres. Vaucluse, Var.

H. Reyniesii (Dup.). Coquille ovale, allongée, subimperforée, presque lisse, obtuse au sommet, mince, cornée, transparente ; ouverture arrondie ; péristome simple et un peu tranchant ; coloration verdâtre ou noirâtre ; longueur 2 à 3 millimètres. Vit dans les eaux pures, dans les sources et les filets d'eau. Aveyron, Hautes-Pyrénées.

H. rubiginosa (Boubée). Coquille petite, conique, obtuse, voisine de l'*H. abbreviata ;* coloration brune rougeâtre ; longueur 3 millimètres. Vit dans les sources minérales de l'Ariège.

H. Perrisii (Dup.). Coquille très petite, cylindrique, un peu allongée, obtuse au sommet, très lisse, mince, imperforée ; ouverture subovale un peu oblique ; péristome droit et tranchant ; coloration de corne claire ; longueur 1 millimètre 1/2. Habite les eaux des sources dans les Landes, aux environs de Mont-de-Marsan.

H. similis (Dup.). *Cyclostoma simile* (Drap.). Coquille ovale, ventrue, composée de quatre à cinq tours de spire convexes, le dernier très grand ; ouverture arrondie ; péristome continu, un peu évasé et légèrement épaissi ; coloration cornée-verdâtre presque transparente ; opercule mince et corné d'un roux brillant ; longueur 5 à 7 millimètres. Habite les eaux tranquilles de la France méridionale : Montpellier, Toulon, Grasse.

H. Astierii (Dup.). Coquille ovale enflée, obtuse au sommet, solide, épaisse, subperforée, à peine striée ; péristome réfléchi ; coloration de corne claire ; longueur 3 à 4 millimètres, environs de Grasse.

H. conoïdea (Reyn.). Coquille très petite, conoïde, allongée, assez lisse, imperforée, un peu obtuse au sommet, mince ; ouverture arrondie ; péristome légèrement épaissi ; coloration de corne claire et transparente ; longueur 2 millimètres. Tarn-et-Garonne, aux environs de Montauban.

H. saxatilis (Reyn.). Coquille très petite, ovalaire, un peu renflée sur le milieu du dernier tour, assez solide ; ouverture oblique ; péristome tranchant et évasé ; coloration de corne rousse ; longueur 1 millimètre 1/2. Vit dans les cascades du Tarn aux environs de Montauban.

H. viridis (Poiret). Coquille petite, ovale, ventrue, imperforée, presque lisse, obtuse au sommet; ouverture arrondie; coloration verdâtre; longueur 3 millimètres. Vit dans les ruisseaux limpides de presque toute la France : Vosges, Haute-Marne, Aube, Yonne, Gironde, etc.

H. Moulinsii (Dup.). Coquille ovale, un peu allongée, enflée, imperforée, faiblement striée, mince, presque hyaline ; coloration de corne; longueur 2 millimètres. Habite les eaux pures et froides des fontaines du Périgord, sur les bords de la Dordogne.

H. vitrea (Drap.). Coquille très petite, allongée, un peu mamelonnée et obtuse au sommet, subperforée, finement striée, très mince, brillante, transparente et presque vitrée; péristome tranchant et légèrement évasé ; longueur 2 à 3 millimètres. Habite les sources des bords du Rhône, les fontaines limpides des environs de Troyes, de Montpellier, d'Agen et de Bordeaux où elle vit attachée aux mousses et aux pierres. (L'*H. diaphana* (Mich.) est une variété de cette espèce.)

Genre Moitessieria (*Bourg.*), Moitessiérie.

Dans ce genre les coquilles sont très petites, à forme assez variable; le test est marqué d'impressions et comme mallé; le péristome est épaissi à l'intérieur. On trouve ces Mollusques, comme ceux du genre précédent, dans les sources thermales, les fontaines, les alluvions. L'espèce la plus connue de France est :

Moitessieria Simoniana (Bourg.), Paludine de Saint-Simon.

Coquille très grêle et très allongée, cylindrique, légèrement conoïde, très mince, transparente ; péristome simple, droit et tranchant ; coloration blanche ; longueur 2 millimètres 1/2. On trouve cette espèce dans les alluvions du Rhône, de l'Ariège, du canal du Midi et du Lez (Hérault).

La *M. lineolata* (Coutagne) est une variété de la précédente dont elle diffère par les malléations du test disposées en lignes spirales écartées. Alluvions du Rhône.

Une autre espèce, la *M. Massoti* (Bourg.), offre une particularité remarquable : elle vit dans les sources *salines* de Fouradade, commune de Tautavel (Pyrénées-Orientales).

Genre Paludestrina (*d'Orb.*), Paludestrine.

Les coquilles de ce genre sont coniques, à tours peu nombreux, à épiderme verdâtre, à ouverture oblique. Ces petits Mollusques, très voisins du genre *Hydrobia*, vivent dans les eaux saumâtres, dans les marais près des côtes ; ils sont très communs sur notre littoral, surtout les espèces suivantes :

Paludestrina muriatica (Lam.) ; *Hydrobia ulvæ* (Penn.), Paludine saumâtre.

Cette espèce a une coquille conique, composée de quatre à cinq tours, le dernier assez grand ; le sommet de la spire est pointu ; la forme est assez variable, la coquille est mince, cornée et recouverte d'un épiderme brun ou verdâtre ; l'ouverture est arrondie ; longueur 5 à 7 millimètres.

On la trouve en quantité considérable dans les prés salants, dans les marais en communication avec la mer, dans les canaux salés dont elle tapisse toute la surface de la vase. L'animal a le corps gris et comme zébré par de petites bandes noires, le mufle allongé, avec deux tentacules gris.

« La *Paludestrina muriatica*, dit le docteur Fischer, est un des Mollusques à branchies qui supportent le mieux la privation d'eau de mer ; l'atmosphère marine semble presque lui suffire. On le trouve en quantités innombrables dans les prés salés de la Teste, où la mer n'arrive que durant quelques instants dans les fortes marées. L'accumulation des individus est telle qu'ils constituent une couche uniforme sur la vase. » Cette espèce est commune sur toutes nos côtes, principalement sur celles de l'Océan.

Paludestrina acuta (Drap.), Paludestrine aiguë.

Dans cette espèce (fig. 4, pl. 10), la coquille est plus grêle, plus allongée, à spire aiguë. Sa coloration est blanche, elle est recouverte d'un épiderme verdâtre. L'animal a le corps noir avec deux tentacules assez longs et cylindriques. Ce Mollusque vit, comme le précédent, dans les eaux saumâtres ; il est très abondant dans les étangs salés et, dans le Midi, on le trouve en grande quantité dans les canaux de dérivation des salins. Il habite plusieurs parties de nos côtes océaniques : côtes de la Gironde, de la Charente-Inférieure, etc... Il est très commun sur le littoral de la Méditerranée, dans les salins de Leucate, Agde, Cette, etc... On trouve encore sur les côtes de France, mais plus rarement, la *Paludestrina ventrosa* (Mont.) et la *P. subumbilicata* (Mont.) qui vivent dans les parages du Croisic et dans le golfe du Morbihan.

FAMILLE DES RISSOIDÉS.

(Coquilles petites, blanches ou cornées, lisses, coniques, à spire aiguë, à tours nombreux, garnies de côtes ou cancellées, à ouverture arrondie, à opercule corné. — Animal à tentacules longs et grêles.)

Genre Rissoa (*Fréminville*), Rissoaire.

Les *Rissoaires* ont des coquilles de très petite taille (2 à 8 millimètres). Ils vivent dans les parties peu profondes, voisines du rivage, sur les couches de *Fucus* et de *Zostera;* on les trouve facilement parmi les plantes marines et les débris de coquilles rejetées à la côte. Leurs coquilles sont blanches et transparentes; elles deviennent opaques lorsqu'elles ont été exposées au soleil sur les plages.

On en connaît un grand nombre d'espèces de toutes les mers ; le littoral français est riche en Mollusques de ce genre, surtout celui de la Méditerranée; les principales espèces sont :

Rissoa labiosa (Mont.). *R. membranacea* (Adams) (fig. 5, pl. 10). Coquille composée de sept à huit tours garnis de côtes longitudinales; ouverture ovale et un peu oblique; péristome blanc et épaissi, souvent bordé d'une bande violacée; sommet de la spire aigu; coloration blanche vitreuse ; longueur 6 à 8 millimètres. Baies de Cherbourg et de Saint-Vaast, le Pouliguen, le Croisic (sur le *Zostera marina*), bassin d'Arcachon, Soulac; Méditerranée : Collioure, Agde, Cette, etc...

R. parva (Dacosta). Coquille petite, ventrue, à côtes longitudinales peu visibles; coloration variable, blanche

ou brune ; longueur 3 millimètres. Côtes de la Manche
(commun), Belle-Isle, Quiberon, le Croisic, Royan, Cordouan, Vieux-Soulac, bassin d'Arcachon.

R. violacea (Desm.). Coquille conique composée de
huit tours de spire à côtes peu saillantes et terminée par
une pointe assez aiguë ; ouverture arrondie ; péristome
épaissi ; coloration blanche teintée de violet, principalement à l'ouverture ; zones violettes à la base des tours ;
longueur 6 millimètres. Côtes du Finistère et du Morbihan, bassin d'Arcachon (rare) ; Méditerranée : Cannes,
Cette.

R. exigua (Mich.) ; *R. costata* (Adams) (fig. 13, pl. 10).
Coquille petite, à côtes longitudinales un peu obliques ;
coloration d'un blanc pur ; longueur 2 millimètres. La
Hougue, Belle-Ile, Quiberon, côtes de la Loire-Inférieure
et de la Charente-Inférieure, Vieux-Soulac ; Méditerranée : Collioure, Agde, Cette.

R. vitrea (Mont.). Coquille mince, pellucide, lisse, à
quatre tours très arrondis ; coloration blanche ; longueur
3 millimètres. Côtes de la Manche et du Morbihan, golfe
de Gascogne (peu commun).

R. crenulata (Mich.) (fig. 6, pl. 10). Coquille ventrue,
épaisse, à côtes longitudinales striées transversalement
qui donnent à la surface une apparence treillissée ; ouverture arrondie et crénelée par les stries qui se pro-
longent jusqu'au bord ; coloration d'un blanc roux ; longueur 5 à 6 millimètres. Côtes de la Loire-Inférieure
(rare), de la Charente-Inférieure et de la Gironde ; Méditerranée.

R. abyssicola (Forbes et H.) (fig. 14, pl. 10). Coquille
ventrue, épaisse, à côtes longitudinales très marquées ;

coloration rousse; longueur 4 à 5 millimètres; dragué au large dans le golfe de Gascogne.

R. reticulata (Mont.). Coquille petite, conique, opaque, composée de six tours arrondis et réticulés ; coloration d'un brun clair ; longueur 3 millimètres. Golfe de Gascogne, Méditerranée.

R. lineolata (Mich.) (fig. 7, pl. 10). Coquille mince, ventrue, à spire aiguë ; ouverture ovale et dilatée ; côtes ongitudinales noires ; coloration de la coquille grise ; longueur 6 à 7 millimètres. Méditerranée : Agde, Cette, étang de Thau (commun).

R. soluta (Forbes et H.). Coquille très petite, striée transversalement ; coloration blanche. Golfe de Gascogne (commun de 40 à 80 brasses).

R. lactea (Mich.). Coquille ventrue, recouverte d'un réseau granuleux très fin ; columelle calleuse ; coloration d'un blanc bleuâtre ; longueur 4 à 5 millimètres. Baies de la Hougue et de Cherbourg, côtes du Morbihan, de la Loire-Inférieure (rare), de la Charente-Inférieure ; Méditerranée : Port-Vendres, Collioure, Agde, Cette, etc.

R. cingillus (Mont.) (fig. 8, pl. 10). Coquille conique, mince ; ouverture ovale ; coloration rousse avec une zone brune sur les tours ; longueur 4 millimètres. Cherbourg, Saint-Vaast, Barfleur, golfe du Morbihan, le Pouliguen, le Croisic, Biarritz.

R. inconspicua (Alder), espèce très petite, de forme variable ; coloration blanchâtre ; longueur 2 millimètres, commune dans les algues. Baie de la Hougue, côtes de Bretagne, golfe de Gascogne.

R. interrupta (Adams), espèce très voisine du *R. parva*, dont elle n'est probablement qu'une variété, forme très variable; commune sur les hydrophytes. Côtes de la Manche, du Morbihan, de la Loire-Inférieure, bassin d'Arcachon.

R. semistriata (Mont.). Coquille conique, épaisse, composée de cinq à six tours légèrement arrondis et bien séparés, finement striés en spirale à la base; ouverture ovale; coloration d'un blanc roux; longueur 3 millimètres. Baie de la Hougue, Quiberon, côtes de la Loire-Inférieure (sur la *Corallina officinalis*), bassin d'Arcachon.

R. costulata (Risso). Coquille turriculée, plus ou moins allongée, composée de neuf tours garnis de côtes longitudinales ayant l'apparence de nodosités; ouverture ovale et épaisse; coloration blanche; longueur 6 à 7 millimètres. Belle-Ile, Quiberon, le Croisic (sur le *Ceramium rubrum*), Méditerranée.

Le *R. Guerini* (Recluz) qui n'est probablement qu'une variété de l'espèce précédente se rencontre à Boulogne-sur-Mer, Saint-Malo, cap Lévi, Cherbourg, Noirmoutiers, Arcachon, Biarritz (dans les algues).

R. cimicoïdes (Forbes). *R. sculpta* (Forbes). Coquille épaisse, finement striée; coloration brune; longueur 4 à 5 millimètres. Golfe de Gascogne, Méditerranée.

R. marginata (Mich.). Coquille petite, ventrue, luisante; ouverture arrondie; coloration jaunâtre; longueur 3 millimètres. Méditerranée : Cette (rare).

R. punctura (Mont.); *R. rudis* (Phil.). Coquille petite, composée de six tours arrondis, luisants, finement striés; ouverture orbiculaire; coloration jaunâtre pointillée de brun; longueur 4 millimètres. Quiberon, côtes de la Loire-Inférieure (dans les algues), bassin d'Arcachon; Méditerranée.

R. fulgida (Adams). Coquille lisse, brillante, pellucide, composée de trois tours, maculée de blanc et de verdâtre ; longueur 5 millimètres. Saint-Vaast, cap Lévi, côtes de la Loire-Inférieure, bassin d'Arcachon, Cap-Breton, Biarritz (dans les algues) ; Méditerranée (rare).

R. nana (Phil.). Coquille très petite, ventrue, obtuse, translucide, coloration blanche ; longueur 3 millimètres. Golfe de Gascogne, Méditerranée.

R. gemmula (Fischer), espèce voisine de la précédente, plus élancée, plus petite, à suture bordée d'une zone transversale brune interrompue de blanc, à sept tours ventrus et translucides. Golfe de Gascogne (rare).

R. striata (Adams) ; *R. minutissima* (Mich.). Coquille très petite, grêle, turriculée, composée de six tours d'un blanc opaque ; ouverture ovale et oblique ; longueur 2 millimètres. Cherbourg, côtes de la Loire-Inférieure, Vieux-Soulac, Cap-Breton, Hendaye ; Méditerranée : Agde, Cette.

R. striatula (Mont.) ; *R. labiata* (Phil.). Coquille épaisse, ventrue, composée de quatre à cinq tours cancellés et ayant l'apparence carénée, le dernier tour très grand ; ouverture suborbiculaire et marginée ; coloration blanche ; longueur 5 à 6 millimètres. Côtes de la Manche et de la Bretagne (commun sur le *Zostera marina*), Guéthary, Hendaye, Méditerranée.

R. Zetlandica (Mont.) ; *R. cyclostomata* (Recluz). Coquille obtuse, composée de quatre à cinq tours découpés et scalariformes ; coloration blanche ; longueur 4 millimètres. Cherbourg, Cap-Breton.

R. proxima (Alder) (fig. 9, pl. 10). Coquille cylindrique, mince, pellucide, à tours arrondis et striés en

spirale; sommet de la spire obtus; ouverture subovale
coloration blanche; longueur 5 à 6 millimètres. Brest,
Quiberon, Cap-Breton, Arcachon (rare).

R. pulcherrima (Jeff.) (fig. 10, pl. 10). Coquille mince,
ovale, oblongue, subombiliquée, à tours peu nombreux,
ventrus et tachetés; spire courte, à sommet obtus; ouverture suborbiculaire; longueur 4 à 5 millimètres. Cap-
Breton, Méditerranée.

R. calathus (Forbes et H.). Coquille courte, ventrue, à
tours cancellés; coloration blanche; longueur 4 à 5 millimètres. Côtes de la Manche, de la Loire-Inférieure et
du Morbihan, Cap-Breton, Méditerranée.

R. cancellata (Desm.); *R. Europœa* (Risso) (fig. 11,
pl. 10). Coquille ovale, renflée, à spire courte et conique,
composée de cinq à six tours peu convexes dont la surface est découpée par un réseau de stries profondes longitudinales et transverses; ouverture ovale; péristome
blanc, épais et garni d'un bourrelet extérieur. Coloration très variable : rousse, brune, à fascies blanches et
brunes, ou entièrement blanche. Longueur 4 à 5 millimètres. Méditerranée (commun).

R. auriscalpium (Lin); *R. acuta* (Desm.). Coquille turriculée, grêle, très allongée, sommet de la spire très
aigu; à sept ou huit tours garnis de côtes longitudinales;
forme assez variable; ouverture ovale très dilatée; coloration blanche teintée de roux ou de violet; longueur
6 à 8 millimètres. Méditerranée.

R. ventricosa (Desm.), espèce voisine du *R. costulata;*
coquille épaisse, ventrue, garnie de côtes longitudinales
saillantes; ouverture ovalaire; péristome épaissi; coloration blanche teintée de violet; longueur 4 à 5 mil-

limètres. Méditerranée : Cette, Marseille, Cannes.

R. oblonga (Desm.). Coquille plus allongée que l'espèce précédente, ovale, à côtes longitudinales serrées ; coloration blanche ; ouverture ovalaire ayant à l'extérieur trois petites taches brunes ; longueur 6 millimètres. Méditerranée (commun).

R. Montagui (Payr.). Coquille ventrue, composée de cinq tours garnis de côtes longitudinales saillantes et striées transversalement ; ouverture ronde blanche sur le bord ; coloration rougeâtre ; longueur 4 millimètres. Méditerranée.

R. splendida (Eichw.). Coquille petite, courte, ventrue, translucide, garnie de côtes longitudinales très fines ; ouverture ovalaire souvent bordée d'une teinte brune ; coloration d'un blanc roussâtre ; longueur 3 millimètres. Méditerranée.

Genre Rissoïna (*d'Orb.*), Rissoïne.

Les coquilles de ce genre sont semblables à celles des *Rissoa*, mais à ouverture canaliculée en avant. Les deux espèces les plus connues de nos côtes méditerranéennes sont :

Rissoïna decussata (Mont.). Coquille luisante, composée de cinq tours de spire coupés de stries longitudinales et transverses ; ouverture ovale ; coloration blanche ; longueur 4 millimètres. Cannes, Antibes.

R. Bruguieri (Payr.). Coquille solide, turriculée, à côtes longitudinales striées transversalement. Coloration blanche ; longueur 3 à 4 millimètres. Cette, Cannes.

Genre Barleeia (*Clark*).

Ces Mollusques ont aussi de grands rapports avec les *Rissoa* ; mais leur manteau est sans filaments, l'opercule est solide et auriforme. Une seule espèce est assez commune sur nos côtes :

Barleeia rubra (Adams); *Rissoa fulva* (Mich.) (fig. 12, pl. 10). Coquille conique, turbinée, à tours arrondis ; ouverture ovale, péristome simple et tranchant ; opercule calcaire ; coloration rougeâtre ; longueur 3 à 4 millimètres ; côtes de la Manche (sur les Corallines), Quiberon, la Rochelle (très commune parmi les algues), Biarritz ; Méditerranée : Cannes.

Genre Assiminea (*Leach*).

Les Mollusques de ce genre ont des coquilles très voisines de celles des *Hydrobia* et recouvertes d'un épiderme, ovales, coniques, non perforées, à spire plus ou moins allongée ; l'animal a des tentacules courts, oculés près de leurs extrémités. Ils vivent sur les côtes, dans les eaux saumâtres, comme les *Paludestrines*. L'espèce la plus connue sur notre littoral est :

Assiminea littorea (Delle Chiaje) (fig. 15, pl. 10). Coquille petite, luisante, à tours peu nombreux, le dernier très grand ; sommet de la spire aigu ; coloration grise rosée ; longueur 2 à 3 millimètres. On la trouve dans le bassin d'Arcachon ; elle est également méditerranéenne.

Genre Truncatella (*Risso*), Truncatelle.

Les *Truncatelles* ont des coquilles petites, cylindriques, tronquées au sommet chez les individus adultes ;

à ouverture ovale. Ces Mollusques vivent dans les marais à proximité des côtes, sous les pierres, dans les endroits vaseux. Une seule espèce vit sur nos côtes :

Truncatella truncatula (Drap.), Truncatelle tronquée. Sa coquille (fig. 16, pl. 10) est brillante, diaphane, d'une couleur de corne rousse; longueur 5 à 6 millimètres. Rare sur le littoral océanique, elle est assez commune dans les marais saumâtres des côtes du Languedoc et de la Provence, où elle vit avec les *Paludestrina* et *Alexia*.

FAMILLE DES SKÉNÉIDÉS

(Coquilles petites, orbiculaires, déprimées, à tours peu nombreux. — Animal semblable à celui des *Rissoa*.)

Genre Skenea (*Fleming*).

Les coquilles, dans ce genre, sont orbiculaires, spirales, profondément ombiliquées. Ces petits Gastéropodes sont marins; on les trouve sous les pierres à marée basse et dans les racines de la *Corallina officinalis*. Une seule espèce vit sur les côtes de France :

Skenea planorbis (Fabr.) (fig. 17, pl. 10). Coquille très petite, discoïde, déprimée ; coloration brune ; longueur 1 à 2 millimètres. Côtes de la Manche, de la Loire-Inférieure et du Morbihan, Biarritz (dans les algues); Méditerranée.

Genre Homalogyra (*Jeffreys*).

Les Mollusques de ce genre ont des coquilles à spire déprimée, enroulée sur elle-même ; ce sont les plus petites coquilles connues : l'animal a le corps aplati, sans tentacules. « La partie supérieure du corps est en partie ciliée ; la langue n'a qu'un rang de dents qui ressem blent à des dents de requin en miniature. » (Woodward.) Ces Mollusques vivent dans les flaques d'eau, sur les algues et les zostères. Deux espèces seulement se rencontrent sur le littoral français :

Homalogyra atomus (Phil.) ; *H. nitidissima* (F. et Hanley). Coquille très petite formant une spire aplatie, à tours plus ou moins anguleux, brillante, de coloration rousse, n'atteignant pas un demi-millimètre. Côtes méditerranéennes.

H. rota (F. et Hanley). Espèce voisine de la précédente à spire enroulée sur elle-même ; même coloration. Golfe de Gascogne ; Méditerranée.

FAMILLE DES LITTORINIDÉS.

(Coquilles spirales, turbinées ou déprimées, ouverture arrondie, opercule corné. — Animal à tête en forme de mufle, langue longue armée d'une série de larges dents crochues.)

Genre Littorina (*Fer.*), Littorine.

Les *Littorines* sont des Mollusques marins vivant sur les bords de la mer et, comme leur nom l'indique, sur la zone littorale. Leurs coquilles sont turbinées, épaisses, à spire aiguë, à tours peu nombreux, à ouverture circulaire. Les Littorines sont communes sur les côtes de France :

Littorina littorea (Lin.), Littorine littorale.

Cette espèce est bien connue sous les noms vulgaires de *Vignot* et de *Brelin*. Sa coquille (fig. 18, pl. 10) est longue de 22 à 25 millimètres, à spire aiguë, épaisse, striée transversalement, d'une coloration rousse assez variable, aves des bandes brunes peu visibles ; l'opercule est noir et corné. Elle est ovipare et vit dans les plus basses zones d'algues. « Sa langue est un filament blanc de 5 centimètres de longueur, d'une substance diaphane, hérissée de denticules épineuses qui ont la texture et l'éclat du verre. Ces denticules sont disposées régulièrement sur trois lignès. Comparées à cet organe, nos râpes et nos limes paraissent de grossiers outils. » (Moq.-Tandon.)

Ce Gastéropode n'habite pas la Méditerranée, mais il est très commun sur tout le littoral de l'Océan, où il se vend dans les marchés comme Mollusque comestible. On le trouve sur les côtes du Boulonnais, de Bretagne, de Normandie, de la Charente-Inférieure et des Basses-Pyrénées : à Biarritz et à Saint-Jean-de-Luz, sur les rochers.

Littorina rudis (Donov.), Littorine Bretonne.

Cette Littorine est très voisine de la précédente. Sa coquille (fig. 19, pl. 10) est moins grande (15 millimètres), plus ventrue, à spire aiguë et oblique, finement striée, de forme et de coloration variables : grise ou jaunâtre, unie ou fasciée. Les *Littorina saxatilis* (Johnst), *tenebrosa* (Mont.), etc…, ne sont que des variétés. Cette espèce est vivipare et les jeunes ont une coquille dure avant leur naissance (Woodward). Elle n'habite pas la Méditerranée ; on la trouve, avec la *Littorina littorea*, sur toutes nos côtes océaniques.

Littorina littoralis (Lin.): *Littorine rétuse.*

Sa coquille (fig. 20-21, pl. 10) est caractérisée par sa forme globuleuse, imperforée, très épaisse et ayant beaucoup d'analogie avec celles du genre *Nerita*. Sa longueur est de 15 millimètres ; sa coloration varie beaucoup : on trouve des exemplaires bruns, jaunes ou avec des fascies de diverses couleurs. Les *Littorina obtusata* (Gmel.) et *retusa* (Lam.) ne sont que des variétés.

Comme les deux espèces précédentes, elle ne vit pas dans la Méditerranée ; mais elle est très commune sur tout notre littoral de l'Océan où on la trouve sur les varechs et les rochers découvrant à chaque marée.

Littorina cœrulescens (Lam.); *Littorina neritoides* (Lin.), Littorine bleuâtre.

Cette petite espèce (fig. 22, pl. 10) est facile à reconnaître à sa coquille conoïde, longue de 4 millimètres, à sommet aigu, à ouverture ovale. Sa coloration est bleue ardoisée ; son opercule est noir et corné. On la trouve très communément sur les rochers au-dessus de la mer, sur les blocs de pierre à l'entrée de nos ports, en telle quantité qu'on les croirait semés de grains de plomb. Elle monte à une très grande hauteur au-dessus des flots, dont l'atmosphère salée paraît lui suffire. Elle est aussi commune sur nos côtes de l'Océan que sur celles de la Méditerranée.

Genre Lacuna (*Turton*), Lacune.

Les coquilles de ce genre sont turbinées, minces, à ouverture semi-lunaire, à columelle aplatie, avec une fente ombilicale. Elles ont, par leur forme et leurs dimensions, quelque ressemblance avec celles des *Rissoa*. Ces Mollusques ne vivent pas dans la Méditerranée ; les espèces de nos côtes de l'Océan sont :

Lacuna vincta (Mont.); *Lacuna divaricata* (Fabr.).

Coquille blanche (fig. 23, pl. 10), ordinairement marquée de quatre bandes brunes sur le tour principal ; assez commune, vit sur les zostères. Cherbourg, Quiberon, Belle-Isle, le Croisic, le Pouliguen, Vieux-Soulac.

La *Lacuna canalis* (Turton) n'est qu'une variété ; on la trouve à Saint-Malo.

Lacuna pallidula (Dacosta) (fig. 24, pl. 10), de coloration jaunâtre, moins commune que la précédente. Le Croisic, côtes du Morbihan, de la Charente-Inférieure et de la Gironde.

Lacuna puteolus (Turt.). Coquille mince, transparente, coloration blanche, verdâtre ou brune, vit sur les hydrophytes, rare. Cap Lévi, Quiberon, Belle-Ile, le Croisic, le Pouliguen, la Rochelle.

Genre Fossarus (*Phil.*), Fossar.

Ces Mollusques ont des coquilles perforées, sculptées, à bord interne mince, à ouverture semi-lunaire, à opercule corné. Trois espèces seulement ont été trouvées sur les côtes de France où elles sont rares :

Fossarus ambiguus (Lin.) (fig. 25, pl. 10). Petite coquille longue de 4 millimètres, grise et striée dans le sens des tours de spire, opercule corné. On la trouve aux îles d'Hyères, sur le littoral de Port-Vendres, elle a été draguée vivante en dehors du bassin d'Arcachon.

Fossarus costatus (Brocchi) (fig. 26, pl. 10). Espèce plus grande que la précédente, vivant dans la Méditerranée et trouvée aussi sur les côtes du sud-ouest : à Guéthary et à Cap-Breton.

Le *Fossarus clathratus* (Phil.) ; *Fossarus minutus* (Mich.) n'est qu'une variété du précédent, à spire plus élevée ; il a été trouvé sur les côtes de l'Hérault, où il est très rare.

FAMILLE DES SOLARIDÉS.

(Coquilles orbiculaires, déprimées, à ombilic large et profond.)

Genre Solarium (*Lam.*), Cadran.

Ces coquilles, ainsi que leur nom l'indique, ont une forme qui a quelque ressemblance avec un cadran.

Plusieurs espèces exotiques sont bien connues et se trouvent dans toutes les collections. Sur le littoral français ces Mollusques sont très rares et vivent surtout dans la Méditerranée ; ils sont si rares que c'est à peine si on peut les considérer comme appartenant à la Faune française ; deux espèces seulement se rencontrent quelquefois sur notre littoral :

Solarium conulus (Weink.). Coquille solide, luisante, trochiforme, à spire conique, peu élevée ; tours convexes munis d'une suture bien marquée ; ombilic étroit et profond ; ouverture arrondie ; coloration fauve ; hauteur 10 millimètres, opercule plat et corné. Guéthary (Basses-Pyrénées), Méditerranée.

S. fallaciosum (Tibéri). Coquille petite, discoïde, très déprimée, largement ombiliquée ; coloration fauve, largeur 4 à 5 millimètres. Cap-Breton (Landes), Méditerranée.

Genre Adeorbis (*S. Wood*).

Ce genre se compose de petites coquilles orbiculaires, légèrement déprimées, assez profondément ombiliquées, à tours peu nombreux. Une seule espèce se rencontre généralement sur le littoral français :

Adeorbis subcarinatus (Mont.) (fig. 27, pl. 10). Coquille petite, assez solide, dernier tour très grand, ouverture large, péristome simple et tranchant ; coloration d'un blanc pur ; longueur 2 à 3 millimètres. Rare dans la Méditerranée ; on trouve aussi cette espèce à Quiberon, dans la baie de la Hougue, au Pouliguen et à Cap-Breton.

Genre Cyclostrema (*Marryatt*).

Les coquilles de ce genre sont cancellées, presque discoïdes, à ouverture circulaire. Une seule espèce vit sur nos côtes :

Cyclostrema striatum (Phil.).

Cette espèce, dont les caractères génériques sont très ambigus, a l'apparence des coquilles terrestres du genre *Cyclostoma* ; son opercule est semblable à celui des *Trochus*, mais l'intérieur de l'ouverture n'est jamais nacré. Rare dans la Méditerranée ; elle a été trouvée aussi à Quiberon et sur les côtes d'Arcachon.

FAMILLE DES VALVATIDÉS.

(Coquilles turbinées ou discoïdes, ombiliquées, à opercule corné. — Animal à mufle saillant, à tentacules longs et grêles.)

Genre Valvata (Mull.), Valvée.

Les *Valvées* sont des Gastéropodes qui habitent les eaux vives ou stagnantes, les fossés, les sources, sur les plantes aquatiques. « Dans les mois de mai à août, ils déposent leurs œufs au nombre de 60 à 80 contenus dans une seule capsule sphérique, de matière coriace et jaunâtre. Cette capsule est fixée par un des points de sa circonférence aux pierres et aux tiges des plantes aquatiques. » (Bouchard.)

Les Valvées sont communes dans toute la France :

Valvata piscinalis (Müll.), Valvée des étangs.

C'est l'espèce la plus connue. Sa coquille (fig. 28, pl. 10) est conoïde, à spire aiguë, à ouverture ronde, à opercule corné. Sa coloration est blanchâtre ; son diamètre est de 4 millimètres. Elle vit dans toute la France.

Valvata depressa (Pfeif.), Valvée déprimée.

Espèce plus petite que la précédente (fig. 29, pl. 10). Coquille déprimée et enroulée, à ombilic large, d'une coloration brune. Elle n'est pas rare dans l'Aube et dans la Côte-d'Or.

Valvata cristata (Müll.); *Valvata planorbis* (Drap.), Valvée porte-plumet.

Sa coquille a la même forme que la *Valvata depressa*, mais elle est plus petite et plus déprimée. Elle vit dans toute la France.

Valvata minuta (Drap.), Valvée menue.

Espèce très voisine de la *Valvata cristata*, mais n'ayant que 2 millimètres. On la trouve dans les eaux stagnantes à Boulogne-sur-Mer, Nantes, Bordeaux, Agen, Montpellier, Grasse.

Valvata spirorbis (Drap.), Valvée spirorbe.

Petite espèce très aplatie, mince, transparente. On la trouve dans le Pas-de-Calais, l'Oise, l'Aube, l'Eure-et-Loir, le Lot-et-Garonne, l'Hérault, les Alpes-Maritimes.

FAMILLE DES NÉRITIDÉS.

(Coquilles semi-globuleuses, spire très petite, ouverture semi-lunaire. — Animal à mufle large et court, à longs tentacules, à pied triangulaire, habitant les eaux douces.)

Genre Neritina (*Lam.*), Néritine.

Les *Néritines* ont des coquilles assez épaisses à l'ouverture, globuleuses. L'opercule est calcaire, à bord flexible, légèrement denté sur son bord droit. Elles habitent dans les cours d'eau, les ruisseaux, les eaux courantes où elles rampent sur les pierres, les bois immergés et les plantes aquatiques. Elles sont recouvertes d'un épiderme verdâtre. Plusieurs espèces vivent en France, surtout dans la région méridionale :

Neritina fluviatilis (Lin.), Néritine fluviatile.

Cette Néritine est la plus connue. Sa coquille (fig. 30 et 31, pl. 10) est longue de 8 à 10 millimètres, blanche et ornée de petites linéoles en zigzag grises ou roses. Sa coloration est assez variable et on en trouve dans certains ruisseaux une variété entièrement noire.

Elle est répandue dans toute la France ; le sable qu'on retire de la Seine et de la Marne en est rempli.

Les *N. bœtica* (Lam.) et *N. zebrina* (Recluz) ne sont que des variétés locales de cette espèce ; on les trouve principalement dans le département de l'Hérault.

La *N. Bourguignati* (Recluz) est une autre variété, d'une coloration noire brillante, qui vit dans la Vaige (Mayenne).

N. Prevostiana (Dup.), *N. thermalis* (Boubée), coquille

semblable à la *N. fluviatilis ;* mais un peu plus allongée transversalement, d'une couleur uniforme d'un noir bleuâtre et ne présentant jamais sous l'épiderme les linéoles que l'on remarque dans la *N. fluviatilis.* On la trouve dans la Touque (à Pont-l'Évêque), aux environs d'Auch, de Bagnères-de-Bigorre, de Grasse, etc.

La *N. fontinalis* (Brard) est une variété qui vit aux environs de Paris, d'Auch, de Nice, etc.

FAMILLE DES TURBINIDÉS.

(Coquilles spirales, turbinées ou pyramidales, nacrées à l'intérieur, opercule calcaire ou corné. — Animal marin, à mufle court, à tentacules longs et grêles ; dents nombreuses à pointes crochues.)

Genre Phasianella (*Lam.*), Phasianelle.

Les *Phasianelles* ont une coquille solide, allongée, luisante, brillamment colorée, à ouverture ovale, à opercule calcaire, calleux en dehors. Les grandes espèces exotiques ont été autrefois très recherchées dans les collections et on payait jusqu'à 500 fr. une *Phasianelle bulimoïde (P. bulimoides)* (Lam.). Tel était l'engouement pour cette espèce que l'on cite l'exemple d'un officier, amateur de coquilles, qui porta constamment dans sa poche, pendant la guerre de Sept ans, une Phasianelle, unique alors, qu'il avait achetée vingt-cinq louis! Aujourd'hui, on peut posséder cette jolie coquille au prix de 5 fr. Les espèces des côtes de France sont petites et, quoique agréablement colorées, elles sont loin d'égaler leurs congénères exotiques :

Phasianella pullus (Lin.), Phasianelle pourprée.

Sa coquille (fig. 32, pl. 10) est longue de 8 millimètres,

polie, brillante, à ouverture ovale ; sa coloration est très variable ; elle est le plus ordinairement rouge avec des lignes blanches ou brunes, irrégulièrement disposées sur les tours. Son opercule est calcaire ; sa face externe bombée lui donne l'apparence d'une petite perle blanche logée dans l'ouverture de la coquille. Cette espèce est très commune sur nos côtes où elle vit sur les algues. On la trouve sur le littoral de la Loire-Inférieure, de la Vendée, de la Charente-Inférieure, de la Gironde, des Basses-Pyrénées et dans le bassin d'Arcachon ; mais elle est encore plus commune sur tout le littoral de la Méditerranée.

C'est aussi seulement dans cette partie de nos côtes que l'on trouve la *Phasianella intermedia* (Scacchi) qui n'est probablement qu'une variété de la précédente et la *Phasianella speciosa* (Muhlf.). Deux variétés de cette espèce sont assez communes :

Phasianella Vieuxii (Payr.), Phasianelle de Vieux (fig. 33, pl. 10). Espèce plus grosse et plus allongée que la *P. pullus* et d'une coloration moins brillante.

Phasianella Nicæensis (Risso). Phasianelle de Nice (fig. 34, pl. 10). Espèce beaucoup plus grande, agréablement colorée, à ouverture très dilatée. On la trouve dans les parages de Nice.

Genre Turbo (*Lin.*), Turbot.

Les coquilles de ce genre sont turbinées, solides, à tours convexes, à ouverture grande et arrondie, à opercule solide et calcaire. Certaines espèces exotiques atteignent de grandes dimensions ; leurs coquilles sont brillamment nacrées lorsque l'épiderme et la couche externe de la coquille ont été enlevées soit par l'immersion dans un acide, soit au moyen de la meule ; c'est dans cet état qu'on les emploie pour l'ornementation et qu'on les vend dans tous les ports de mer comme objets de curiosité.

Une seule espèce vit sur les côtes de France :

Turbo rugosus (Gmel.), *Turbot scabre.*

Ce *Turbot* (fig. 35, pl. 10) a la spire ombiliquée, composée de six tours faiblement carénés, avec des côtes coupées longitudinalement par de petites lamelles et couronnées par des plis obliques. Son ouverture est nacrée ; sa hauteur est de 30 à 35 millimètres. Sa coloration est d'un gris verdâtre, mais la partie qui environne la bouche est teinte d'un rouge vif. L'opercule, connu sous le nom vulgaire d'*œil de Saint-Jacques*, est arrondi, ovale ; sa surface extérieure est rouge et creusée d'une cavité circulaire. La coquille des jeunes (fig. 36, pl. 10) est assez différente pour avoir été prise pour une autre espèce ; ses tours sont couronnés par une carène à pointes très saillantes.

Ce Gastéropode est carnassier ; il s'introduit fréquemment dans les paniers en forme de nasses qui servent à la capture des Homards et des Langoustes pour dévorer les débris de chair ou de poisson qu'on y dispose comme appât. La structure de sa langue est très curieuse : « La membrane déroulée présente une étendue qui égale au moins trois fois la longueur du corps. Quel singulier Mollusque ! un animal trois fois plus court que sa langue ! » (Moq.-Tandon.)

Cette espèce est peu commune sur les côtes de l'Océan où on ne la trouve vivante qu'à Biarritz ; elle n'est pas rare sur tout notre littoral de la Méditerranée.

Genres Trochus (*Lin.*) et Monondota (*Lam.*), Troque et Monodonte.

Le genre *Trochus* est caractérisé par des coquilles coniques, à spire plus ou moins élevée selon les espèces, à ouverture oblique, nacrée intérieurement, à opercule corné. Le genre *Monodonta* n'en diffère que par la présence d'une dent plus ou moins saillante à la columelle; mais ce caractère est si peu constant que beaucoup d'auteurs ont confondu les deux genres ; nous les réunissons ici pour faciliter l'indication des synonymes.

Les *Troques* sont des animaux marins, à mufle court, à tentacules longs et grêles, habitant toutes les mers. On en connaît plus de 200 espèces.

Ils vivent sur les rochers, sur les pierres, même dans les endroits qui découvrent à chaque marée. Leur coquille est souvent recouverte d'un épiderme verdâtre. Les espèces des côtes de France sont très nombreuses :

Trochus zizyphinus Lin.) (fig. 1, pl. 11). Côtes du Boulonnais, de la Manche, du Morbihan, de la Loire-Inférieure, de la Charente-Inférieure (commun), Vieux-Soulac, Saint-Jean-de-Luz, Méditerranée.

T. conuloïdes (Lam.). Variété du précédent, mais plus petite, même coloration. Boulogne-sur-Mer (rare), Cherbourg, Méditerranée.

T. conulus (Lin.). Coquille plus petite que les deux précédentes, d'une couleur orangée, avec des points blancs et rouge pâle sur le bourrelet marginal Méditerranée.

T. Laugieri (Payr.), espèce voisine du *T. conulus*, mais n'ayant que 8 millimètres de hauteur, de couleur olivâtre avec des flammes longitudinales d'un vert sombre. Méditerranée.

T. magus (Lin.) (fig. 2, pl. 11). Côtes du Boulonnais, de la Manche, du Morbihan, de la Loire-Inférieure (Le Croisic), très commun sur le littoral de la Charente-Inférieure et à Arcachon (dans les crassats), Basses-Pyrénées (dans les rochers, rare); Méditerranée (assez commun); coloration plus vive que dans l'Océan.

T. crassus (Pult.), espèce voisine du *T. tessellatus* (fig. 8, pl. 11). Coquille épaisse, grise vermiculée de blanc. Côtes de la Manche et de la Charente-Inférieure, Biarritz, Saint-Jean-de-Luz, sur les rochers battus par le flot (commun).

T. cinerarius (Lin.) (fig. 3, pl. 11). Très commun sur les côtes de Bretagne, de la Charente-Inférieure et des Basses-Pyrénées, bassin d'Arcachon (dans les parcs aux huîtres). Variétés nombreuses, n'existe pas dans la Méditerranée.

T. lineatus (Dacosta). Espèce voisine de la précédente; coloration grise vermiculée de blanc. Côtes du Boulonnais, de la Loire-Inférieure, du Morbihan, Méditerranée (peu commun).

T. umbilicaris (Lin.); *T. umbilicatus* (Mont.). Coquille déprimée, ombiliquée, striée transversalement, pointillée de blanc et de brun. Côtes de la Manche, du Morbihan, de la Charente-Inférieure, du Médoc, bassin d'Arcachon, Biarritz, Saint-Jean-de-Luz; Méditerranée : Agde, Cette, cap Pinède, etc...

T. granulatus (Born.); *T. papillosus* (Dacosta) (fig. 4, pl. 11). Coquille mince, granuleuse; c'est la plus belle et la plus grande espèce de Troque de notre littoral.

Côtes de la Charente-Inférieure et d'Arcachon (rare); côtes de la Méditerranée (commun).

T. tumidus (Mont.). Coquille petite, ventrue, épaisse, à cinq tours garnis de stries spirales très fines, séparés par une suture profonde, d'un brun cendré, quelquefois jaunâtre, avec des lignes longitudinales ondulées, souvent ornées de taches blanches sur chaque tour. Côtes de la Manche et de la Bretagne, Arcachon, golfe de Gascogne, Méditerranée.

Le *T. Montagui* (Wood), qui vit dans les mêmes parages, et le *T. Racketti* (Payr.), peu commun sur nos côtes méditerranéennes, peuvent être considérés comme des variétés du *T. tumidus*.

T. millegranus (Phil.). Coquille conique, légère, granuleuse, grise maculée de brun. Golfe de Gascogne (rare), Méditerranée (peu commun).

T. striatus (Lin.); *T. conicus* (Donov.) (fig. 5, pl. 11). Côtes de Bretagne, Méditerranée, commun dans les étangs de Thau et de Berre.

T. divaricatus (Gmel.); *Monodonta Lessonii* (Payr.) (fig. 6, pl. 11). Coquille de forme assez variable, verdâtre, pointillée de rouge. Méditerranée : Agde, Cette, Cannes, etc... (commun). Le *T. rarilineatus* (Mich.) n'est qu'une variété moins commune du précédent.

T. fragaroïdes (Lam.); *Monodonta Olivieri* (Payr.) (fig. 7, pl. 11). Côtes du Boulonnais, Méditerranée (commun).

T. tessellatus (Chemn.); *Monodonta Draparnaudii* (Payr.) (fig. 8, pl. 11). Dépouillée de son drap marin, cette coquille est blanchâtre, ponctuée de rose. Méditerranée (commun).

T. margaritaceus (Risso); *Monodonta Richardii* (Payr.) (fig. 9, pl. 11). Espèce de forme assez variable, de coloration grise, souvent recouverte d'un drap marin épais. Méditerranée (commun).

T. canaliculatus (Lam.) ; *T. Fermonii* (Payr.) (fig. 10, pl. 11). Très jolie espèce, à coquille plus ou moins déprimée, profondément ombiliquée, ornée de points blancs, bruns ou rosés, avec de larges taches blanches à la partie supérieure des tours, sommet de la spire souvent rouge. Méditerranée : Cette, cap Pinède, Cannes.

T. corallinus (Lin.); *Monodonta Couturii* (Payr.). Jolie coquille d'un rouge de corail, à cinq tours arrondis, granuleuse, finement striée transversalement, quelquefois maculée de taches blanches sur le dernier tour, avec une dent très proéminente à la columelle qui est bidentée. Méditerranée : Cette, cap Pinède, Toulon, Menton.

T. cruciatus (Gmel.); *Monodonta Vieilloti* (Payr.). Espèce très voisine de la précédente, mais généralement plus grande, d'une coloration plus sombre, ouverture moins élargie, ombilic moins évasé, dents de la columelle moins saillantes. Méditerranée : Port-Vendres, Cette, Marseille, Cannes.

T. sanguineus (Lin.); *T. Belliœi* (Payr.). Espèce voisine des précédentes, coquille plus petite, épaisse, striée transversalement, rouge de corail, ouverture arrondie non dentée. Méditerranée (peu commun).

T. Jussieui (Payr.); *Monodonta Jussieui* (Payr.) (fig. 11, pl. 11). Coquille épaisse, à stries transversales peu apparentes, d'un brun rougeâtre, pointillée de jaune et de brun ; dent peu proéminente à la columelle. Méditerranée : Cette, cap Pinède, Toulon, Cannes.

T. magulus (Desh.); *T. Biassolletti* (Phil.) (fig. 12, pl. 11). Méditerranée : Antibes, Nice.

T. Adansonii (Payr.) (fig. 13, pl. 11). Coquille mince, de coloration très variable : d'un jaune doré avec des taches obliques blanches et brunes. Méditerranée : Cette, étang de Thau (commun), Cannes.

T. fanulum (Gmel.); *Monodonta Ægyptiaca* (Payr.) (fig. 14, pl. 11). Espèce de coloration variable, quelquefois grise, ou flammée de brun, ou ornée d'un cordon rose sur les tours de spire. Méditerranée (peu commun).

T. exiguus (Pult.); *T. Matonii* (Payr.). Jolie espèce conique, pyramidale, granuleuse, striée transversalement, avec des bourrelets sur les tours de spire ; coloration variable : grise, rosée ou rouge ; sommet de la spire d'un rouge vif. Cette coquille est très variable de forme et de coloration : c'est la même espèce que le *T. exasperatus* (Penn.) et le *T. crenulatus* (Broc.). Côtes de la Manche, de Bretagne, Arcachon ; Méditerranée : Port-Vendres, Cette, Marseille, Toulon, Cannes.

FAMILLE DES HALIOTIDÉS.

(Coquilles spirales, auriformes, à ouverture grande et nacrée, pas d'opercule.)

Genre Haliotis (*Lin.*), Haliotide ou Ormier.

La coquille des *Haliotides* est facile à reconnaître à sa structure auriforme qui lui a fait donner le nom d'*oreille de mer*, à son ouverture nacrée embrassant presque toute la surface interne de la coquille, et surtout à une série de trous disposés sur une ligne parallèle au bord gauche. Ces trous correspondent à une fente du manteau et ont pour objet de faire pénétrer l'eau jusqu'aux branchies. L'animal a le mufle court, deux grands tentacules, le pied très large et orné de franges ou appendices charnus.

Les Haliotides vivent appliquées sur les rochers auxquels elles adhèrent fortement. On les reconnaît difficilement, la surface de leur coquille d'une coloration brune s'harmonisant complètement avec les rochers sur lesquels elle est fixée.

Une seule espèce vit sur le littoral français :

Haliotis tuberculata (Lin.), Haliotide commune.

Sa coquille (fig. 15, pl. 11) est marbrée extérieurement de brun, de vert ou de rouge, sous un épiderme brun foncé. Sa longueur est de 6 à 8 centimètres.

On vend cette Haliotide comme Mollusque édule sur les marchés de Normandie où on la désigne sous le nom vulgaire de *Silieux*. On la trouve aussi sur les côtes de la Loire-Inférieure, de la Charente-Inférieure, de la Gironde, des Basses-Pyrénées (à Saint-Jean-de-Luz) et sur tout le littoral de la Méditerranée.

L'*Haliotis lamellosa* (Lam.) n'est qu'une variété présentant sur sa coquille (fig. 15 *bis*, pl. 11) des côtes lamelleuses élevées. Elle est assez commune sur nos côtes méditerranéennes.

Genre Scissurella (*d'Orb.*), Scissurelle.

Les *Scissurelles* ont des coquilles petites, minces, quelquefois nacrées, à spire courte, à ouverture arrondie ; elles sont ombiliquées, avec une bande spirale terminée à l'extrémité centrale du dernier tour par une échancrure étroite et profonde. Elles sont pâles, transparentes et vivent à de grandes profondeurs sur les algues. Elles sont rares sur les côtes de France :

Scissurella crispata (Fleming) (fig. 16, pl. 11). Vit dans le golfe de Gascogne, où elle a été draguée par 40 à 80 brasses.

Scissurella costata (d'Orb.). Coquille petite, carénée, très ombiliquée, de coloration grise verdâtre, longueur 2 millimètres. Vit sur nos côtes de la Méditerranée : Marseille, Toulon, Nice.

Scissurella lœvigata (d'Orb.). Coquille très blanche, légère, plus grosse que la précédente. Vit dans les mêmes parages.

FAMILLE DES JANTHINIDÉS.

(Coquilles minces, translucides, trochiformes, à tours peu nombreux et assez renflés ; ouverture grande et présentant quatre côtés. — Animal à tête grosse, en forme de mufle.)

Genre Ianthina (*Lam.*), Janthine.

Ces Mollusques ont été admis par quelques auteurs dans la classe des *Ptéropodes* de Lamark (*Nucléobranches* de Blainville). Ils sont *pélagiens*, c'est-à-dire vivant dans la haute mer ; on ne peut donc les considérer comme appartenant réellement à la Faune française : mais ils doivent être néanmoins mentionnés, certaines espèces se trouvant fréquemment jetées sur nos côtes à la suite des tempêtes. On trouve sur le littoral français :

Janthina communis (Lam.), Janthine commune.

Cette espèce (fig. 17, pl. 11) a une coquille très légère, d'une jolie coloration violette, d'une longueur de 20 à 25 millimètres. L'animal a la tête surmontée de deux tentacules coniques ; le mufle est fendu dans son milieu et terminé par une bouche à grosses lèvres garnies de plaques cornées et de petits crochets. Son pied est court et ovale ; la partie antérieure est creusée en gouttière ; il sécrète un amas de vésicules cartilagineuses auxquelles on a donné le nom de *radeau* (fig. 19), parce qu'elles servent à soutenir l'animal à la surface de la mer ; elles sont en même temps destinées à supporter les œufs qui sont renfermés dans des espèces d'ampoules. Ces ampoules, qui ressemblent à des grains de courge, en contiennent plus d'un million (Quoy.). Ce radeau sert à la Janthine de parachute pour flotter à la surface des vagues. Si, par les gros temps, ce flotteur est brisé ou détaché, les Janthines sont alors jetées à la côte.

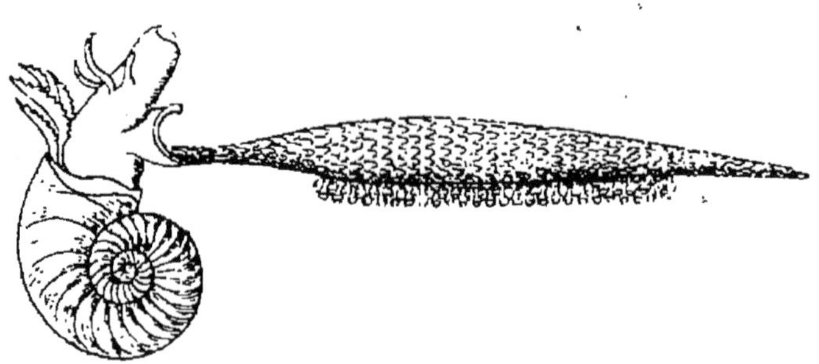

Fig. 19. — Janthina communis et son radeau.

Elles vivent par bancs dans la haute mer et c'est en grande quantité qu'elles sont poussées sur nos côtes, surtout pendant les vents violents du sud-ouest. Lorsqu'on les touche, elles exsudent un liquide violet.

On les trouve accidentellement sur le littoral de la Loire-Inférieure, de la Charente-Inférieure et dans l'estuaire de la Gironde ; on a constaté que leur apparition sur nos côtes méditerranéennes était de plus en plus rare.

Janthina prolongata (Blainv.), Janthine allongée.

Cette espèce ne diffère de la précédente que par sa forme plus allongée. Elle vient s'échouer en grande quantité sur le rivage de la Charente-Inférieure après les vents d'équinoxe ; elle a été aussi trouvée plusieurs fois sur nos côtes méditerranéennes.

La *Janthina exigua* (Lam.) a été recueillie au Croisic. C'est une espèce très petite, de coloration violette comme les deux espèces précédentes.

FAMILLE DES FISSURELLIDÉS.

(Coquilles coniques, patelliformes, à sommet perforé, à impression musculaire en forme de fer à cheval. — Animal à mufle court, à tentacules subulés.)

Genre Fissurella (*Lam.*), Fissurelle.

Les *Fissurelles* ont des coquilles ovales, coniques, déprimées, à surface rayonnée ou cancellée, à sommet situé en avant du centre et perforé. On les a nommées *Fissurelles* à cause de cette perforation qui est destinée aux déjections anales. Dans les coquilles des jeunes, qui diffèrent sensiblement des adultes, le sommet est entier et incliné en arrière, la perforation est à peine visible ; elle s'augmente graduellement avec l'âge. Les Fissurelles vivent dans les anfractuosités des rochers. Trois espèces habitent le littoral français :

Fissurella Græca (Lin.); *Fissurella reticulata* (Donov.), Fissurelle cancellée.

Cette espèce (fig. 18, pl. 11) se distingue par sa forme convexe et ovale, par ses bords crénelés et par ses côtes longitudinales coupées par des côtes transversales. Sa longueur est de 15 à 18 millimètres. Sa coloration est verdâtre, quelquefois nuancée d'une teinte rougeâtre. Elle est commune sur le littoral du Boulonnais ; on la trouve aussi sur les côtes du Morbihan, de la Loire-Inférieure et de la Charente-Inférieure (dans les rochers de Cordouan). Elle n'est pas rare sur nos côtes méditerranéennes.

Fissurella neglecta (Desh.), Fissurelle négligée.

Cette Fissurelle a beaucoup de ressemblance avec la précédente ; sa coloration est la même, mais elle atteint de plus grandes dimensions (jusqu'à 4 centimètres) ; elle est plus atténuée en avant, ses côtes sont moins cancellées, l'animal a le pied plus coloré (d'un jaune orangé vif). Elle est commune dans les parcs aux huîtres d'Arcachon et de la Charente-Inférieure ; elle n'est pas rare sur les côtes de la Méditerranée.

Fissurella gibberula (Lam.); *Fissurella gibba* (Phil.), Fissurelle renflée.

Elle est beaucoup plus petite (fig. 19, pl. 11) que les deux espèces précédentes (9 millimètres) ; sa forme est plus ovale, ses côtes comprimées ; elle est surtout facile à reconnaître au renflement de la partie de son dos postérieure au sommet et à la forme de la perforation qui est inclinée ; sa coloration est grise rosée. On la trouve sur les côtes de la Loire-Inférieure, de la Gironde et des Landes, ainsi que sur celles de la Méditerranée ; mais elle n'est pas commune.

Genre Emarginula (*Lam.*), Emarginule.

Les coquilles de ce genre sont ovales, coniques, à surface cancellée et caractérisées surtout par une fente longitudinale sur le bord postérieur. Ces Mollusques vivent sur les rochers, comme les Fissurelles. Très rares sur nos côtes océaniques, on les trouve également sur le littoral de la Méditerranée, où ils sont peu communs :

Emarginula reticulata (Chemn.); *Emarginula fissura* (Lam.), Emarginule treillissée.

Cette espèce (fig. 20 et 21, pl. 11) est longue de 8 millimètres; de coloration verdâtre. Elle a été trouvée rarement sur les côtes du Boulonnais, de Normandie et de Bretagne; elle n'est pas très rare dans la Méditerranée.

Emarginula Huzardi (Payr.), Emarginule de Huzard.

Elle diffère de la précédente par sa forte dépression, son sommet court, presque central, à peine incliné. Sa coloration est la même, sa longueur 6 à 8 millimètres. On ne la trouve que sur notre littoral méditerranéen. On rencontre aussi très rarement sur les côtes de France l'*Emarginula rosea* (Bell), trouvée au Croisic et à Belle-Ile ; l'*Emarginula elongata* (Costa), au cap Pinède près Marseille ; l'*E. conica* (Schum) à Cannes; l'*E. adriatica* (Costa) à Cap-Breton et dans la Méditerranée ; mais ces espèces sont trop rares pour être considérées comme appartenant à la faune française.

FAMILLE DES CALYPTROEIDÉS.

(Coquilles patelliformes, à intérieur divisé par un appendice calcaire,
auquel sont attachés les muscles adducteurs. — Animal à mufle
allongé.)

Genre Calyptrœa (*Lam.*), Calyptrée.

Dans ce genre, les coquilles sont caractérisées par une
sorte de lamelle placée à l'intérieur; leur extérieur a
une apparence trochiforme. Ces Mollusques adhèrent
aux galets et aux coquilles mortes. « Leur forme ou leur
couleur dépend de la position dans laquelle elles crois-
sent ; celles que l'on trouve dans les cavités des coquilles mortes sont presque plates ou concaves en dessus et incolores. » (Woodward.)

Une seule espèce vit sur le littoral français :

Calyptrœa Sinensis (Lin.) ; *Calyptrœa lœvigata* (Lam.),
Calyptrée chapeau-chinois.

Sa coquille (fig. 1 et 2, pl. 12) est conoïde, à base arrondie, à stries transverses spirales, à sommet pointu ;
sa coloration varie du blanc au jaune ; sa longueur est de
15 millimètres. On la trouve sur les côtes de la Manche,
de Bretagne, sur celles de la Charente-Inférieure (dans
les parcs aux huîtres) et dans le bassin d'Arcachon.
Elle n'est pas rare dans la Méditerranée où elle adhère
aux grandes coquilles bivalves.

Genre Crepidula (*Lam.*), Crépidule.

Les *Crépidules* ont des coquilles ovales, à intérieur
poli, avec une lame calcaire couvrant sa moitié postérieure. Elles ont été ainsi nommées à cause de leur forme

qui a une certaine ressemblance avec une petite sandale (*crepidula*). Elles vivent sur les pierres et les coquilles et adhèrent quelquefois, par groupes, les unes aux autres. Celles qui vivent dans l'intérieur des coquilles mortes sont minces, aplaties et incolores :

Crepidula unguiformis (Lam.), Crépidule unguiforme.

Cette espèce (fig. 3, pl. 12) est longue de 10 millimètres; elle est blanchâtre, mince, presque plane, à extrémité un peu dilatée. On la trouve souvent dans l'intérieur des coquilles mortes, et principalement des bivalves. Elle ne vit pas sur nos côtes océaniques; mais elle est commune sur toutes celles de la Méditerranée.

La *Crepidula Moulinsii* (Mich.), espèce rugueuse, de forme plus convexe et beaucoup plus rare, a été trouvée dans les eaux de Marseille, au cap Pinède.

Genre Pileopsis (*Lam.*), Cabochon.

Les coquilles de ce genre sont coniques, à sommet postérieur recourbé en spirale, à ouverture arrondie, à impression musculaire en forme de fer à cheval; l'animal a les bords du manteau frangés. Une seule espèce vit sur le littoral français :

Pileopsis Hungarica (Lin.), Bonnet hongrois.

Cette coquille (fig. 4, pl. 12), dont le nom vulgaire indique suffisamment la forme, est striée longitudinalement et recouverte d'un épiderme jaunâtre et velouté. Ce Mollusque vit sur les grandes coquilles, principalement sur les bivalves des genres *Ostrea* et *Pinna*, auxquelles il adhère fortement. Sa hauteur est de 20 à 22 millimètres; la largeur de la base 35 millimètres. Il en existe deux variétés : l'une à intérieur rose, et l'autre à intérieur blanc.

On trouve ce *Pileopsis* sur toutes nos côtes océaniques où il est assez rare ; il est plus commun sur le littoral de la Méditerranée.

FAMILLE DES PATELLIDÉS.

(Coquilles coniques, plus ou moins déprimées, à sommet tourné en avant, à face interne lisse. — Animal à tête distincte munie de tentacules oculés à leur base externe ; pied aussi grand que le contour de la coquille ; manteau uni ou frangé.)

Genre Patella (*Lam.*). Patelle.

Les *Patelles* sont communes dans toutes les mers et on en connaît environ cent cinquante espèces. Leurs coquilles sont ovales, à surface lisse ou ornée de stries ou côtes rayonnantes ; le bord est uni ou crénelé suivant la disposition extérieure de la coquille ; la face interne est lisse et brillamment colorée dans quelques espèces. Les Patelles vivent sur les côtes rocheuses, entre le niveau de la haute et de la basse marée, et sont par conséquent laissées à sec deux fois par jour ; elles adhèrent très fortement et la forme de leur coquille augmente la difficulté que l'on éprouve à les arracher. Tous ceux qui, en parcourant nos côtes, ont essayé d'enlever des Patelles, même au moyen d'une lame de couteau, ont pu constater que la coquille se brisait souvent, tant était grande la force musculaire du Mollusque.

Par les Patelles de notre littoral on peut calculer la résistance qu'oppose la *Patella Mexicana* (Sow.), grande espèce des côtes du Pacifique, qui mesure jusqu'à 22

centimètres de longueur et 15 centimètres de largeur !
On assure que, pendant l'expédition scientifique de la
Vénus, un matelot, qui glissait ses doigts au-dessous d'une coquille de cette espèce, fut fait prisonnier
par ce Mollusque et ne parvint à se dégager qu'après de
longs efforts.

« Contrairement à l'opinion généralement admise, les
Patelles peuvent se déplacer en élevant fortement la coquille ; elles se mettent alors en mouvement, la tête diri-
gée en avant, le mufle sorti presque complètement, les
tentacules s'agitant à droite et à gauche, comme pour
explorer le terrain. » (E. Sauvage.)

Les Patelles ont la mâchoire supérieure cornée et
une longue langue en forme de ruban, munie de nombreuses dents dont chacune se compose d'une base translucide et d'un sommet opaque crochu. La *Patella vulgata* (Lin.), Patelle commune, a un canal dentaire plus
long que sa coquille : il a 160 rangées de dents, avec 12
dents dans chaque rangée, ou 1,920 dents en tout ! (Forbes.) C'est avec cette formidable denture que les Patelles râpent les Nullipores à consistance pierreuse et
font des trous ovales dans le bois, comme dans la craie.

Les Patelles pondent dans les derniers jours de mars
et les premiers d'avril. « Tous les rochers émergés à
marée basse sont couverts d'une innombrable quantité
de jeunes Patelles de coloration cornée brunâtre, de
forme ovalaire, aplatie, et mesurant à peine 1 millimètre
de longueur. » (Docteur Fischer.) Ces Mollusques sont
excessivement communs sur nos côtes où on les désigne
sous les noms vulgaires de *Bernicle* ou *Jambe* (sur les
côtes de la Charente-Inférieure), de *Lapa* (sur celles des

Basses-Pyrénées), et d'*Arapède* (sur celles de Provence). On les vend sur les marchés comme coquilles comestibles ; les pêcheurs s'en servent aussi comme appât. Les espèces du littoral français sont :

Patella vulgata (Lin.), Patelle commune.

Cette espèce (fig. 10 et 11, pl. 12) est assez grande, très conique, verdâtre à l'extérieur, d'un jaune verdâtre à l'intérieur, à côtes plus ou moins aiguës ; sa longueur est de 4 centimètres ; elle atteint de plus grandes dimensions. Sur les côtes de Normandie, on la nomme *Flie* ou *Ran ;* elle est très variable de forme et de coloration. On la trouve sur toutes nos côtes océaniques ; elle ne vit pas dans la Méditerranée.

La *Patella athletica* (Bean) (fig. 5, pl. 12) n'est qu'une variété de la précédente ; elle est plus petite, plus ou moins imbriquée et conique, ornée à l'intérieur de couleurs très vives et d'une tache centrale rouge ou jaune ; les bords sont rayés de noir.

Patella Tarentina (Lam.), Patelle de Tarente.

Cette Patelle (fig. 7, pl. 12) a une coquille aplatie, ovale, à côtes longitudinales colorées, à bord subdenté. L'intérieur est jaune ou blanchâtre, avec des rayons bruns. Sa longueur est de 3 à 4 centimètres. Elle est tellement variable que les trois espèces suivantes peuvent en être considérées comme des variétés :

Patella Bonnardi (Payr.). Coquille un peu plus élevée, côtes plus aiguës, coloration interne rouge au centre.

Patella aspera (Phil.). Coquille déprimée, côtes très élevées et écailleuses, contour anguleux, coloration jaune pâle ou blanche à l'intérieur.

Patella scutellaris (Phil.). Coquille mince, très déprimée, avec 5 à 8 côtes, vivement colorée, contour très anguleux et irrégulier.

Toutes ces espèces vivent sur nos côtes de l'Océan et de la Méditerranée.

Patella cærulea (Lam.), Patelle bleue.

Cette Patelle (fig. 8 et 9, pl. 12) se distingue par sa taille, sa forme déprimée, son sommet incliné, ses stries rayonnantes partant du sommet. L'intérieur est le plus souvent d'un beau bleu d'azur, quelquefois blanchâtre. Sa longueur est de 3 centimètres. Elle est commune sur le littoral de la Méditerranée.

Patella Lusitanica (Gmel.), *Patella punctata* (Lam.), Patelle ponctuée.

Cette espèce (fig. 6, pl. 12) se reconnaît facilement à sa coquille assez élevée, légèrement striée en travers, avec des raies alternes blanches et d'un blanc roux dans le sens longitudinal; de petits points bruns sont disposés en série sur les raies blanches. Sa longueur est de 3 centimètres. Elle s'élève sur les rochers plus haut que les autres Patelles et on la trouve dans les endroits non submergés, en compagnie de la *Littorina cœrulescens*. Elle vit sur nos côtes de l'Océan, surtout dans les parages de Biarritz et de Saint-Jean-de-Luz; elle est assez commune sur le littoral de la Méditerranée.

Genre Lottia *(Gray)*. Helcion *(Montf.)*.

Ces Mollusques diffèrent des Patelles par leur coquille mince, à sommet non saillant, recourbé et presque terminal. Ils vivent sur les laminaires et autres plantes marines, ils adhèrent aux tiges ou aux feuilles. Une seule espèce habite les côtes de France :

Lottia pellucida (Lin.), Lottie pellucide.

Cette petite espèce (fig. 12, pl. 12) n'a que 12 à 15 millimètres de longueur; elle est d'une coloration brune cornée, avec des linéoles bleues interrompues qui partent de l'extrémité de la spire et descendent jusqu'au bord. On la trouve surtout sur les *Laminaria digitata* et *bulbosa*. Elle vit sur tout notre littoral océanique, où elle n'est pas très commune; elle est encore plus rare sur les côtes de la Méditerranée.

La *Lottia lævis* (Penn.) n'est qu'une variété.

Genre Tectura (*Cuv.*). Acmœa (*Esch.*).

Dans ce genre, les coquilles sont semblables à celles des Patelles, mais l'animal n'a qu'une seule branchie pectinée, logée dans une cavité cervicale.

On trouve sur les côtes de France :

Tectura virginea (Müll.), Patelle de Müller.

La coquille est petite, blanche, mince et luisante, à sommet incliné. Cette petite espèce vit sur les rochers, sur les galets. On la trouve rarement sur les côtes de Normandie, de Bretagne, à Biarritz et dans la Méditerranée.

La *Tectura Gussoni* (Costa), espèce voisine de la précédente, plus petite, est rare sur nos côtes méditerranéennes.

Genre Gadinia (*Gray*).

Ce genre est caractérisé par des coquilles patelliformes, mais munies d'une gouttière sur le côté droit. On trouve sur notre littoral de la Méditerranée :

Gadinia Garnoti (Payr.), Cabochon de Garnot.

Petite coquille blanche, striée en long et en travers, à sommet court, obtus et légèrement incliné.

Gadinia mamillaris (Lin.), Cabochon mamelonné.

Coquille plus épaisse, d'un gris rosé, longue de 10 millimètres, vivant dans les parages de Nice et de Menton. Ces deux espèces sont peu communes.

FAMILLE DES DENTALIDÉS.

(Coquilles tubuleuses, symétriques, courbées, ouvertes à chaque bout, atténuées en arrière ; animal à tête rudimentaire, sans yeux ni tentacules.)

Genre Dentalium (*Lin.*), Dentale.

Les *Dentales*, comme leur nom l'indique, ont des coquilles en forme de défenses minces et allongées. Les premiers naturalistes qui se sont occupés de conchyliologie n'admettaient pas les Dentales parmi les Mollusques ; ils les plaçaient avec les *Annelides ;* mais des travaux plus récents ont établi les affinités naturelles des Dentales avec les Mollusques et les ont placés près des Patelles. De Blainville les réunissait dans son ordre des *Cirrhobranches* (1).

« Ces Mollusques ont une nourriture animale, ils dévorent des foraminifères et de petits bivalves ; on les trouve sur le sable ou sur la vase, dans lesquels ils s'enfoncent souvent. » (Forbes.)

Une grande confusion a longtemps existé dans les espèces de Dentales ; aujourd'hui, on peut assigner avec certitude au littoral français les espèces suivantes :

(1) Quelques naturalistes séparent les Dentales pour en former un ordre unique : *Scaphopodes* ou *Solénoconques.*

Dentalium Tarentinum (Lam.), Dentale de Tarente (fig. 13, pl. 12). Espèce lisse, effilée, blanche, avec l'extrémité teinte de rose (commune).

Dentalium dentalis (Lin.), Dentale lisse, très voisine de la précédente, lisse, entièrement blanche (commune).

Dentalium dentalis (Lin.), Dentale à côtes (fig. 14, pl. 12). Diffère par les côtes longitudinales qui sillonnent sa coquille (commune).

Dentalium novemcostatum (Lam.), Dentale à 9 côtes. Coquille ayant de 9 à 12 grosses côtes (peu commune).

Dentalium gracile (Jeffreys), Dentale grêle. Coquille étroite, transparente, unie, mince et brillante (commune dans la fosse du Cap-Breton, de 30 à 250 brasses, dans la vase).

Le *Dentalium filum* (Sow.), de la Méditerranée, est probablement la même espèce.

Genre Dischides (*Jeffreys*).

Les coquilles de ce genre ont une grande ressemblance avec celles des Dentales, dont elles diffèrent par une entaille longitudinale. Une seule espèce vit sur les côtes de France :

Dischides bifiscus (S. Wood).

Coquille mince, grêle, blanche, légèrement recourbée. Espèce très abondante dans tous les dragages opérés sur les côtes du sud-ouest : en dehors du bassin d'Arcachon, dans le golfe de Gascogne et à Cap-Breton, de 24 à 180 brasses. On la trouve aussi dans la Méditerranée.

Genre Cadulus (*Phil.*), Gadus (*Rang.*).

Ce genre, qui a été confondu tantôt avec des Annelides, tantôt avec des Ptéropodes, est voisin des Dentales (docteur Fischer). Deux espèces se rencontrent sur les côtes de France :

Cadulus gadus (Mont.). Coquille subarquée, ventrue au centre, lisse, blanche et luisante. Dragué en dehors du bassin d'Arcachon (rare).

Cadulus subfusiformis (Sars.). Golfe de Gascogne, de 30 à 75 brasses.

Ces deux espèces sont aussi méditerranéennes. On trouve quelquefois sur nos côtes une coquille appartenant à un genre voisin : le *Siphonodentalium Lofotense* (Sars.); mais cette espèce est fort rare ; sa coquille a l'apparence de celles des Dentales ; elle est grèle, effilée et entièrement blanche.

FAMILLE DES CHITONIDÉS.

(Coquilles composées de six à huit plaques transversales, imbriquées, logées dans un manteau coriace qui forme un bord étalé autour du corps.)

Genre Chiton (*Lin.*), Oscabrion.

Les *Oscabrions*, par leur conformation, sont bien les plus singuliers Mollusques, et c'est avec raison qu'on les a nommés *Multivalves*. Leur coquille se compose, en effet, de plusieurs pièces, reliées ensemble par un bourrelet coriace formé par les bords du manteau (fig. 18, pl. 12). Cette organisation permet à ces Mollusques de s'enrouler sur eux-mêmes comme le Hérisson. L'animal n'a pas d'yeux, ni de tentacules ; il rampe sur un large disque semblable à celui des Patelles ; il est pourvu d'une trompe armée de mâchoires cartilagineuses et d'une longue langue linéaire.

Les Oscabrions vivent collés sur les rochers, sous les pierres immergées, quelquefois sur les algues. Leur coloration grise ou brune s'harmonise si parfaitement avec les rochers auxquels ils adhèrent qu'il faut avoir une vue très exercée pour les apercevoir. Plusieurs espèces vivent sur le littoral français :

Chiton fascicularis (Lin.), Oscabrion fasciculaire (fig. 15, pl. 12). Espèce longue de 10 millimètres, d'une coloration grise, reconnaissable aux faisceaux de poils blanchâtres qui garnissent, de chaque côté, le bord du manteau. Côtes de l'Océan et de la Méditerranée (peu commun).

Chiton cinereus (Lin.), *C. asellus* (Spengl.), Oscabrion cendré (fig. 17, pl. 12). Coloration grise cendrée, avec quelques taches brunes ; longueur 10 millimètres, rare sur toutes nos côtes. Bassin d'Arcachon (dans les parcs aux huîtres), Guéthary, etc.

Le *Chiton Rissoi* (Payr.) est une variété.

Chiton discrepans (Brown.), Oscabrion dissemblable. Espèce plus grande que le *C. fascicularis*, dont elle diffère par ses tubercules arrondis : tout le littoral de la Bretagne, Guéthary (Basses-Pyrénées).

Chiton marginatus (Penn.), Oscabrion bordé. Coquille bordée dans tout son contour d'une marge étroite ; vit à peu de profondeur sous les pierres. Littoral de la Vendée, de la Charente-Inférieure, de la Gironde et des Basses-Pyrénées.

Chiton cajetanus (Poli), Oscabrion de Gaëte. Belle espèce, étroite, allongée, sillonnée de stries profondes et irrégulières, coloration grise ; peu commune sur notre littoral océanique : côtes de Bretagne et des Basses-Pyrénées, Méditerranée.

Chiton squamosus (Lin.), Oscabrion écailleux (fig. 16, pl. 12). Espèce d'un brun rougeâtre, atteignant jusqu'à 25 millimètres, assez commune sur nos côtes de la Méditerranée.

Chiton fulvus (Wood), Oscabrion fauve. Espèce rare considérée longtemps comme exotique, d'une coloration jaunâtre ; trouvée dans le bassin d'Arcachon.

On trouve encore, mais rarement, sur le littoral français, le *C. Polii* (Phil.), le *C. lœvis* (Penn.), le *C. cancellatus* (Sow.) et le *C. gracilis* (Jeff.).

ORDRE DES PULMONIFÈRES

Cet ordre comprend tous les Mollusques terrestres et les autres Gastéropodes qui respirent l'air en nature. L'organe respiratoire consiste en une cavité dans laquelle l'air pénètre par un orifice que l'animal ouvre et ferme à volonté. Ce sont des Gastéropodes normaux ayant un large pied et ordinairement une grande coquille spirale. Un nombreux groupe de Gastéropodes terrestres possède une coquille operculée ; les autres sont inoperculés et quelquefois dépourvus de coquille (Woodward).

Première section. — Inoperculés.

Gastéropodes pulmonés terrestres ou fluviatiles. Coquille grande et spirale, ou petite et cachée, ou manquant complètement, pas d'opercule.

FAMILLE DES HÉLICIDÉS.

(Coquille externe bien développée, ouverture fermée par un *épiphragme* pendant l'hiver. — Animal à tête courte, rétractile, avec quatre tentacules cylindriques ; bouche ornée d'une mandibule supérieure cornée, dentée, en forme de croissant.)

Genre Hélix (*Lin.*), Hélice.

De tous les genres de Mollusques celui-ci est le plus connu et les *Hélices*, désignées plus communément par les noms d'*Escargots*, *Limaçons* ou *Colimaçons*, sont répandues sur toute la surface du globe ; on en connaît aujourd'hui près de 2,000 espèces, s'étendant au nord jusqu'à la limite polaire des arbres et au sud jusqu'à la Terre de Feu, mais beaucoup plus abondantes dans les climats chauds et humides. Parmi les espèces exotiques, quelques-unes atteignent de grandes dimensions, d'autres sont rares et ont encore une valeur de 15 à 20 francs ; enfin les espèces les plus remarquables par leur belle coloration proviennent presque toutes des îles Philippines.

L'animal de l'Hélice a la tête surmontée de quatre tentacules que les enfants appellent des *cornes ;* ces tentacules sont disposés en deux paires : l'une antérieure, ce sont les plus petits, et l'autre postérieure, ce sont les plus grands. Ils sont rétractiles et, par la seule contraction d'un muscle intérieur l'animal peut les retourner comme un doigt de gant.

Les Hélices étaient connues dès la plus haute antiquité et les Romains en faisaient une grande consommation ; ils les recherchaient et les parquaient, pour les engraisser, dans des enclos nommés *Cochlearia*. C'est à

Fulvius Hirpinus que l'on doit, selon Pline, l'invention de ces réservoirs à Limaçons ; pour rendre ces Mollusques plus agréables au goût, il les nourrissait de son, de lie de vin et de végétaux odoriférants. Il trouva plus tard un imitateur en Charles Howard qui introduisit, dans le même but, en Angleterre plusieurs espèces d'Hélices de France et d'Italie. « Il répandit ces Mollusques dans ses propriétés où ils réussirent si bien qu'ils mangèrent les récoltes et qu'on eut beaucoup de peine à les détruire » (docteur Chenu). En France, les Escargots sont très recherchés comme aliment dans certains départements, principalement dans le Midi (1). Ils étaient aussi autrefois très renommés pour leurs propriétés médicales et ils faisaient partie de quelques préparations pharmaceutiques ; aujourd'hui, on ne connaît guère que deux manières de les employer : pour faire une pommade adoucissant la peau et une pâte regardée comme très efficace contre les affections de poitrine. En revanche, ces Mollusques, tout à la fois herbivores et frugivores, sont la terreur des jardiniers, à cause des ravages qu'ils font dans les jardins ; aussi les détruit-on avec acharnement. Ils ont aussi des ennemis redoutables dans certains insectes (*Carabus, Staphilinus, Drillus*), qui s'introduisent dans leurs coquilles pour les dévorer. « Les larves de Vers luisants (*Lampyris*) se nourrissent aussi de Colimaçons et consomment chacune deux ou trois

(1) Les Escargots peuvent constituer quelquefois une nourriture dangereuse et on a constaté quelques cas d'empoisonnement par ces Mollusques ; mais, dans presque tous les cas, ils avaient été recueillis dans les touffes de buis qu'on emploie comme bordures dans les jardins et il est probable que l'absorption de cette plante par les Escargots les rend nuisibles pour l'alimentation.

Hélices avant de passer à l'état de nymphe. » (Godard.)

Les Hélices sortent principalement pendant la nuit, ou lorsque l'atmosphère est chargée d'humidité ; dans le milieu du jour, elles s'abritent sous les pierres ou dans les lieux couverts. Au commencement du froid, elles se retirent dans les anfractuosités des rochers, dans les vieux murs, dans les troncs d'arbres et même dans la terre où elles s'enfoncent assez profondément pour y passer l'hiver dans un état complet d'engourdissement. C'est à ce moment qu'elles ferment leur coquille avec une cloison mince et membraneuse qui a reçu le nom d'*épiphragme* ou *faux opercule*.

« C'est en général, dit de Blainville, pour aller à la recherche de leur nourriture ou d'un individu de leur espèce que les Limaçons sortent de leur retraite. Ils sont avertis de la présence des corps extérieurs seulement par la finesse de leur toucher ; en effet, au moindre contact d'une partie quelconque de leur corps, mais surtout de leurs tentacules, ils se retirent plus ou moins complètement dans l'intérieur de leur coquille et n'en ressortent que peu à peu et avec la plus grande précaution. Le choix qu'ils font de certaines plantes ne permet pas de douter qu'ils soient pourvus du sens du goût. »

C'est au commencement du printemps et pendant l'été que les Hélices pondent leurs œufs qui sont blancs et couverts d'une enveloppe membraneuse. L'Hélice creuse dans la terre un trou peu profond où elle dépose ses œufs (fig. 20).

La ponte terminée, l'animal se retire et remplit de terre ce trou qu'il abandonne pour ne plus y revenir. Au moment de l'éclosion, qui a lieu 20 à 30 jours après, les petits sortent tout formés et munis d'une coquille très mince, sur laquelle on découvre déjà un commencement de spire.

Les Hélices ont la faculté de réparer leur coquille lorsqu'elle a été brisée accidentellement ; on trouve souvent dans nos jardins des coquilles d'Escargots dont les brèches ont été ainsi restaurées par l'animal. Quelques coquilles sont enroulées de droite à gauche ou

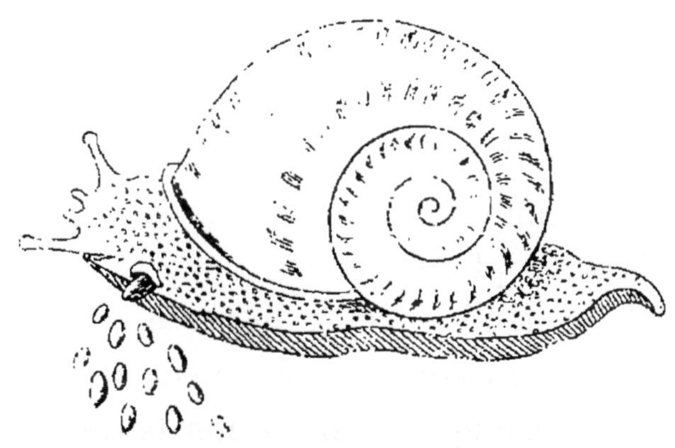

Fig. 20. — Hélice pondant.

sénestres ; elles sont très recherchées des collectionneurs, mais les coquilles *Scalariformes*, dont les tours sont désunis, écartés et affectent la forme d'un tire-bouchon, sont les monstruosités les plus rares.

Peu de Mollusques ont une persistance de la vie comparable à celle des Hélices ; on en cite des exemples surprenants ; le plus extraordinaire est celui d'une Hélice d'Egypte, fixée en mars 1846, sur une tablette du British Muséum de Londres, et qui fut trouvée encore vivante, le 7 mars 1850 ! En la plongeant dans l'eau tiède, on opéra une résurrection merveilleuse, le Mollusque se développa et l'on en profita pour faire un dessin de l'animal vivant.

Le genre *Helix* a été démembré en un grand nombre de sous-genres et de sections basés sur la forme, le diamètre ou les apparences extérieures de la coquille ; nous n'adopterons pas ici ces divisions plus ou moins naturelles ; nous diviserons seulement ce genre en deux sections bien caractérisées par la forme des coquilles : les genres *Helix* et *Zonites*. Les espèces françaises sont si nombreuses qu'il est impossible de donner ici la description de chacune d'elles, mais nous indiquons, par ordre alphabétique, les espèces les plus connues, avec mention de leur habitat et de leurs particularités les plus remarquables ; enfin nous renvoyons aux figures pour suppléer à la description :

Helix aculeata (Mull.). Hélice hérissée, très petite coquille à 5 ou 6 tours convexes finement striés et ornés d'aiguillons épidermiques, coloration fauve ou brune ; vit sur les hauteurs et dans les bois, sous les feuilles, habite toute la France, mais rare partout.

Helix Alpina (Faure Big.), Hélice des Alpes (fig. 1, pl. 13). Coloration grise ou fauve ; habite les hauteurs de la chaîne des Alpes, la Grande-Chartreuse (Isère).

Helix aperta (Born.); *H. naticoïdes* (Drap.), Hélice ouverte (fig. 7, pl. 13). Ouverture très grande, coloration d'un brun verdâtre ; espèce édule ; habite la Provence, commune dans le Var.

Helix apicina (Lam.), Hélice apicine (fig. 2, pl. 13). Coloration blanchâtre ; habite la France méditerranéenne, commune dans le département de l'Aude (environs de Narbonne).

Helix arbustorum (Lin.), Hélice porphyre (fig. 3, pl. 13). Espèce à coloration variable, brune ou jaunâtre, pointillée ou tachetée de jaune ou de gris ; vit dans les bois, les haies, près des fontaines, habite le Nord, le Centre et l'Est de la France.

(L'*Helix alpicola* (Fer.), qui habite les Alpes et l'*Helix Canigonensis* (Boub.), des Pyrénées-Orientales, sont deux variétés.)

Helix arenosa (Rossm.). Hélice des sables. Espèce intermédiaire entre les *H. cespitum* et *H. variabilis ;* coloration très variable, habite le littoral français : côtes de Bretagne, Biarritz (peu commune).

Helix aspersa (Müll.), Hélice chagrinée (fig. 4, pl. 13), vulgairement *limaçon, limat, cagouille* à Bordeaux, *tapada* en Provence. Espèce édule la plus répandue ; coloration variable (la variété *grisea* est la plus commune), habite toute la France. On en trouve des individus sénestres ou scalariformes, principalement dans les environs de la Rochelle.

Helix bidentata (Gmel.), Hélice bidentée (fig. 5, pl. 13). Coloration brune cornée ; habite les Alpes (rare).

Helix candidissima (Drap.), Hélice porcelaine (fig. 6, pl. 13). Coloration d'un blanc opaque ; vit sur les tiges sèches des plantes, habite la Provence.

Helix candidula (Stud.), *H. unifasciata* (Poiret), Hélice petit ruban (fig. 8, pl. 13). Très variable ; coloration blanchâtre avec ou sans fascie ; vit sur les pelouses et les gazons, habite une grande partie de la France.

Helix cantiana (Mont.), Hélice kentienne (fig. 9, pl. 13). Coloration d'un gris rosé ; vit sur les plantes herbacées, n'habite que certaines parties de la France : Calais, Boulogne-sur-Mer, Valenciennes, Toulon, Montpellier, etc.

Helix carascalensis (Fer.), Hélice de Carascal (fig. 10 pl. 13). Espèce voisine de l'*H. alpina*, plus petite, même coloration, habite la chaîne des Pyrénées : Gavarnie, Luz-Saint-Sauveur.

Helix carthusiana (Müll.), Hélice chartreuse (fig. 11, pl. 13). Espèce très commune ; coloration d'un blanc laiteux, translucide ; vit sur les plantes dans les champs, dans les jardins, habite toute la France.

(L'*Helix carthusianella* (Drap.), Hélice bimarginée et et l'*Helix Olivieri* (Mich.), sont des variétés plus petites que le type et habitant principalement le voisinage du littoral.)

Helix cespitum (Drap.), Hélice des gazons (fig. 12, pl. 13). Coloration grisâtre ou jaunâtre, souvent fasciée de bandes brunes ; habite plusieurs parties de la France, principalement la région maritime.

Helix ciliata (Ven.), Hélice ciliée (fig. 13, pl. 13). Coquille déprimée, ayant une carène garnie de poils , coloration brune ; habite les Alpes-Maritimes : Grasse, Menton (peu commune).

Helix cinctella (Drap.), Hélice cinctelle. Coquille petite, translucide, déprimée, avec une raie blanche sur la carène ; coloration grise ou jaunâtre ; habite la Provence, le Rhône, la Drôme.

Helix cobresiana (Alten.), *H. unidentata* (Drap.), *H. monodon* (Fer.), Hélice unidentée. Espèce très voisine de l'*H. bidentata;* coloration d'un brun corné; vit dans les bois, sous les feuilles mortes; habite le Dauphiné, la Bresse (peu commune).

Helix Companyonii (Aler.), Hélice de Companyo. Espèce voisine de l'*H. serpentina ;* coloration grise, maculée de brun; habite les Pyrénées-Orientales : Banyuls-sur-Mer (peu commune).

Helix conoidea (Drap.), Hélice conoïde. Coquille conoïde ombiliquée, voisine, pour la forme, de l'*H. pyramidata*, mais plus petite; coloration variable, généralement blanche avec une fascie noire; vit sur les herbes, dans les dunes; habite le littoral de la Méditerranée.

Helix conspurcata (Drap.), Hélice sale (fig. 14, pl. 13). Coloration grisâtre, nuancée de brun; coquille fragile, souvent hispide; vit dans les haies, sous les pierres; habite le Midi de la France.

Helix constricta (Boubée), Hélice resserrée (fig. 15, pl. 13). Espèce rare; coloration brune; vit sous les pierres, habite les Basses-Pyrénées : le Mondarain, Espelette, Cambo, Itsassou (lieutenant Wattebled).

Helix cornea (Drap.), Hélice cornée (fig. 16, pl. 13). Coloration brune, avec une bande d'un brun rougeâtre; vit sur les rochers ombragés, sous les mousses; habite le Centre et le Midi de la France.

Helix costulata (Ziégl.), Hélice côtelée. Espèce très voisine de l'*H. fasciolata*, mais fortement striée; coloration grise uniforme ou fasciée d'une bande fauve; habite le Nord-Est de la France : Haute-Marne, Aube, Vosges, Yonne, Rhône.

Helix depilata (Drap.), Hélice chauve. Espèce hispide dans le jeune âge et voisine par la forme de l'*H. hispida*. Coloration brune; habite l'Est de la France : Jura, Vosges, Hautes-Alpes.

Helix Desmoulinsii (Far.), Hélice de Desmoulins. Espèce voisine de l'*H. cornea;* vit dans les lieux ombragés sur les pierres et les blocs de granit, à Cauterets et dans les Pyrénées-Orientales (rare).

Helix elegans (Gmel.) ; *H. terrestris* (Chemn.), Hélice élégante (fig. 17, pl. 13). Espèce trochiforme ; coloration grise uniforme, ou fasciée, ou maculée de brun ; vit sur les herbes près des côtes, habite le littoral français, plus spécialement celui de la Méditerranée. L'*Helix Trochilus* (Poiret) est une variété très déprimée.

Helix ericetorum (Müll.), Hélice ruban (fig. 18, pl. 13). Espèce commune ; coloration blanchâtre ou roussâtre, fasciée de brun ; vit sur les herbes, dans les champs, aux bords des chemins ; habite toute la France.

Helix explanata (Müll.), *H. albella* (Drap.), Hélice déprimée (fig. 19 et 20, pl. 13). Coloration blanche ou jaunâtre ; vit sur les joncs, sur les plages maritimes ; habite le littoral de la Méditerranée.

Helix fœtens (Stud.), Hélice fétide. Coquille profondément ombiliquée, luisante, finement striée, à péristome blanc et réfléchi ; belle espèce, rare, répandant une odeur fétide ; coloration grise avec une fascie brune ; habite les Alpes-Maritimes.

Helix Fontenillii (Mich.), Hélice de Fontenille. Espèce voisine de l'*H. Alpina* ; coloration grise, habite la Grande-Chartreuse (Isère) et la Drôme (peu commune).

Helix fruticum (Müll.). Hélice trompeuse (fig. 21, pl. 13). Coquille transparente, blanche ou rosée, rarement fasciée de roux ; vit sur les arbustes ; habite le Nord, le Centre et l'Est de la France.

Helix fusca (Mont.), Hélice fauve. Coquille très mince, luisante, d'un brun verdâtre ; espèce peu commune ; habite plus spécialement le littoral de l'Océan : Pas-de-Calais , Côtes-du-Nord , Loire-Inférieure , Landes.

Helix glacialis (Thom.), Hélice des glaces. Espèce voisine de l'*H. Alpina;* coquille plus déprimée, striée; coloration rousse avec une fascie brune ; rare, trouvée d'abord dans le Haut-Oisans (Isère), plus abondante à Lanslebourg (Savoie), sur les pentes du mont Cenis (M. Garnier).

Helix hispida (Lin.), Hélice hispide (fig. 23, pl. 13). Coquille recouverte de poils caducs; coloration brune; vit dans les champs, dans les jardins; habite toute la France.

Helix hortensis (Müll.), Hélice des jardins (fig. 1 à 2, pl. 14). Espèce très commune, voisine de l'*H. nemoralis,* dont elle n'est peut-être qu'une variété, mais dont elle diffère par sa taille généralement plus petite et par son péristome toujours blanc ; coloration très variable : jaune, grise, rougeâtre, sans bandes ou avec 1, 2, 3, 4, 5 bandes ; vit dans les jardins, sur les arbustes ; habite toute la France.

(L'*Helix fusca* de Poiret n'est qu'une variété, d'une coloration fauve uniforme.)

Helix incarnata (Müll.), Hélice douteuse (fig. 23, pl. 13). Coquille cornée, rousse ; vit dans les forêts, dans les taillis ; habite le Nord, l'Est et le Centre de la France.

Helix intersecta (Poiret), Hélice interrompue (fig. 24, pl. 13). Espèce très voisine de l'*H. striata* (Drap.); coloration variable, quelquefois violacée ; habite la France occidentale et méridionale : Morbihan, Vendée, Gironde, Lot-et-Garonne.

Helix lactea (Müll.), Hélice lactée (fig. 25, pl. 13). Grande espèce, édule ; coloration variable : blanchâtre avec ou sans fascies, quelquefois finement pointillée, ouverture d'un brun roux, peu commune. Habite le Midi de la France. (Cette espèce a une aréa très étendue : elle est commune en Espagne et en Algérie, et elle s'est acclimatée à Montevideo et au Paraguay.)

Helix lapicida (Lin.), Hélice lampe (fig. 26, pl. 13). Espèce remarquable par sa forme aplatie ; coloration rousse ou cornée ; vit dans les bois, dans les fissures des vieux murs, principalement ceux qui sont tapissés de lierre. Commune dans toute la France.

Helix lenticula (Fer.), Hélice lenticule (fig. 27, pl. 13). Coquille très aplatie, striée, de coloration brune ; vit sous les pierres et les vieux bois, dans les endroits humides. Habite le Var, les Pyrénées-Orientales, le Finistère.

Helix limbata (Drap.), Hélice marginée (fig. 28, pl. 13). Espèce commune ; coquille translucide, jaunâtre, avec une bande blanche sur le dernier tour ; vit dans les bois, les haies, les jardins. Habite la France centrale et méridionale.

Helix melanostoma (Drap.), Hélice mélanostome (fig. 29, pl. 13). Espèce édule en Provence ; coloration grise avec une tache brune près de l'ouverture. Habite la France méditerranéenne : Istres, Saint-Chamas, chaîne des Alpines. (M. Coutagne.)

Helix muralis (Müll.), Hélice pouchet (fig. 30, pl. 13). Coquille striée blanche en dessous et maculée de brun en dessus ; vit dans les vieux murs. Le type n'habite pas la France, mais la variété *undulata* (Mich.), se trouve à Orgon (Bouches-du-Rhône), au sommet de la montagne Notre-Dame, dans les fissures de rochers. (M. Coutagne.)

Helix nemoralis (Lin.), Hélice des bois. Espèce très commune, édule, voisine de l'*H. hortensis* pour la variété des couleurs, avec et sans bandes, mais généralement plus grosse et avec le *péristome toujours noir;* vit dans les bois, les champs, les jardins. Habite toute la France.

Helix Niciensis (Fer.), Hélice de Nice (fig. 5, pl. 14). Belle espèce, striée, d'un blanc bleuâtre, maculée de brun, avec l'ouverture d'un rose violacé; vit sous l'écorce des oliviers. Habite les environs de Nice.

Helix obvoluta (Müll.), Hélice planorbe (fig. 6-7, pl. 14). Coquille hispide, veloutée, ouverture triangulaire; coloration brune; vit dans les lieux ombragés, dans les bois. Habite toute la France, plus commune dans l'Est.

(L'*Helix holosericea* (Gmel.) est une variété.)

Helix personata (Drap.), Hélice grimace (fig. 8, pl. 14). Espèce remarquable par la forme de son ouverture; coloration brune; vit sur les rochers garnis de mousse; peu commune. Habite les Vosges, le Jura, les Alpes.

Helix Pisana (Müll.), *H. rhodostoma* (Drap.), Hélice de Pise (fig. 12, pl. 14). Espèce très commune; coloration variable : blanche avec des fascies brunes ou jaunes, souvent interrompues; péristome rose; édule dans la Provence où on la nomme *Mourguette;* vit dans les haies, les jardins, sur le bord des chemins. Habite toute la France méridionale.

Helix plebeia (Drap.), Hélice plébéienne (fig. 9, pl. 14). Coquille mince, translucide; coloration d'un brun corné; vit dans les contrées montagneuses. Habite le Jura, les Alpes, les Vosges.

Helix pomatia (Lin.), Hélice vigneronne (fig. 13,

pl. 14). Espèce édule, bien connue sous le nom d'*Escargot de Bourgogne*; c'est la plus grosse Hélice de France; coloration peu variable; vit dans les terrains cultivés, dans les vignes. Habite le Nord, l'Est et le Centre, manque dans le Midi.

Helix pulchella (Müll.), Hélice mignonne (fig. 10-11, pl. 14). Espèce très petite, d'une coloration rousse; vit dans les lieux humides, au pied des murs. Habite toute la France.

(L'*Helix costata* (Müll.) n'est probablement qu'une variété qui s'en distingue par ses côtes et par son épiderme plus rembruni.)

Helix pygmæa (Drap.), Hélice pygmée. Coquille très petite, aplatie, composée de 4 tours convexes finement striés; coloration brune; c'est la plus petite Hélice de France; vit dans les bois, sous les mousses, les pierres. Habite presque toute la France.

Helix .pyramidata (Drap.), Hélice pyramidale (fig. 15, pl. 14). Coquille conique, trochiforme, coloration grise, fasciée de brun; espèce voisine de l'*H. trochoïdes;* vit sur les plantes du littoral. Habite la France méditerranéenne : Cette, Orange, Arles, Toulon, Grasse.

Hélix pyrenaïca (Drap.), Hélice des Pyrénées. Coquille discoïde, aplatie, percée d'un ombilic très étroit, translucide; péristome réfléchi et garni d'un bourrelet blanc; coloration cornée verdâtre. Habite les Pyrénées-Orientales.

Helix Quimperiana (Fer.), Hélice de Quimper (fig. 14, pl. 14). Coquille translucide, cornée; coloration brune verdâtre; peu commune. Trouvée d'abord dans le Finistère (à Quimper et à Brest), découverte depuis quelques années dans les Basses-Pyrénées, sur la frontière d'Espagne : à Espelette, Hendaye, etc.

Helix Rangiana (Fer.), Hélice de Rang. Espèce rare et très remarquable ; coquille déprimée, d'un brun sale ; ouverture terminée par un pli tordu et formant gouttière ; vit dans les interstices des vieux murs. Habite les Pyrénées-Orientales (Collioure, Port-Vendres) et le Var (Ollioules).

Helix revelata (Fer.) ; *H. ponentina* (Mor.), Hélice occidentale (fig. 16, pl. 14). Coquille globuleuse, mince ; coloration brune ; vit sous les haies, au pied des arbres, peu commune. Habite la Seine, le Pas-de-Calais, les Alpes, les Deux-Sèvres, le Lot-et-Garonne, les Landes.

Helix rotundata (Müll.), Hélice bouton (fig. 17, pl. 14). Coquille mince, translucide, très ombiliquée ; coloration brune cornée ; vit sous les haies, sous les feuilles mortes. Habite toute la France.

(L'*Helix ruderata* (Stud.) n'est probablement qu'une variété ; elle habite les Alpes, le Jura (rare).

Helix rufescens (Penn.), Hélice roussâtre (fig. 18, pl. 14). Coquille mince, translucide ; coloration rousse ou cornée, marquée sur la carène d'une petite bande blanche ; vit sous les pierres, sous les orties, les fraisiers, etc...... Habite le Nord et l'Est de la France : Boulogne-sur-Mer, Douai, Bar-sur-Seine, Langres, etc.

(L'*Helix Altenana* (Kick.) est une variété, ainsi que l'*H. montana* (Stud.), qui habite le Jura. L'*Helix glabella* (Drap.) est une variété intermédiaire entre l'*H. rufescens* et l'*H. montana*. Elle habite Dijon, Lyon, Grenoble.)

Helix rugosiuscula (Mich.), Hélice rugosiuscule. Espèce très voisine de l'*H. candidula*, mais plus petite, d'une coloration grisâtre, fasciée de brun; vit dans les lieux arides et secs. Habite la France méridionale.

Helix rupestris (Drap.), Hélice des rochers. Petite coquille, à sommet obtus, d'une coloration brune foncée; forme variable, quelquefois conique ou globuleuse; vit sur les rochers, dans les fissures. Habite toute la France.

Helix sericea (Müll.), Hélice pubescente. Coquille de forme un peu globuleuse, translucide, cornée, pubescente; coloration brune; vit le long des murs, sous les pierres. Habite le Nord et l'Est de la France : Nord, Vosges, Aube, Côte-d'Or, Rhône, etc...

Helix serpentina (Fer.), Hélice serpentine (fig. 19, pl. 14). Jolie espèce, maculée de traits en zigzag bruns sur fond blanc; espèce commune en Italie, rare en France. Habite le département du Var : Draguignan, Saint-Cyr.

Helix splendida (Drap.), Hélice splendide (fig. 20, pl. 14). C'est une des plus jolies espèces de France; coquille polie, coloration très variable : blanche ornée d'une ou de plusieurs bandes brunes ou de lignes interrompues; vit sur les collines, dans les localités montagneuses. Habite la France méridionale.

Helix striata (Drap.), *H. fasciolata* (Poiret), Hélice striée (fig. 21, pl. 14). Espèce très commune, voisine de l'*H. intersecta*; coquille épaisse, striée; coloration variable : grise ou brune, avec ou sans fascies; vit dans les jardins, dans les champs cultivés. Habite toute la France.

(L'*Helix caperata* (Mont.) et l'*H. Paladilhi* (Bourg.) sont des variétés.)

Helix strigella (Drap.), Hélice strigelle (fig. 22, pl. 14). Coquille mince, cornée, largement ombiliquée ; coloration grise rosée, quelquefois avec une bande blanche ; vit dans les haies, dans les buissons. Habite l'Est, le Centre et le Sud de la France : Clermont-Ferrand, Moulins, Montbrison, Lyon, Grenoble, Perpignan.

Helix sylvatica (Drap.), Hélice des forêts (fig. 23, pl. 14). Espèce voisine de l'*H. nemoralis* ; coloration variable : blanche ou rousse avec des bandes brunes ou des raies interrompues ; vit sur les montagnes boisées. Habite l'Est et le Sud-Est de la France : Vosges, Jura, Drôme ; pullule dans les Alpes jusqu'à 1,600 et 1,700 mètres d'altitude (M. Garnier).

Helix Telonensis (Mittre). Hélice de Toulon. Espèce voisine de l'*H. rufescens*, mais plus petite ; coquille mince, cornée ; coloration rousse. Habite le Var, environs de Toulon.

Helix Terverii (Mich.). Hélice de Terver. Coquille déprimée, striée et ombiliquée ; coloration variable : blanche, grise ou rousse ; habite le littoral de la Provence, les îles d'Hyères.

Helix trochoïdes (Poiret) ; *H. conica* (Drap.), Hélice conique. Espèce trochiforme, à spire élevée ; coloration variable : blanche, rayée ou fasciée de brun ; vit sur les plantes du littoral. Habite la France méditerranéenne.

Helix variabilis (Drap.), Hélice variable (fig. 24-24 *bis*, pl. 14). Espèce très commune ; forme et coloration variables : blanche, fasciée, maculée ou pointillée de brun ; vit dans les champs, les jardins. Habite toute la France. (Plusieurs variétés ont été considérées comme des espèces : *H. lineata* (Oliv.) ; *H. maritima* (Drap.) ; *H. subma-*

ritima (Desm.); *H. neglecta* (Drap.); *H. virgata* (Mont.); *H. Lauta* (Lowe). Ces variétés vivent plus spécialement sur le littoral).

Helix vermiculata (Müll.), Hélice vermiculée (fig. 25, pl. 14). Espèce édule; coquille épaisse; coloration variable: brune à fascies blanches, ou blanche vermiculée de brun, ou d'une couleur isabelle uniforme; très commune; vit dans les champs, dans les vignes. Habite la France méridionale.

Helix villosa (Drap.), Hélice velue (fig. 26, pl. 14). Coquille mince, cornée, recouverte de poils courts et soyeux; coloration rousse; vit dans les bois, dans les contrées montagneuses. Habite l'Est de la France : Vosges, Jura, Ain, Doubs.

Helix zonata (Stud.), Hélice planospire. Coquille déprimée, ombiliquée; coloration jaune cornée, avec une fascie brune; rare. Habite les Alpes: Briançon, Digne, Grasse.

Genre Zonites (1) (*Montf.*), Zonite.

Les *Zonites* se distinguent des Hélices par leur coquille mince, déprimée, à péristome tranchant, non réfléchi :

Zonites algirus (Lin.), Hélice Peson (fig. 1, pl. 15). Coquille largement ombiliquée, blanche, recouverte d'un épiderme jaunâtre; commune dans les champs, dans les bois, sous les haies; vulgairement nommée *Bertel* ou *Peson*. Habite la France méditerranéenne, de Perpignan à Antibes.

(1) Quelques auteurs ont adopté pour ce genre le nom d'*Hyalinia* (Agas.).

Zonites alliarius (Mill.), Hélice alliacée. Petite coquille cornée, brillante ; coloration fauve ; rare. Habite le mont Pilat, près Lyon.

Zonites cellarius (Müll.), Hélice cellière (fig. 2, pl. 15). Coquille brillante, cornée, verdâtre en dessus, blanche en dessous ; vit dans les jardins humides, sous les haies. Habite la France septentrionale.

Zonites cristallinus (Müll.), Hélice cristalline. Petite espèce, aplatie, discoïde, fragile ; coloration blanchâtre ; vit dans les prés humides, sur le bord de l'eau. Habite toute la France.

(Le *Zonites hyalinus* (Fer.) et le *Z. diaphanus* (Rossm.) sont des variétés habitant les contrées montagneuses ; il en est probablement de même du *Z. hydatinus* (Rossm.), qui habite les environs de Lyon et de Montpellier.)

Zonites fulvus (Müll.), Zonite fauve (fig. 3-4, pl. 15). Petite espèce globuleuse, luisante, coloration fauve. Habite toute la France.

Zonites glaber (Stud.), Hélice glabre. Coquille très brillante, couleur de corne ; rare. Habite les Alpes, l'Ain.

Zonites lucidus (Drap.), Hélice lucide. Espèce très voisine du *Z. cellarius*, mais plus petite, de forme assez variable ; même coloration ; vit dans les lieux humides, près des habitations. Habite toute la France.

Zonites nitens (Mich.), Hélice brillante (fig. 5, pl. 15). Coquille cornée, transparente, blanchâtre ; vit dans les champs, au pied des murs. Habite toute la France, mais principalement le Nord.

Zonites nitidus (Müll.), Hélice luisante, coquille semi-globuleuse, d'un brun corné ; vit dans les lieux humides. Habite toute la France.

Zonites nitidulus (Drap.), Hélice nitidule, espèce voisine du *Z. glaber*, mais largement ombiliquée ; même coloration ; vit dans les bois, sous les feuilles mortes ; peu commune. Habite la Nièvre, le Puy-de-Dôme, la Vienne, la Gironde, le Lot-et-Garonne, les Pyrénées.

Zonites Olivetorum (Gmel.), Hélice des Oliviers (fig. 6, pl. 15). C'est la plus grosse espèce de France, après le *Z. algirus* ; coquille brillante, cornée ; coloration rousse. Habite le Midi de la France, surtout la région pyrénéenne (le *Zonites incertus* (Drap.) est une variété plus globuleuse).

Zonites purus (Ald.), *Z. nitidosus* (Fer.), Zonite brillant. Petite espèce translucide, voisine du *Z. radiatulus*, de couleur fauve cornée ; vit dans la mousse, au pied des arbres ; peu commune. Habite le Nord et le Centre de la France : Nord, Oise, Aube, Vosges, Normandie, Bretagne, Auvergne.

Zonites radiatulus (Ald.), *Z. striatulus* (Gray), Zonite radié (fig. 8, pl. 15). Petite espèce voisine du *Z. purus*, mais plus déprimée ; coloration rousse ; peu commune. Habite une partie de la France : Vosges, Aube, Oise, Nièvre, Allier, Gers, Hérault, Rhône.

Genre Vitrina *(Drap.)*, Vitrine.

Les *Vitrines* sont caractérisées par des coquilles très minces, pellucides, déprimées, imperforées, à dernier tour très grand. L'animal est allongé, limaciforme, trop gros pour pouvoir se retirer complètement dans sa coquille.

Les Vitrines vivent dans les endroits humides, sous les feuilles, au pied des murs. Par leur coquille insuffisante pour les recouvrir en totalité, elles établissent une transition entre les Hélices et les Limaces.

Les Vitrines pondent de septembre en novembre; leurs œufs, qui sont globuleux et hyalins, sont réunis en petits paquets de 8 à 15 par une couche de matière albumineuse qui les fixe sous les pierres ou dans les détritus de plantes.

Les espèces de France sont peu nombreuses:

Vitrina annularis (Stud.), *V. subglobosa* (Mich.), Vitrine annulaire. Coquille globuleuse; espèce peu commune. Habite le Nord, l'Est et le Sud-Ouest de la France : Nord, Rhône, Hautes-Alpes, Allier, Lot-et-Garonne, Gironde.

Vitrina diaphana (Drap.), Vitrine diaphane. Coquille un peu déprimée, à dernier tour très développé, espèce rare. Habite le Sud-Ouest : Vienne, Gironde.

Vitrina elongata (Drap.), Vitrine allongée. Coquille à ouverture très dilatée; coloration d'un blanc laiteux, peu commune. Habite les coteaux boisés : Vosges, Cévennes, Pyrénées; se trouve aussi dans les départements de l'Allier, de la Gironde et du Lot-et-Garonne.

Vitrina pellucida (Drap.), *V. major* (Pfeif.), Vitrine transparente (fig. 7-7 *bis*, pl. 15). C'est la plus grosse espèce; vit sous les pierres, les feuilles mortes; commune. Habite toute la France, principalement la région méridionale.

Vitrina Pyrenaica (Fer.), Vitrine des Pyrénées. Coquille déprimée; espèce très rare; ne se trouve que dans la vallée d'Ossau, près le pic du Midi (Hautes-Pyrénées).

Genre Succinea (*Drap.*), **Succinée.**

Les *Succinées* ont des coquilles minces, ovales ou oblongues, à ouverture très grande et d'une coloration d'ambre qui leur a fait donner le nom vulgaire d'*Ambrettes*. L'animal est grand, à tentacules courts et gros, à pied large. Elles sont herbivores et habitent les prairies, les bords des ruisseaux, des étangs, sur les joncs et sur les feuilles de *Nuphar* et de *Sparganium*. Elles ne sont pas amphibies, comme on l'a prétendu, mais elles se plaisent sur les plantes au milieu des eaux et descendent de plus en plus bas selon la chaleur du jour. Elles pondent en été 50 à 70 œufs, globuleux et jaunâtres, agglomérés par une matière gélatineuse qui les fixe à la base des plantes.

On trouve en France les espèces suivantes :

Succinea arenaria (Bouch.), Succinée des sables. Coquille ovale, assez épaisse, striée longitudinalement ; coloration de corne foncée ; vit dans les dunes et dans le voisinage du littoral. « L'animal recouvre constamment sa coquille d'une humeur visqueuse ; en hiver, il s'enfonce dans le sable et forme un épiphragme vitreux assez solide. » (Bouchard.) Habite les dunes de Camier (Pas-de-Calais), le littoral de Bretagne, de Gascogne et de Provence ; on l'a trouvée aussi à Remiremont et à Barèges.

Succinea elegans (Risso), Succinée élégante. Coquille allongée, finement striée ; coloration fauve rougeâtre. Habite les côtes méditerranéennes, la Provence : Grasse, Nice.

(La *Succinea longiscata* (Dup.) est une variété qu'on retrouve dans plusieurs parties de la France.)

Succinea oblonga (Drap.), *S. elongata* (Fer.); Succinée oblongue. Coquille allongée, oblongue; coloration jaune verdâtre. Habite toute la France.

(La *Succinea humilis* (Drouet) est une variété habitant les Vosges, l'Aube.)

Succinea Pfeifferi (Rossm.), Succinée de Pfeiffer (fig. 9, pl. 15). Espèce de forme très variable; commune. Habite toute la France. (La *Succinea Ochracea* (de Betta) est une variété d'une coloration rougeâtre.)

Succinea putris (Lin.); *S. amphibia* (Drap.). Succinée amphibie (fig. 10, pl. 14); c'est la plus grande espèce de France; l'animal a 50 rangées de 65 dents chacune! Très commune. Habite toute la France.

On trouve aussi, mais plus rarement, la *S. debilis* (Mor.), la *S. Baudoni* (Drouet), la *S. acrambleia* (Mabille), la *S. Charpentieri* (Dumont et M.), et la *S. parvula* (Baudon).

Genre Bulimus (*Scop.*), Bulime.

Les *Bulimes* sont des Gastéropodes semblables aux Hélices, dont ils ont le même mode d'existence; mais ils diffèrent par leurs coquilles qui sont oblongues ou turriculées. Ils sont herbivores et se nourrissent de matières fraîches ou putrides. Certaines espèces exotiques atteignent de grandes dimensions. « Le *Bulimus ovatus*, du Brésil, arrive à une longueur de 15 centimètres; on le vend sur le marché de Rio; les jeunes ont 25 millimètres au moment de leur naissance. » (Woodward.) Les grands Bulimes de la Nouvelle-Calédonie sont remarquables par leur ouverture auriforme. Les œufs des grandes espèces de l'Amérique du Sud ont une coque calcaire qui atteint plus d'un pouce de longueur; ces œufs ressemblent à ceux de nos Tourterelles. Heureusement pour nos cultures, la France ne nourrit pas d'aussi grands Bulimes; nos espèces sont plus petites et peu nombreuses :

Bulimus acutus (Müll.), Bulime aigu (fig. 15, pl. 15). Espèce très commune et de coloration variable : quelquefois grise uniforme, quelquefois avec une ou plusieurs fascies brunes, ou élégamment pointillée de noir, ou flammée de brun ; vit sur le bord des fossés, sur les murailles, sur les dunes. Habite toute la France maritime.

Bulimus decollatus (Lin.) ; *B. truncatus* (Ziegl.), Bulime tronqué (fig. 11, pl. 15). Espèce facile à reconnaître à sa coquille tronquée au sommet. Lorsque ce Bulime est jeune (fig. 12, pl. 15), le sommet de la spire est entier ; mais l'animal adulte abandonne peu à peu ce sommet, dont les tours cessent d'être vivants, se cassent et laissent la coquille tronquée ou décollée. Ces Mollusques pondent sous terre des œufs ronds et calcaires; ils vivent dans les vignes, au pied des haies, espèce commune. Habite toute la France méridionale.

Bulimus detritus (Müll.); *B. radiatus* (Drap.), Bulime radié (fig. 13, pl. 15). Coquille oblongue, épaisse, lisse, assez variable : blanche grisâtre, quelquefois ornée de flammules brunes ou jaunes ; espèce commune ; vit dans les gazons, sur les collines. Habite toute la France montagneuse.

Bulimus montanus (Drap.), Bulime montagnard (fig. 14, pl. 15). Coquille ovale, transparente, cornée, brune. Vit dans les bois, sur l'écorce des arbres et sous les feuilles mortes; peu commune. Habite le Nord-Est et l'Est de la France, dans les régions montagneuses : Vosges, Hautes-Alpes, Jura, Ain, Isère.

Bulimus obscurus (Müll.), Bulime obscur (fig. 16, pl. 15). Coquille mince, striée, translucide, d'un brun corné ; vit au bord des haies, sous les pierres, dans les mousses ; commune. Habite toute la France.

Bulimus ventricosus (Drap.) ; *B. ventrosus* (Fer.), Bulime ventru (fig. 17, pl. 15). Espèce très voisine du *B. acutus*, mais à spire plus courte et plus renflée, de coloration variable : grise, fasciée ou maculée de brun ; vit dans les herbes, sur les côtes. Habite toute la France méditerranéenne.

Genre Zua (*Leach*), Ferussacia (*Risso*), Zue.

Ces Mollusques ont beaucoup de rapport avec les Bulimes, mais leurs coquilles sont petites, luisantes et à columelle légèrement tronquée :

Zua folliculus (Lam.), Zue follicule (fig. 18, pl. 15). Petite coquille brillante, d'une coloration de corne blonde ; vit sous les pierres, dans les lieux arides et montagneux. Habite la France méditerranéenne ; commune sur la montagne de Cette.

Zua lubrica (Drap.) ; *Z. subcylindrica* (Lin.), Zue brillante (fig. 19, pl. 15). Cette espèce diffère de la précédente par sa taille plus petite, sa coquille plus épaisse, à tours de spire plus nombreux, à péristome épaissi intérieurement ; même coloration ; commune ; vit sur l'herbe humide, au bord des cours d'eau. Habite toute la France. [La *Zua Boissii* (Dup.) est une variété rare, habitant les Pyrénées-Orientales ; on trouve aussi très rarement dans la Provence la *Z. Hohenwarthi* (Rossm.).]

Genre Azeca (*Leach*). Azéca.

Ce genre est très voisin du précédent pour la forme des coquilles, également lisses, mais qui diffèrent par leur péristome épaissi et denté ; une seule espèce se trouve en France :

Azeca tridens (Leach); *Bulimus Menkeanus* (Pfeif.); *Pupa Goodalii* (Fer.), Azéca tridentée (fig. 20, pl. 15). Petite coquille brune, brillante, dont les trois dents de la columelle donnent à l'ouverture une forme triangulaire ; vit dans les bois humides ; rare. Habite le Nord-Est, le Centre et le Sud-Ouest de la France : Verdun, Clermont-Ferrand, Auch, Agen, etc... [L'*Azeca Nouletiana* (Dup.) est une variété habitant la France pyrénéenne; ainsi l'*A. Mabilliana* (Fagot), qui vit à Lourdes (Hautes-Pyrénées).]

Genre Cæcilianella (*Bourg*), Cécilianelle.

Les coquilles de ce genre sont très minces, effilées ; l'animal manque d'appareil visuel (Férussac).

Les *Cécilianelles* sont de charmantes petites coquilles vivant sous les feuilles, dans les herbes, sous les pierres, au bord des ruisseaux et des rivières ; une espèce est commune en France :

Cæcilianella acicula (Bourg); *Achatina acicula* (Lam.), Cæcilianelle aiguillette (fig. 21, pl. 15). Petite coquille à sommet aigu, mince, grise, difficile à recueillir vivante, mais qu'on trouve toujours dans les alluvions. Habite toute la France.

(Les *Cæcilianella enhalia* (Bourg), *Liesvillei* (Bourg), *uniplicata* (Bourg), *eburnea* (Risso), sont des variétés de la *C. acicula*.)

Genre Pupa (*Lin.*), Maillot.

Ce genre comprend des Mollusques à coquille cylindrique et courte, ce qui leur a fait donner le nom vulgaire de *Maillot*. La coquille est sénestre dans quelques
espèces. L'ouverture est arrondie, plissée ou dentée ; les
bords sont réunis le plus souvent par une lame calleuse.
L'animal a les tentacules inférieurs courts, le pied court
et pointu en arrière.

Ce genre, comprenant de très nombreuses espèces,
a été subdivisé en plusieurs genres plus ou moins naturels : *Chondrus* (Cuvier), comprenant les grandes espèces ; *Vertigo* (Müll.), pour les plus petites espèces ; *Ver-
tilla* (Moq. T.) ; *Torquilla* (Stud.) ; *Pupilla* (Leach) ;
Gibbulina (Beck). Nous réunissons ici toutes ces sections
sous le nom général de *Pupa*.

Les *Maillots* vivent sur les murs, sous les pierres et
les feuilles mortes, sous les mousses, sous l'écorce des
arbres. Les espèces françaises sont très nombreuses ; nous
indiquons ici les principales :

Pupa affinis (Rossm.), Maillot Clausiloïde. Coquille
cylindracée, très allongée, lisse, d'une coloration brune ;
ouverture ovale, plissée, à péristome blanc. Habite le
Midi : Prats de Mollo (Pyrénées-Orientales), Grasse
(Alpes-Maritimes).

Pupa antivertigo (Drap.), Maillot antivertigo (fig. 37-
38, pl. 15). Coquille ovale, cylindracée, obtuse, lisse et
luisante, longueur 2 millimètres. Coloration brune. Habite toute la France, mais rare partout.

Pupa avena (Drap.) ; *P. avenacea* (Brug.), Maillot
avoine. Coquille conique, obtuse, striée finement, avec

sept plis à l'ouverture, à péristome évasé, longue de 5 à 6 millimètres, d'une coloration noirâtre. Habite presque toute la France, principalement les régions montagneuses. (Le *P. hordeum* (Stud.) est une variété.)

. *Pupa biplicata* (Mich.), Maillot à deux plis. Petite espèce, à coquille cylindrique, à spire obtuse, d'un blanc grisâtre. L'ouverture est ovale, subtriangulaire, plus haute que large. Le péristome est épais et évasé, avec deux dents à l'intérieur de l'ouverture. Sa longueur est de 4 à 5 millimètres ; rare. Habite les Hautes-Alpes, le Rhône, les Alpes-Maritimes.

Pupa Boileauxiana (Charp.), Maillot de Boileaux. Coquille conique, obtuse, voisine par la forme du *P. avena;* péristome blanc; coloration rousse, longueur 6 à 8 millimètres. Habite les Hautes-Pyrénées et les Pyrénées-Orientales.

Pupa Braunii (Rossm.), Maillot de Braun (fig. 24-25, pl. 15). Coquille conique, d'une coloration grisâtre, à ouverture triangulaire, à péristome blanc et épaissi ; rare. Habite les Hautes-Pyrénées, à Saint-Sauveur.

Pupa cinerea (Drap.); *P. similis* (Brug.), Maillot cendré ; Coquille cylindrique, à spire assez aiguë, finement striée obliquement, à péristome évasé, à ouverture garnie de cinq dents ; coloration grise cendrée ; espèce méridionale vivant sur les pierres exposées à l'ardeur du soleil. Commune dans le Midi et remonte à l'Est de la France.

Pupa doliolum (Drap.), Maillot barillet (fig. 26, pl. 15). Petite espèce cylindrique, à tours nombreux et étroits, striés obliquement; péristome blanc, évasé ; coloration rousse; longueur 5 à 6 millimètres. Habite une grande partie de la France, surtout le Nord.

Pupa dolium (Drap.), Maillot baril. Espèce voisine de la précédente pour la forme, mais plus grosse, plus ventrue, d'une coloration cornée, à péristome blanc et réfléchi, avec une dent à l'ouverture. Longueur, 8 à 9 millimètres. Habite l'Est de la France : Vosges, Jura, Hautes-Alpes.

Pupa Dufourii (Fér.); *P. cylindrica* (Mich.), Maillot de Dufour. Coquille allongée, cylindrique, formée de 13 à 14 tours, à spire très obtuse au sommet ; le dernier tour est percé à la base d'un ombilic étroit et profond ; les tours sont peu convexes et couverts de stries fines et longitudinales. Ouverture ovalaire, blanche, plus haute que large et resserrée latéralement, fermée par 8 ou 9 plis ; coloration d'un brun corné clair ; longueur 9 millimètres. Habite les Pyrénées-Orientales.

Pupa edentula (Drap.), Maillot édenté. Très petite espèce à coquille courte, obtuse, luisante, d'une coloration brune, ouverture sans dents ; longueur, 2 millimètres. Habite une grande partie de la France ; assez rare partout.

Pupa Farinesii (Desm.), Maillot de Farines (fig. 27-28, pl. 15). Coquille cylindrique, allongée, à ouverture ovale ; coloration brune. Longueur, 5 à 6 millimètres. Habite les Pyrénées-Orientales et l'Isère, aux environs de Grenoble.

Pupa frumentum (Drap.), Maillot froment. Coquille cylindrique, obtuse, finement striée, d'une coloration rousse ; ouverture garnie de 8 dents, péristome blanc et réfléchi. Longueur, 7 à 8 millimètres ; vit sur les rochers, dans les mousses. Habite le Nord-Est de la France.

Pupa granum (Drap.), Maillot grain. Coquille cylindrique, assez allongée, couverte de stries longitudinales très fines ; ouverture garnie de 4 dents ; péristome blanc et réfléchi, coloration rousse ferrugineuse ; longueur, 4 à 5 millimètres. Vit dans les mousses, sous les haies. Habite la France méridionale.

Pupa inornata (Mich.), Maillot sans plis. Espèce voisine du *P. edentula*, mais plus allongée et plus cylindrique ; coquille fauve, transparente et ombiliquée ; ouverture sans dents ; spire formée de 8 tours très marqués ; longueur, 4 à 5 millimètres ; espèce rare. Habite les Vosges, le Jura, le Rhône, l'Allier.

Pupa megacheilos (Jan.), Pupa mégacheilos. Coquille conique, à sommet de la spire pointu, striée transversalement, à péristome blanc et réfléchi, à ouverture garnie de dents nombreuses et très serrées ; coloration brune noirâtre ; longueur, 6 à 7 millimètres. Espèce extrêmement variable. Habite la chaîne des Pyrénées et la Provence. (Le *P. Bigoriensis* (Charp.), des Hautes-Pyrénées, le *P. cereana* (Mühlf.), de l'Ariège, et le *P. goniostoma* (Kust.), des Pyrénées-Orientales, ne sont que des variétés.)

Pupa Michelii (Terver), Maillot de Michel. Coquille conique, obtuse, à tours nombreux, voisine du *P. Braunii*; coloration brune rougeâtre ; longueur, 4 millimètres ; espèce rare. Habite le Var : fort Faron.

Pupa minutissima (Hartm.); *Vertigo muscorum* (Moq.), Maillot menu. Coquille très petite, cylindrique, obtuse, formée de 6 à 7 tours ; ouverture presque ovale, garnie d'un ou deux plis ; péristome blanc et un peu réfléchi ; fente ombilicale oblique ; coloration rousse ; longueur, 2 millimètres ; vit sous les feuilles de plantain, dans les bois, sous les feuilles sèches. C'est la plus petite espèce de France. Habite toute la France.

Pupa Moulinsiana (Dup.), Maillot de Desmoulins. Coquille très petite, obtuse, de coloration brune ; longueur, 2 millimètres ; vit sous les feuilles mortes, sous les pierres. Habite plusieurs parties de la France : Oise, Gironde, Haute-Garonne, Rhône, etc.

Pupa muscorum (Lin.) ; *P. marginata* (Drap.), Maillot des mousses (fig. 29-30, pl. 15). Coquille renflée, obtuse, lisse, à ouverture garnie d'un bourrelet blanc, avec une petite dent ou lame très visible ; coloration rousse ; longueur, 3 à 4 millimètres ; espèce commune. Habite toute la France. (Le *P. bigranata* (Rossm.) est une variété plus petite que le type ; habite l'Aveyron.)

Pupa pagodula (Desm.), Maillot pagodule. Espèce voisine de la précédente, mais plus grosse, plus obtuse. La coquille a une forme ovale, globuleuse, formée de 8 tours striés longitudinalement ; l'ouverture est semi-lunaire ; le péristome est blanc, épaissi, simple et sans dents ; coloration d'un brun corné ; longueur, 2 millimètres et demi. Habite la Dordogne, le Puy-de-Dôme, le Var.

Pupa Partioti (Moq.-T.)., Maillot de Partiot (fig. 31, pl. 15). Coquille cylindrique, allongée, à péristome blanc et réfléchi ; coloration rousse ; longueur, 5 à 6 millimètres. Habite les Hautes-Pyrénées : Gavarnie, Luz, Saint-Sauveur.

Pupa polyodon (Drap.), Maillot polyodonte (fig. 35-36, pl. 15). Coquille cylindrique, ventrue, striée, à ouverture étroite et garnie de dents nombreuses (de 15 à 18) ; péristome blanc et réfléchi ; longueur, 8 à 9 millimètres ; coloration rousse cornée ; vit sur les rochers, dans les mousses. Habite toute la France méditerranéenne.

Pupa pusilla (Müll.), Maillot pusille (fig. 39-40, pl. 15). Coquille très petite, sénestre, lisse et luisante, composée de 4 à 5 tours ; péristome réfléchi ; ouverture garnie de 7 dents ; coloration brune ; longueur, 1 millimètre et demi ; vit dans les lieux frais et humides, sous les pierres et les mousses. Habite une grande partie de la France ; assez rare partout.

Pupa pygmæa (Drap.), Maillot pygmée. Coquille très petite, ovale, cylindrique, obtuse au sommet, lisse et luisante ; ouverture presque ronde, garnie de quatre dents ; péristome réfléchi ; spire composée de 5 tours ; coloration d'un brun foncé ; longueur, 2 millimètres ; vit sous la mousse, au bord des eaux ; très commune. Habite toute la France.

Pupa Pyrenæaria (Mich.), Maillot des Pyrénées (fig. 32, 33, 34, pl. 15). Coquille cylindrique, diaphane, allongée, obtuse au sommet, composée de 9 tours convexes, régulièrement striés ; ouverture ovale, garnie de 6 plis presque égaux ; péristome blanc et épais ; coloration cornée ; longueur, 7 à 8 millimètres. Habite toute la chaîne des Pyrénées.

Pupa quatridens (Drap.), Maillot à 4 dents. Espèce facile à reconnaître aux 4 dents de l'ouverture ; coquille de grosseur variable, sénestre, cylindrique, obtuse, diaphane, à péristome blanc et réfléchi ; coloration d'un jaune corné ; longueur, 6 à 8 millimètres. Habite toute la France montagneuse, principalement le Midi. (Le *P. Niso* (Risso) et *P. lunatica* (Rossm.) sont des variétés de cette espèce.)

Pupa ringens (Mich.), Maillot grimace. Coquille cylindrique, un peu ventrue, à sommet obtus, composée de

8 tours convexes, obliquement striés ; ouverture subquadrangulaire ; péristome épais et réfléchi, garni dans son pourtour de 8 dents inégales ; coloration cendrée ; longueur, 7 à 8 millimètres. Habite les Hautes-Pyrénées.

Pupa secale (Drap.), Maillot seigle. Coquille cylindrique, obtuse, finement striée, composée de 9 tours ; ouverture garnie de 7 ou 8 dents ; péristome blanc et réfléchi ; coloration brune ; longueur, 6 à 7 millimètres : espèce commune. Habite toute la France.

Pupa tridens (Müll.), Maillot à 3 dents (fig. 41, pl. 15). Coquille oblongue, conique, ventrue, ouverture garnie de 3 dents (il existe une variété à 2 dents) ; péristome réfléchi ; coloration rousse cornée ; longueur, 11 à 12 millimètres. C'est la plus grosse espèce française de ce genre. Habite une grande partie de la France.

Pupa triplicata (Stud.) ; *P. tridentalis* (Mich.), Maillot à 3 plis (fig. 22-23, pl. 15). Coquille petite, obtuse, obliquement striée, composée de 7 tours, à spire pointue ; ouverture arrondie ; péristome épais et réfléchi ; coloration fauve ; longueur, 2 à 3 millimètres ; espèce voisine du *P. marginata* dont elle diffère par les 3 petites dents placées à l'intérieur de l'ouverture. Habite les montagnes de l'Est, du Centre et du Midi de la France : Lyon, le Puy, la Grande-Chartreuse, les Pyrénées.

Pupa umbilicata (Drap.) ; *P. cylindracea* (Moq.), Maillot ombiliqué. Coquille petite, obtuse, diaphane, largement ombiliquée ; ouverture garnie d'une seule dent ; péristome blanc et réfléchi ; coloration brune ; longueur, 3 à 4 millimètres ; espèce commune. Habite toute la France.

Pupa variabilis (Drap.) ; *P. multidentata* (Oliv.), Maillot variable. Coquille cylindrique, obtuse, de grosseur variable ; ouverture garnie de 5 ou 6 dents ; péristome blanc et réfléchi ; coloration rousse ; longueur, 6 à 7 millimètres. Habite la France montagneuse : Jura, Hautes-Alpes, Rhône, Isère, Hérault, Alpes-Maritimes, Pyrénées.

Pupa Venetzii (Charp.) ; *Pupa nana* (Mich.), Maillot de Vénetz. Coquille petite, sénestre, subglobuleuse, ventrue, mince, transparente, atténuée à ses extrémités ; ouverture semi-lunaire, garnie de deux plis ; péristome blanc et réfléchi ; coloration d'un brun corné ; longueur, 2 millimètres. Habite le Nord, l'Est et le Sud de la France : Oise, Aube, Rhône, Hérault, Alpes-Maritimes, etc.

On trouve encore, mais rarement, le *P. Baillensis* (Dup.) aux environs de Bayonne ; le *P. dilucida* (Ziegl.) à Bagnères-de-Bigorre, etc.

Genre Balea (*Prideaux*), Baléa.

Les coquilles de ce genre sont grêles, sénestres, fusiformes, à tours nombreux ; l'animal est semblable aux Hélices. Une seule espèce vit en France :

Balea perversa (Lin.) ; *Pupa fragilis* (Drap.), Baléa fragile. Cette petite espèce (fig. 42, pl. 15) a une coquille sénestre, mince, cornée, brune. Elle vit sur les vieux murs et sous l'écorce des gros arbres. Elle habite toute la France.

Genre Clausilia (*Drap.*), Clausilie.

Les *Clausilies* ont des coquilles fusiformes, sénestres, à ouverture contractée par des lamelles et fermée par une plaque calcaire mobile qui fut découverte par Daubenton et appelée : *opercule à ressort*. On la désigne aujourd'hui sous le nom de *Clausilium*. C'est une lamelle courbée, composée d'un pédicule mince, élastique, et d'une lame en forme de cuiller. Quand l'animal est renfermé dans sa coquille, la lame ferme le dernier tour de spire dont elle a à peu près la forme ; si le Mollusque veut sortir, il repousse la lame, qui, grâce à l'élasticité de son pédicule, va se placer entre deux plis de l'axe columellaire. L'élasticité du pédicule fait revenir la lame à sa position normale dès que l'animal est rentré. « Pour pouvoir examiner le *Clausilium* (fig. 21), il faut le mettre au jour avec la pointe d'une petite lime demi-ronde, en faisant une ouverture dans la coquille, au-dessous et à gauche de l'ouverture ; on découvre

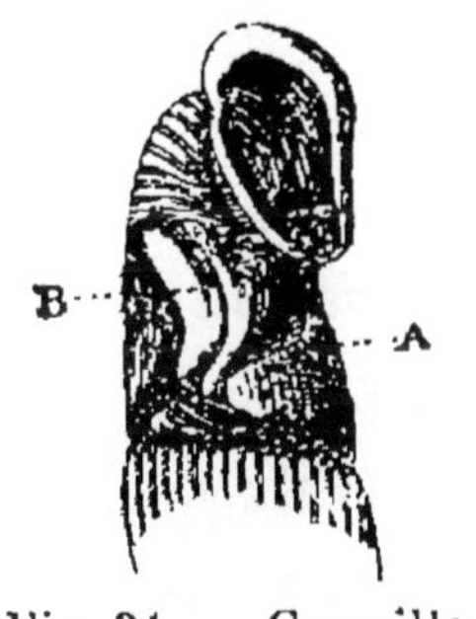

Fig. 21. — Coquille de Clausilie ouverte. A, axe columellaire ; B, clausilium.

alors cet osselet mouvant. En faisant tremper la coquille quelques heures dans l'eau, on pourra se rendre compte du fait, avec la pointe d'une aiguille, en faisant jouer le Clausilium, comme le fait le Mollusque. » (Cailliaud.) Cette curieuse organisation n'a été observée que dans le genre *Clausilia*.

Les Clausilies vivent sur les vieux murs, sur les arbres couverts de mousse, sous les pierres. Elles pondent d'août en septembre 15 à 20 œufs, un peu ovoïdes et blanchâtres, qu'elles déposent sous les feuilles mortes ou sous les pierres. Les espèces françaises sont assez nombreuses ; c'est un des genres les plus difficiles à étudier, tant les espèces sont voisines. Nous indiquons ici les principales :

Clausilia bidens (Drap.); *C. laminata* (Turt.), Clausilie lisse (fig. 1, pl. 16). Coquille fusiforme, ventrue, brune, brillante; vit sous les haies, sur le tronc des arbres; l'animal a 125 rangées de 50 dents chacune; espèce commune. Habite presque toute la France.

Clausilia biplicata (Mont.), Clausilie à deux plis (fig. 2, p. 17). Espèce voisine de la précédente; coloration brune claire. Habite le Nord de la France.

Clausilia dubia (Drap.), Clausilie douteuse (fig. 3, pl. 16). Coquille fusiforme, finement striée, brune; vit dans les contrées montagneuses, sur le tronc des sapins. Habite les Vosges, le Jura, les Alpes. La *C. abietina* (Dup.) est une variété habitant la vallée de Cauterets.

Clausilia lineolata (Held.); *C. Basileensis* (Fitz.), Clausilie linéolée. Coquille ventrue, striée, ponctuée de petites taches grises peu visibles. Habite l'Est de la France.

Clausilia nigricans (Jeff.), Clausilie noirâtre (fig. 4, pl. 16). Coquille petite, allongée, d'un brun noirâtre, espèce très variable. Habite toute la France, surtout le Nord et le Centre.

Les *C. cruciata* (Stud.) et *C. gracilis* (Pfeif.), des Vosges et du Jura, et la *C. obtusa* (Pfeif.), qui habite presque toute la France, ne sont probablement que des variétés de la *C. nigricans*.

Clausilia papillaris (Drap.); *C. bidens* (Lin.), Clausilie papilleuse (fig. 5, pl. 16). Coquille transparente, cornée; suture des tours de spire crénelée par de petits points blancs. Habite toute la France méditerranéenne.

Clausilia parvula (Stud.), Clausilie naine. Coquille petite, variable, brune, transparente, finement striée. Habite toute la France.

Clausilia Pauli (Mabille), Clausilie de Paul (fig. 6-7, pl. 16). Coquille très allongée, striée, à spire aiguë, *étranglée* au-dessous de l'ouverture comme dans le genre exotique *Cylindrella*. Espèce rare; habite les Basses-Pyrénées, sur la frontière d'Espagne ; vit dans les bois de Cambo et d'Espelette, sur le tronc des aubépines (Lieut. Wattebled).

Clausilia plicata (Drap.), Clausilie plissée (fig. 8-9, pl. 16). Coquille un peu ventrue, fortement striée, brune quelquefois ponctuée de blanc ; vit sur la mousse des rochers. Habite les Vosges, le Jura.

Clausilia plicatula (Drap.), Clausilie plicatule. Coquille allongée, striée irrégulièrement, brune. Habite une grande partie de la France.

Clausilia punctata (Mich), Clausilie ponctuée. Coquille ventrue, à sutures parsemées de petits tubercules allongés; coloration brune cornée. Habite le Dauphiné, la Provence.

Clausilia Rolphii (Leach), Clausilie de Rolph. Coquille ventrue, solide, brune rougeâtre, avec des stries régulières et serrées ; vit dans les bois humides et montueux. Habite presque toute la France.

Clausilia rugosa (Drap.), Clausilie rugueuse. Coquille allongée, fortement striée, brune. Habite la France méridionale.

Clausilia solida (Drap.), Clausilie épaisse (fig. 10, pl. 16). Coquille fusiforme, solide. Habite quelques parties de la France : le Pas-de-Calais, le Dauphiné, la Provence, etc.

Clausilia ventricosa (Drap.), Clausilie ventrue (fig. 11, pl. 16). Coquille ventrue, fortement striée, brune. Habite toute la France, principalement le Nord et l'Est.

Clausilia virgata (Jan.), Clausilie mouchetée. Coquille un peu ventrue, striée, grise, voisine de la *C. papillaris ;* vit sur le littoral. Habite la France méditerranéenne.

FAMILLE DES LIMACIDÉS OU LIMACIENS.

(Coquille petite ou rudimentaire, interne ou en partie cachée par le manteau et placée au-dessus de la cavité respiratoire. — Animal allongé ; corps non distinct du pied. — Tête surmontée de quatre tentacules cylindriques et rétractiles. — Manteau petit, en forme de bouclier.)

Genre Limax (*Lin.*). Limace.

Les *Limaces* sont connues depuis la plus haute antiquité ; les Grecs et les Romains les désignaient par plusieurs dénominations. Élien raconte que les Limaces sont une espèce de Limaçon ordinaire qui sort de sa coquille pour aller paître, la laissant bien en vue, afin de tromper les oiseaux de proie habitués à se jeter sur eux lorsqu'ils sont en marche ; l'oiseau se précipite sur cette coquille vide et s'envole honteux de sa méprise; alors la Limace, après avoir bien mangé, rentre dans sa maison. L'antiquité nous a transmis de nombreuses fables de ce genre : Pline et Gallien ont énuméré les innombrables vertus souveraines attribuées à ces Mollusques. Les empiriques donnaient les Limaces et même leurs rudiments calcaires comme remèdes des plus efficaces.

Les Limaces sont des Gastéropodes nus, charnus, contractiles, couverts d'une peau plus ou moins coriace, unie, sillonnée ou tuberculeuse selon les espèces. Elles sont munies antérieurement d'une cuirasse ou bouclier coriace. Lorsque l'animal se contracte, la tête et les autres parties du corps se retirent incomplètement sous l'écusson, qui contient une petite coquille rudimentaire nommée *Limacelle* (fig. 22).

« Les Limaces s'allongent et se traînent avec lenteur ;

Fig. 22.
Limacelle.

leur tête est garnie de quatre tentacules inégaux, qui paraissent leur servir à palper les corps et qu'elles font sortir ou rentrer à volonté, de la même manière qu'on développe les doigts d'un gant. » (Lamarck.) Le corps de ces animaux exprime, à la moindre contraction, une humeur gélatineuse qui sert à les faire adhérer aux surfaces sur lesquelles ils rampent. Cette bave, qu'on nomme *mucus*, devenant friable et brillante en séchant, indique la trace qu'ils ont suivie : « La poussière, le sable, les brins de paille et tous les corps qui sont accidentellement agglutinés par les Limaces deviennent un irritant qui augmente la sécrétion visqueuse, les épuise promptement et les fait mourir. L'exposition prolongée au soleil produit le même effet. » (Docteur Chenu.) Les Limaces rampent sur un disque ou *sole* qui s'étend sur toute la longueur du corps. « Ce sont des animaux seminocturnes qui ne sortent ordinairement de leur retraite, le plus souvent établie dans un lieu environné de substances propres à leur nourriture, que lorsque le soleil est sur son déclin ou que ses rayons sont interceptés par un temps nuageux ou pluvieux ; on les voit alors ramper aux environs de leur demeure, dont ils ne s'éloignent que rarement et où ils retournent aussitôt que les rayons solaires commencent à les incommoder. » (Bouchard.)

Les Limaces sont communes dans tous les pays, mais particulièrement dans les régions tempérées ; on les dé-

signe en France par les noms vulgaires de *Loche, Li-
coche*, etc. Elles se plaisent dans les prés, dans les bois,
sous les pierres, dans les caves et les celliers et en général dans tous les endroits humides. Elles se nourrissent
de matières végétales et animales en décomposition ;
elles commettent d'effrayants ravages dans les cultures
en dévorant les plants de salade, les fraises, etc., et font
le désespoir des jardiniers qui, pour protéger leurs
plantations, y répandent des cendres, de la poudre de
chaux, du sable fin, de la paille hachée ou des coquilles
d'huîtres pulvérisées; ces corps tuent les Limaces en épui
sant leur sécrétion visqueuse.

Les Limaces, comme les Hélices, pondent dans un trou
qu'elles ont creusé dans la terre ; la ponte terminée, l'a-
nimal se retire et remplit de terre le trou qu'occupait
son corps. Leurs œufs, qui sont translucides, ordinairement ovales, quelquefois globuleux, sont ou isolés, ou
réunis en chapelets. Les espèces françaises sont assez
nombreuses; nous donnons la liste des plus connues :

Limax agrestis (Lin.), Limace agreste, vulgairement
Loche grise. Animal de coloration excessivement variable : du cendré au jaune cannelle; à limacelle oblique,
rhomboïdale ; pond d'avril en novembre de 200 à 350
œufs ; vit dans les champs, les jardins potagers. Habite
toute la France.

Limax Alpinus (Fer.), Limace des Alpes (fig. 12, pl. 16).
Espèce peu commune ; vit dans les bois, sous l'écorce
des sapins pourris. Habite les Alpes; la Grande-Chartreuse.

Limax arborum (Bouch.), Limace des arbres. Animal
de couleur bleue glauque, quelquefois verdâtre, marqué

de petites taches irrégulières, à limacelle ovalaire, épaisse, très blanche, nacrée et un peu bombée en dessus ; vit sur les arbres (chênes, hêtres, pommiers), de préférence sur ceux qui sont vieux et couverts de mousse. Habite quelques parties de la France : Pas-de-Calais, Ille-et-Vilaine, Morbihan, Nièvre, Hérault.

Limax brunneus (Fer.), Limace brune. Espèce petite, effilée, brune, à limacelle très petite, mince et fragile ; vit sous les bois morts, au bord des ruisseaux. Habite le Pas-de-Calais, l'Aube, la Savoie, la Nièvre, la Vienne, l'Hérault.

Limax cinereo-niger (Sturm.), Limace noire-cendrée. Espèce très grande, très vorace, grisâtre ou noire à carène blanche, à limacelle grande, oblongue ; vit dans les forêts, les bois, les montagnes. Habite une grande partie de la France septentrionale et centrale : Valenciennes, Bar-sur-Seine, Remiremont, Clermont-Ferrand, Saint-Saulge (Nièvre), Bonneville (Savoie).

Limax gagates (Drap.), Limace jayet (fig. 13, pl. 16). Espèce allongée, d'un brun verdâtre, à limacelle oblongue et concave ; vit dans les jardins, les fossés. Habite une grande partie de la France.

Limax marginatus (Drap.), Limace marginée. Espèce assez grande, brune, pointillée de noir, à limacelle unguiculée ; vit dans les bois, sous les feuilles mortes. Habite toute la France montagneuse.

Limax maximus (Lin.); *L. cinereus* (Drap.), Limace grise, c'est la plus grande espèce de France ; elle est très variable dans sa taille et sa coloration ; vit près des habitations, dans les jardins, les cours des fermes, dans les vieux bois gisant sur le sol, pond 50 à 60 œufs réunis en chapelets de 20 à 30. Habite toute la France.

Limax sylvaticus (Drap.), Limace des forêts. Espèce de couleur violette avec trois lignes brunes ; vit dans les bois. Habite presque toute la France.

Limax variegatus (Drap.), Limace tachetée. Espèce très commune, grande, allongée, variant du gris au jaune ; à limacelle unguiculée : vit dans les caves, les celliers, dans les lieux humides, près des cuisines, où elle vient dévorer les débris de pain et de légumes. Habite toute la France.

On trouve encore, mais plus rarement, la *L. bilobatus* (Fér.) aux environs de Paris, *L. collinus* (Norm.), *fulvus* (Norm.) et *parvulus* (Norm.) des environs de Valenciennes, *L. salicium* (Bouillet) du Puy-de-Dôme, *L. Sowerbyi* (Fér.) du Morbihan, *L. argillaceus* (Gassies) des environs de Bordeaux.

Genre Arion (*Fér.*), Arion.

Les *Arions* sont très voisins des Limaces ; ils ont une cuirasse distincte, chagrinée ; la limacelle est représentée sous la partie postérieure de la cuirasse par des granulations calcaires. Ils sont herbivores et carnivores et dévorent parfois des substances animales, telles que des *Lombrics* morts ou des individus blessés de leur propre espèce. Ils pondent de mai en septembre 70 à 100 œufs ovales, isolés et opaques. Le nombre d'espèces de ce genre est peu considérable.

Arion albus (Müll.), Arion blanc. Espèce rare, entièrement blanche ; vit dans les bois. Habite les Hautes-Alpes, l'Isère.

Arion flavus (Müll.), Arion jaune. Espèce d'un jaune

plus ou moins foncé ; vit dans les lieux humides et couverts de mousse, dans les falaises. Habite le Pas-de-Calais, le Nord.

Arion fuscatus (Fér.), Arion rembruni (fig. 14, pl. 16). Espèce allongée, étroite, ayant le dos d'un brun foncé : vit dans les bois. Habite les environs de Paris.

Arion hortensis (Fér.); *Arion fuscus* (Müll.), Arion des jardins. Espèce petite, allongée, ornée de petites lignes grisâtres et ayant les bords du pied d'une couleur orangée ; vit dans les champs, les bois, les jardins ; pond de mai en septembre 60 à 70 œufs ovales, blanchâtres, offrant la particularité d'être phosphorescents pendant les quinze premiers jours de leur ponte (Bouchard). Habite toute la France septentrionale.

Arion rufus (Lin.) ; *A. empiricorum* (Fér.), Arion des charlatans ou Limace rouge (fig. 15, pl. 16). Espèce de coloration variable : rouge, orange ou brune. Elle était employée autrefois comme remède par les charlatans : en Bretagne, on en faisait une tisane pectorale ; dans l'Agenais, on applique l'animal vivant sur les loupes charnues pour en faire diminuer la grosseur. Cet Arion a 160 rangées de 101 dents chacune ; il vit dans les jardins, les allées des bois et des parcs, les lieux ombragés ; il pond 80 à 100 œufs à enveloppe calcaire. Habite toute la France. L'*Arion ater* (Lin.) est une variété.

Arion subfuscus (Drap.); *A. cinctus* (Müll.), Arion brunâtre. Espèce moins grande que la précédente, brune verdâtre, à cuirasse chagrinée ; vit dans les lieux humides et ombragés. Habite quelques parties de la France : Aube, Côte-d'Or, Hautes-Alpes, Alpes-Maritimes, Tarn,

Lot-et-Garonne, Gironde, Loire-Inférieure, Morbihan, Ille-et-Vilaine.

Arion tenellus (Mull.), Arion gélatineux . Espèce petite, jaune verdâtre ; vit dans les bois humides, sous les feuilles mortes. Habite la France septentrionale. L'*A. melanocephalus* (Faure-Big.) est une variété habitant les Hautes-Alpes et l'Isère.

On trouve encore dans quelques parties de la France l'*A. succineus* (Bouillet) dans les bois de l'Auvergne, l'*A. hibernus* (Mab.) des environs de Paris, l' *A. rubiginosus* (Baudon) qui habite la Côte-d'Or, la Nièvre et l'Oise, l'*A. verrucosus* (Brevière) du Puy-de-Dôme et de la Nièvre.

Genre Parmacella (*Cuv.*), Parmacelle.

Dans ce genre l'animal est limaciforme, allongé, renflé dans son milieu où il est recouvert d'une cuirasse arrondie, charnue, adhérente seulement à sa partie postérieure, échancrée au bord droit et contenant une petite coquille aplatie, calcaire, légèrement courbée dans sa largeur.

Les *Parmacelles* sont des Limaciens nocturnes, ne vivant que dans les régions tempérées. On ne les a trouvées jusqu'à présent en France que dans la plaine de la Crau, aux environs d'Arles où elles se cachent pendant le jour sous les pierres et les buissons épais. Deux espèces représentent ce genre en France :

Parmacella Gervaisii (Moq.), Parmacelle de Gervais. Habite la plaine de la Crau (rare).

Parmacella Valenciennii (Web. et B.) (fig. 16-17, pl. 16), Parmacelle de Valenciennes. Coloration de l'animal jaune. Habite les environs d'Arles (Bouches-du-Rhône), rare.

Genre Testacella (*Drap.*), Testacelle.

Les *Testacelles* diffèrent des Limaces par la position de la cavité branchiale qui est située postérieurement et protégée par une petite coquille externe. Leur membrane linguale est très large et se compose de 50 rangées de 20 dents chacune; ces dents sont grêles et barbelées à la pointe. « Les Testacelles se tiennent presque constamment enfouies dans la terre, où elles s'enfoncent plus ou moins selon les degrés de chaleur ou de froid, d'humidité ou de sécheresse, suivant en quelque sorte la marche des *Lombrics* ou Vers de terre, dont elles se nourrissent et qu'elles avalent par succion. » (Dr Chenu.) Pendant l'hiver et pendant la sécheresse, les Testacelles forment une sorte de cocon dans le sol au moyen de l'exsudation de leur *mucus*. Si l'on brise cette enveloppe, on voit l'animal complètement enveloppé de son mince manteau blanc opaque, qui se contracte rapidement jusqu'à ce qu'il ne dépasse que de peu le bord de la coquille (Woodward).

Les Testacelles sont des Limaciens nocturnes; les espèces françaises sont peu nombreuses :

Testacella haliotidea (Drap.), Testacelle ormier (fig. 18, pl. 16). Espèce à peau épaisse, coriace; coquille auriforme, rugueuse, ressemblant à celle d'une espèce marine : l'*Haliotide*. Cette Testacelle vit sur les coteaux arides, mais de préférence dans les endroits humides, sous les feuilles mortes; elle pond des œufs à coque calcaire et légèrement acuminés aux deux extrémités. Habite généralement la France méridionale; se trouve aussi, plus rarement, en Bretagne, en Normandie, dans les environs de Paris.

La *T. Companyonii* (Dup.) est une variété qui habite les Pyrénées-Orientales.

Testacella Maugei (Fér.), Testacelle de Maugé (fig. 19, pl. 16). Espèce grande, de coloration variable; coquille semblable à celle de la précédente, mais plus grande et plus développée; vit dans les jardins cultivés, dans les potagers, peu commune. Habite quelques parties de la France : Morbihan, Loire-Inférieure, environs de la Rochelle et de Bordeaux.

Testacella bisulcata (Risso), Testacelle bisillonnée. Animal rugueux; coquille à sommet spiral rejeté vers le bord droit; vit dans les lieux cultivés. Espèce méridionale, habitant les Alpes-Maritimes, trouvée ensuite dans le Morbihan à Vannes et à Auray, et connue aujourd'hui dans plusieurs autres parties de la France.

FAMILLE DES LIMNÆIDÉS.

(Coquille mince, cornée, à ouverture simple à bord tranchant. — Animal à mufle court, dilaté; tête garnie de deux tentacules portant des yeux sessiles à leur base interne.)

Genre Limnæa (*Lam.*), Limnée.

Dans ce genre la coquille est spirale, plus ou moins allongée, mince, translucide, à dernier tour grand, à columelle obliquement tordue. L'animal a la tête courte, les tentacules triangulaires et comprimés.

« Les Limnées habitent les eaux douces de toutes les parties du monde et déposent leur frai, sous la forme de masses transparentes, oblongues, sur les plantes aquatiques et les pierres; elles glissent souvent sous la surface de l'eau, la coquille en bas; elles hivernent ou passent la saison sèche dans la vase. » (Woodward.)

Les Limnées viennent de temps en temps à la surface de l'eau pour renouveler la provision d'air de leur poche pulmonaire; mais elles peuvent passer plusieurs jours sous l'eau sans être asphyxiées (Dr Fischer). Elles peuvent aussi s'élever ou descendre à volonté, au moyen de l'air contenu dans la cavité respiratoire, qu'elles dilatent, compriment ou rejettent suivant l'un de ces modes qu'elles veulent employer. Les Limnées se nourrissent de plantes aquatiques, de lentilles d'eau, etc...; elles sont communes en France dans les marais, les fossés, les étangs. Les principales espèces sont :

Limnæa auricularia (Lin.), Limnée auriculaire (fig. 20, pl. 16). Espèce à coquille très ventrue, transparente, de couleur de corne pâle, à ouverture très dilatée; vit dans les fossés, les eaux vaseuses. Longueur 25 millimètres, largeur 20 millimètres. Habite la plus grande partie de la France. La *L. canalis* (Villa) est une variété méridionale.

Limnæa corvus (Gmel.), Limnée corbeau. Belle espèce allongée, brune, à spire aiguë; longueur 25 millimètres; vit dans les contrées montagneuses. Habite la Savoie, le Jura, les Hautes-Alpes, l'Isère, les Bouches-du-Rhône (à Arles).

Limnæa glabra (Müll.); *L. elongata* (Drap.), Limnée allongée. Espèce petite, brune, effilée, de taille très variable; vit dans les marais et les fossés. Habite une grande partie de la France, manque dans le Nord-Est.

La *L. leucostoma* (Poiret) est une variété, ainsi que la *L. Gingivata* (Goupil), des environs du Mans.

Limnæa glacialis (Dup.), Limnée glaciale. Espèce peu commune, voisine de la *L. ovata*, de coloration grise, vivant dans les eaux glacées des lacs des Pyrénées, à 2 et 3,000 mètres d'altitude.

Limnæa glutinosa (Drap.), Limnée glutineuse (fig. 21, pl. 16). Coquille obtuse, mince, fragile ; longueur, 6 à 8 millimètres. Habite presque toute la France.

Limnæa intermedia (Lam.), Limnée intermédiaire. Espèce très voisine de la *L. ovata*, plus grande, de coloration cornée. Habite surtout l'Est de la France : Vosges, Jura, Aube, Rhône.

Limnæa marginata (Mich.), Limnée marginée. Espèce peu commune, cornée, transparente, à péristome bordé en dedans ; vit dans les localités montagneuses. Habite les Vosges, les Hautes-Alpes, l'Isère.

Limnæa nivalis (Bourg.), Limnée des neiges. Espèce voisine de la *L. intermedia* ; vit dans les eaux formées par la fonte des neiges, à Saint-Martin-Lantosque (Alpes-Maritimes) à 2,800 mètres d'altitude.

La *L. Langsdorfii* (Bourg.), qu'on trouve dans la même localité, est une variété à coquille striée de lignes blanches.

Limnæa ovata (Drap.) ; *L. limosa* (Lin.), Limnée ovale. Espèce très commune, à coquille obtuse, transparente, cornée, de forme et de taille très variables ; vit dans les mares, les fossés, sur les *Potamogeton*. Habite toute la France.

Les *L. Boissii* (Dup.), *L. Trencaleonis* (Gassies), *L. vulgaris* (Pfeif.), sont des variétés méridionales.)

Limnæa palustris (Müll.), Limnée des marais. Espèce très commune et très variable, brune, à spire aiguë ; coloration variable selon les eaux qu'elle habite ; longueur, 22 millimètres ; vit dans les fossés, les mares, les étangs. Habite toute la France.

(Les *L. disjuncta* (Put.), *L. Vosgesiaca* (Put.), *L. Fusca* (Pfeif.) sont des variétés.)

Limnæa peregra (Müll.), Limnée voyageuse. Espèce voisine de la *L. intermedia*, plus ventrue, très variable de forme et de taille ; vit dans toutes les eaux stagnantes, même dans les eaux thermales, à une température de 30° centigr. Habite presque toute la France.

(Les *L. Blauneri* (Shutt.), *L. callosa* (Ziégl.), *L. bilabiata* (Hartm.) sont des variétés.)

Limnæa stagnalis (Lin.), Limnée des étangs (fig. 22, pl. 16). Espèce très commune, de forme et de taille très variables ; atteignant jusqu'à 55 millimètres ; coquille mince, cornée ; vit dans toutes les eaux stagnantes, sur les plantes aquatiques ; pond de 100 à 130 œufs qui ont souvent 2 millimètres de diamètre ; l'animal a 110 rangées de 55 dents chacune. Habite toute la France.

Limnæa thermalis (Boubée), Limnée thermale. Coquille petite, ovale, brune, cornée, transparente ; vit dans les sources d'eau chaude des Vosges et des Pyrénées.

Limnæa truncatula (Müll.) ; *L. minuta* (Drap.), Limnée naine. Espèce petite, cornée, à spire aiguë ; de grosseur très variable ; vit sur la vase, sur les plantes aquatiques au bord des fossés et même hors de l'eau. Habite toute la France.

(Les *L. microstoma* (Drouet) et *L. oblonga* (Put.) sont des variétés.)

Genre Physa (*Drap.*), Physe.

Les *Physes* ont des coquilles ovales, minces, polies, à spire sénestre, à ouverture arrondie en avant. L'animal a deux tentacules longs et grêles portant les yeux à leur base interne ; les bords du manteau sont frangés de longs filaments, ils peuvent se recourber et recouvrir en grande partie la coquille.

Ces Mollusques habitent les eaux douces et tranquilles ; ils rampent et nagent à la manière des *Limnées*. Leurs œufs sont ovoïdes et réunis en petits paquets arrondis ou ovales, de matière gélatineuse incolore et hyaline, enveloppés d'une très fine membrane unie et transparente. Chaque Physe pond ordinairement 40 à 50 œufs qui éclosent vers le seizième jour après la ponte. Les espèces françaises sont peu nombreuses :

Physa acuta (Drap.), Physe aiguë (fig. 1, pl. 17). Coquille ovale, un peu ventrue, à cinq tours, à sommet aigu, finement striée, luisante ; à ouverture assez grande, ovale, anguleuse dans sa partie supérieure. Sa coloration, très variable, est généralement d'un gris rosé. Cette espèce est très variable de forme ; on trouve des individus à coquille allongée, ventrue, raccourcie, etc... Cette Physe, qui est la plus répandue, habite dans tous les cours d'eau, les rivières, les ruisseaux, fontaines ou canaux. Vit dans toute la France méridionale et centrale ; ne dépasse guère le 48° de latitude.

P. contorta (Mich.) (fig. 2, pl. 17), Physe contournée. Espèce voisine de la précédente, mais à spire contournée, à dernier tour très grand ; coloration grise. Habite les Pyrénées-Orientales (rare).

P. fontinalis (Lin.), Physe des fontaines (fig. 3, pl, 17). Copuille bombée, brillante, hyaline, de couleur fauve clair ; columelle torse, calleuse ; diffère de la *P. acuta* par ses tours moins nombreux, sa transparence et la brièveté de ses premiers tours ; longueur, 10 à 12 millimètres ; vit dans les sources, les fontaines et les ruisseaux. Habite toute la France, mais peu commune, principalement dans le Midi.

P. hypnorum (Lin.), Physe des mousses (fig. 4, pl. 17). Coquille lisse, brillante, allongée et conique vers le sommet qui est aigu ; coloration fauve jaunâtre ; longueur, 10 à 12 millimètres. Vit dans les ruisseaux et les fossés, sur les mousses et les plantes aquatiques. Habite toute la France.

On trouve, mais rarement, dans l'Ouest de la France, la *P. subopaca* (Lam.), *P. Perrisiana* (Dup.), espèce allongée, ventrue, solide, à sommet aigu.

Genre **Ancylus** (*Geoffroy*), **Ancyle**.

Dans ce genre, la coquille est conique, patelliforme, mince, à sommet postérieur, sénestre ; l'impression musculaire interne est subspirale. L'animal est semblable à celui des Limnées ; il a la tête très grosse, munie de deux tentacules triangulaires oculés à la base ; sa denture se compose de 120 rangées de 37 dents ; les latérales sont armées de longs crochets recourbés.

. Les Ancyles, ces *Patelles d'eau douce*, vivent dans nos rivières et nos ruisseaux ; ils s'attachent sur les plantes aquatiques, sur les pierres, sur les coquilles des autres Mollusques. Leurs œufs sont réunis dans de petites capsules orbiculaires et cornées; l'éclosion n'a lieu que vingt-quatre à vingt-six jours après la ponte.

On en trouve peu d'espèces en France :

Ancylus fluviatilis (Müll.), Ancyle fluviatile (fig. 5, pl. 17). Coquille de grosseur et de coloration très variables; on trouve des individus très gros, à coquille épaisse et noirâtre à l'extérieur, bleuâtre à l'intérieur, d'autres plus petits à coquille grise et cornée. Cette espèce vit dans les rivières et toutes les eaux vives. Habite toute la France.

L'*A. Fabrei* (Dup.) est une variété habitant la Dordogne et l'Aube.

A. lacustris (Müll.), Ancyle lacustre (fig. 6, pl. 17). Coquille ovale, oblongue, diaphane, cornée, blanche, recouverte d'un épiderme brun; elle est plus déprimée que l'espèce précédente. Vit dans les eaux tranquilles, sur les nénuphars et autres plantes aquatiques. Habite toute la France.

A. capuloïdes (Jan.), Ancyle capuloïde. Espèce voisine de l'*A. fluviatilis*, à sommet plus élevé et plus recourbé; coloration blanche. Habite la France méditerranéenne.

A. gibbosus (Bourg.); *A. deperditus* (Ziégl.), Ancyle perdu. Petite espèce à sommet élevé, diaphane, cornée, haute de 2 à 3 millimètres; vit sur les pierres submergées, dans les fontaines et les petits cours d'eau. Habite quelques parties de la France : Meuse, Aube, Oise, Alpes, Provence et Pyrénées.

A. riparius (Desm.), Ancyle riverain. Coquille assez grande, peu élevée, finement striée, diaphane, à sommet légèrement acuminé, à peine recourbé; intérieur bleuâtre;

vit dans les rivières et les ruisseaux de l'Est de la France. Habite les Vosges, le Rhône (rare).

On trouve encore, plus rarement, l'*A. strictus* (Morel.) aux environs de Brest et l'*A. Moqninianus* (Bourg.) dans la Côte-d'Or et le Var.

Genre Planorbis (*Müll.*), Planorbe.

Les *Planorbes* ont des coquilles discoïdes, dextres, concaves des deux côtés, à tours nombreux enroulés dans le même plan ; l'ouverture est en croissant, le péristome est mince. L'animal a le pied court, arrondi ; la tête courte, les tentacules grêles et oculés à la base interne. Ces Mollusques vivent dans les fossés, les eaux stagnantes ; ils peuvent supporter la privation d'eau pendant quinze à vingt jours. Leurs œufs sont renfermés dans des capsules ; ils sont hyalins et plus ou moins nombreux selon les espèces ; l'éclosion a lieu douze ou quinze jours après la ponte.

Les principales espèces de France sont :

Planorbis corneus (Lin.), Planorbe corné (fig. 7 et 8, pl. 17). C'est la plus grande espèce ; elle atteint jusqu'à 35 millimètres de diamètre ; sa coloration est d'un roux ferrugineux ; on en trouve une variété presque blanche. Habite presque toute la France.

P. contortus (Lin.), Planorbe entortillé (fig. 9, pl. 17). Coquille beaucoup plus petite que la précédente, à tours nombreux et serrés, coloration brune ; vit dans les fossés et les marais. Habite toute la France.

P. albus (Müll.); *P. hispidus* (Drap.), Planorbe blanc (fig. 10, pl. 17). Coquille à tours peu nombreux, hispide, grise ou jaunâtre ; vit dans les eaux stagnantes des marais et des réservoirs. Habite presque toute la France.

P. rotundatus (Poiret) ; *P. leucostoma* (Mill.), Planorbe bouton (fig. 11, pl. 17). Coquille très déprimée, cornée, recouverte d'un épiderme noirâtre ; il en existe une variété grise jaunâtre. Diamètre, 6 à 7 millimètres. Habite presque toute la France. Le *P. Perezii* (Graells) est une variété que l'on trouve à Valenciennes, Troyes, Arles, et dans la Gironde (au Teich).

P. imbricatus (Müll.) ; *P. nautileus* (Lin.), Planorbe imbriqué (fig. 12, pl. 17). Très petite espèce brune, de forme assez variable. Habite presque toute la France.

(Le *P. cristatus* (Drap.) peut être rattaché à cette espèce comme variété.)

P. fontanus (Light) ; *P. complanatus* (Drap.), Planorbe des fontaines. Coquille convexe en dessus, lisse, brillante, cornée. Habite toute la France.

P. carinatus (Müll.), Planorbe caréné (fig. 13. pl. 17). Coquille aplatie, ombiliquée des deux côtés, de couleur jaune cornée, fortement carénée sur le dernier tour. Diamètre, 16 millimètres. Habite toute la France.

P. marginatus (Dup.), Planorbe marginé (fig. 14, pl. 17). Espèce très voisine de la précédente, dont elle ne diffère que par la place occupée par la carène, qui, au lieu de partager les deux derniers tours, est plus basse. Habite toute la France.

Les *P. submarginatus* (Crist.) et *subangulatus* (Jan) ne sont que des variétés de forme de cette espèce.

P. nitidus (Müll.), Planorbe luisant. Petite espèce voisine du *P. fontanus*, brune, cornée, brillante, vit dans les fossés et les marais. Habite une grande partie de la France, principalement le Nord.

P. spirorbis (Lin.), Planorbe spirorbe. Coquille aplatie, striée, à cinq tours de spire, couleur de corne brune, espèce très voisine du *P. vortex*; vit dans les fontaines et les eaux ferrugineuses. Habite la France méridionale.

P. vortex (Lin.), Planorbe contourné (fig. 15, pl. 17). Coquille translucide, cornée, jaunâtre. Diamètre, 7 à 8 millimètres. Habite presque toute la France.

Le *P. compressus* (Mich.) est une variété.

On rencontre encore en France, mais plus rarement, le *P. lævis* (Ald.), espèce mince, légère, dont on trouve de beaux exemplaires dans les environs de Montpellier.

FAMILLE DES AURICULIDÉS.

(Coquilles spirales, couvertes d'un épiderme corné; spire courte, dernier tour grand; ouverture allongée et denticulée. — Animal à mufle large et court, à deux tentacules cylindriques, derrière lesquels sont placés les yeux sessiles.)

Genre Alexia (*Leach.*), Alexie.

Ce genre, qui a été démembré du genre *Auricula* de Lamarck, comprend de petites espèces à coquille oblongue, à ouverture ovale, denticulée ou plissée. Ces Mollusques habitent sur les côtes, dans les lieux humides ou baignés par la mer. Sans être amphibies, ils peuvent vivre assez longtemps dans l'eau salée qui recouvre quelquefois les terrains où ils se tiennent; mais ils meurent peu de temps après leur immersion dans l'eau douce. Ils se nourrissent de détritus de plantes marines et de bois pourri; on les trouve généralement sous les pierres, sous les débris de bois humide. Ils pondent 12 à 30 œufs agglomérés par une matière visqueuse qui les fixe sous les pierres; ces œufs sont globuleux, jaunâtres et hyalins. Leur éclosion a lieu environ quinze jours après la ponte.

On trouve peu d'espèces de ce genre sur notre littoral :

Alexia myosotis (Drap.), Alexie myosote (fig. 16, pl. 17). Coquille d'un brun corné, luisante, à péristome blanc; longueur, 7 à 8 millimètres; très commune, surtout sur les côtes de la Méditerranée, au bord des marais salants. Habite aussi nos côtes océaniques : bassin d'Arcachon, embouchure de la Gironde (peu commune).

A. personata (Mich.); *A. denticulata* (Jeff.), Alexie denticulée (fig. 17, pl. 17). Coquille plus forte que la précédente, fauve, luisante, ouverture garnie de quatre plis columellaires et de cinq ou six dents sur le bord droit; péristome jaunâtre. Habite le littoral de l'Océan : côtes de Bretagne, la Rochelle (commune), Royan, embouchure de la Gironde.

A. bidentata (Mont.), Alexie bidentée. Coquille forte, épaisse, conique, blanche, marquée de stries longitudinales distantes; columelle épaisse, garnie de plis en forme de dents. Habite le littoral de l'Océan : côtes de Bretagne, bassin d'Arcachon (rare).

A. Firminii (Payr.), Alexie de Saint-Firmin. Espèce voisine par sa forme et sa grandeur de l'*A. myosotis*, mais dont elle diffère par le nombre et la position des plis de l'ouverture; la surface extérieure est striée transversalement de lignes écartées et très fines. Elle atteint jusqu'à 14 millimètres de longueur. Habite le littoral de Provence (rare).

Genre Carychium (*Müll.*), Carychie.

Dans ce genre, les coquilles sont très petites, oblongues, finement striées transversalement ; l'ouverture est ovale, dentée, à bords épaissis réunis par une callosité. L'animal a deux tentacules cylindriques, des yeux noirs sessiles situés derrière les tentacules. Ces petits Mollusques vivent sur les bords des ruisseaux, sur les détritus des plantes, sous les haies, sur les feuilles mortes ou en décomposition et sous les pierres humides de nos côtes. On ne trouve en France qu'une seule espèce :

Carychium minimum (Müll.) ; *Auricula minima* (Drap.), Carychie naine (fig. 18, pl. 17). Très petite coquille haute de 2 millimètres, blanche, lisse et luisante ; ouverture garnie de trois petites dents, péristome blanc et assez épais. Habite toute la France (commune).

DEUXIÈME SECTION. — OPERCULÉS.

(Gastéropodes pulmonés terrestres. — Animal à mufle tronqué, à tentacules contractiles. — Coquille spirale fermée par un opercule.)

FAMILLE DES CYCLOSTOMIDÉS.

(Coquille spirale, peu allongée, striée, à ouverture presque circulaire, à péristome simple. — Opercule spiral ; animal à pied assez allongé ; yeux à la base externe des tentacules.)

Genre Cyclostoma (*Lam.*), Cyclostome.

Les *Cyclostomes* sont caractérisés par la forme de leur coquille turbinée, à spire médiocre, à tours arrondis, ayant beaucoup d'analogie avec celles des genres marins

Turbo et *Littorina*. L'animal est noirâtre, chagriné, verdâtre en dessous ; ses tentacules sont cylindriques, renflés à l'extrémité ; le pied est petit et placé sous le cou ; l'opercule est calcaire. Ces Mollusques vivent à toutes les altitudes, sous les feuilles mortes, sous les haies, dans les bois et dans les jardins potagers.

On trouve en France deux espèces :

Cyclostoma elegans (Drap.), Cyclostome élégant (fig. 19, pl. 17). Espèce très commune, de coloration variable : généralement grise, quelquefois pointillée de flammes vineuses, ou jaunâtre, ou violette ; longueur, 17 millimètres. Habite toute la France.

C. sulcatum (Drap.), Cyclostome sillonné (fig. 20, pl. 17). Espèce voisine de la précédente, mais plus grande ; sa coquille est plus épaisse et sillonnée de stries nombreuses ; sa coloration est rougeâtre. Habite la Provence.

Genre Pomatias (*Studer*), Pomatie.

Le genre *Pomatias*, bien que très voisin du précédent, en diffère par la forme de ses coquilles qui sont grêles, turriculées, coniques, striées transversalement, à ouverture arrondie, mais un peu échancrée à la base à la columelle. L'opercule est corné, aplati, à peine spiral.

Ces Mollusques vivent dans les bois, parmi les feuilles mortes, ou au pied des arbres, dans la mousse. L'animal est gris noirâtre, à tentacules subulés. On n'en connaissait qu'un petit nombre d'espèces en France, mais, grâce aux recherches de deux conchyliologistes français, MM. de Saint-Simon et Fagot, le nombre de ces espèces s'est considérablement accru depuis quelques années.

Comme les différences qui les caractérisent sont peu sensibles, nous n'indiquons ici que les espèces les plus connues et les mieux établies :

Pomatias obscurum (Drap.), Pomatie obscur (fig. 21, pl. 17). Coquille allongée, striée longitudinalement ; columelle garnie d'un bourrelet blanc très évasé ; coloration brune foncée, avec quelques linéoles fauves ; longueur, 6 à 7 millimètres. Habite une grande partie de la France ; manque dans l'Est, le Nord-Est et la Provence.

P. patulum (Drap.), Pomatie évasé (fig. 22, pl. 17). Coquille cendrée striée longitudinalement ; péristome blanc très dilaté ; longueur, 5 millimètres. Habite la France méditerranéenne.

P. maculatum (Drap.); *P. septemspirale* (Raz.), Pomatie pointillé (fig. 23, pl. 17). Coquille plus ventrue que la précédente, de grosseur variable, fortement striée longitudinalement, de coloration brune, pointillée dans le sens spiral de flammules rougeâtres. Habite une grande partie de la France.

P. crassilabrum (Dup.), Pomatie à lèvres épaisses. Espèce bien caractérisée par l'épaisseur du bourrelet qui entoure le péristome ; coloration brune. Commun sur les rochers humides de la chaîne des Pyrénées.

Le *P. Partioti* (Moq.) vit dans les mêmes localités, mais est beaucoup plus rare. Le *P. Lapurdensis* (Fagot), espèce voisine du *P. patulum*, de coloration cendrée, à péristome garni d'un bourrelet blanc, est commun à Lourdes (Hautes-Pyrénées).

On peut considérer le *P. apricum* (Mouss.), *P. carthusianum* (Dup.), comme une variété du *P. obscurum*. Habite les Alpes et l'Isère.

FAMILLE DES ACICULIDÉS.

(Coquilles cylindriques, allongées, à opercule mince et subspiral. — Animal à mufle assez saillant, grêle et tronqué ; tentacules effilés, oculés à la base ; pied court et pointu en arrière.)

Genre Acme (*Hartm.*) ; **Acicula** (*Hartm.*), **Acmée.**

Dans ce genre, les coquilles sont très petites, transparentes ; le péristome est plus ou moins épaissi, les bords sont réunis par une petite callosité ; l'opercule est hyalin. Ces petits Mollusques sont assez rares et cela tient surtout à ce qu'on ne sait pas les chercher. « Cependant ils vivent généralement en colonies assez populeuses, dans les endroits frais tapissés de mousses qui maintiennent l'humidité du sol, ou bien sous les pierres dans les lieux ombragés. Lorsqu'on a découvert un de ces gites, on peut, avec un peu d'habileté, recueillir un grand nombre d'individus. Il faut avoir soin d'enlever les mousses avec précaution, puis de fouiller attentivement le terrain dénudé, jusqu'à 2 ou 3 centimètres de profondeur. On s'est surtout contenté de chercher les *Acme* dans les alluvions des cours d'eau, mais on n'y rencontre jamais que des sujets morts et en petit nombre. » (De Folin.)

Les espèces françaises sont peu nombreuses :

Acme lineata (Drap.) ; *A. fusca* (Walk.), Acmée linéolée (fig. 24, pl. 17). Petite coquille fauve rougeâtre, striée, luisante, à sommet obtus, de forme variable ; péristome garni d'un bourrelet. Habite quelques départements de l'Ouest et de l'Est de la France, le Dauphiné et la Provence. (La variété *Pyrenaïca* (de Folin) en diffère par l'absence du bourrelet et par son péristome noh réfléchi.)

A. Moutoni (Drap.), Acmée de Mouton. Cette espèce se distingue par la forme de son ouverture dont le bord externe est projeté en avant, avec une profonde échancrure dans le dernier tour; elle est finement striée. Habite les Alpes-Maritimes : Grasse (rare). L'*A. Dupuyi* (Palad.), espèce très voisine de l'*A. lineata*, est rare dans la France méridionale.

ORDRE DES OPISTOBRANCHES

Cet ordre comprend des Gastéropodes marins à coquille rudimentaire ou nulle, à branchies rameuses ou fasciculaires ; la coquille qui existe dans quelques genres est plus ou moins cachée par l'animal. On divise les Opistobranches en deux sections :

Tectibranches et *Nudibranches.*

PREMIÈRE SECTION. — TECTIBRANCHES.

Animal ordinairement muni d'une coquille ; branchies recouvertes par la coquille ou le manteau.

FAMILLE DES TORNATELLIDÉS.

(Coquille externe, solide, enroulée, à ouverture longue et étroite, à columelle plissée. — Animal à tête aplatie, à tentacules larges et obtus.)

Genre Tornatella (*Lam.*), **Tornatelle.**

Les coquilles de ce genre sont solides, ovales, à spire conique, à bord externe tranchant, à opercule elliptique et corné. L'animal est blanc ; sa tête est tronquée et légèrement échancrée en avant. Ce genre a été placé autrefois dans la famille des *Pyramidellidés*. Ces Mollusques vivent à de grandes profondeurs et on en connait peu d'espèces ; une seule vit sur le littoral français :

Tornatella tornatilis (Lin.) ; *T. fasciata* (Lam.), Tornatelle fasciée (fig. 25, pl. 17). Coquille ovale, à spire allongée, couleur de chair, ornée de deux bandes blanches sur le dernier tour ; elle est sillonnée de stries spirales et longue de 18 millimètres. Habite toutes les côtes de France (peu commune).

FAMILLE DES BULLIDÉS.

(Coquille globuleuse ou cylindrique, enroulée, mince ; spire petite ou cachée ; bord extérieur de l'ouverture tranchant ; pas d'opercule. — Animal muni de lobes tentaculaires ; tête en forme de disque aplati ; bord du manteau enveloppant la coquille.)

La nourriture des *Bullidés* est animale ; ces Gastéropodes ont la langue très petite, garnie de dents arquées, et l'estomac tapissé d'une armure formée de trois plaques calcaires (fig. 23) qui leur servent à broyer les coquilles qui sont avalées entières ; on donne à ces plaques le nom d'*osselet*.

Fig. 23. — Osselet de Bulle.
(*Scaphander lignarius.*)

Genre **Bulla** (*Lam.*), **Bulle**.

Ces Mollusques ont des coquilles ovales, ventrues, enroulées et légères, ce qui leur a fait donner le nom de *Bulles*. Ils vivent sur les fonds sablonneux ou vaseux ; plusieurs espèces se rencontrent sur nos côtes :

Bulla hydatis (Lin.), Bulle hydatide (fig. 26, pl. 17). Coquille mince, transparente, de couleur de corne blonde, longue de 17 millimètres. Habite toutes les côtes de France. (Le *B. cornea* (Lam.) n'est qu'une variété plus globuleuse, plus épaisse et d'une coloration plus foncée.)

B. elegans (Leach.), Bulle élégante. Espèce voisine de la précédente, mais moins grande, à test plus solide, à bouche moins dilatée, à bord droit plus épais. Habite nos côtes de l'Ouest et de la Méditerranée.

B. dilatata (Leach.), Bulle dilatée. Cette coquille, qui a été confondue avec la *B. hydatis*, en diffère par la dilatation du bord droit de l'ouverture, vers la base. Habite les côtes de la Loire-Inférieure, de la Charente-Inférieure, le bassin d'Arcachon et la Méditerranée.

B. utriculus (Broc.), Bulle gonflée. Coquille blanche, ovale, épaisse, marquée de stries concentriques. Habite les côtes d'Arcachon et celles de la Méditerranée (rare).

Genre Akera (*Müll.*), Acère.

Dans ce genre, les coquilles sont flexibles, cylindriques, globuleuses, à spire tronquée, à tours canaliculés, à ouverture large et évasée. L'animal est sans yeux ; ses dents linguales sont crochues et denticulées ; le gésier est armé de dents cornées. Une seule espèce vit sur le littoral français :

Akera bullata (Forbes) ; *Bulla fragilis* (Lam.), Acère bulle (fig. 27, pl. 17). Coquille très fragile, cornée, d'une coloration rousse, longue de 25 à 30 millimètres ; vit à d'assez grandes profondeurs sur les Algues. Habite nos côtes océaniques (peu commune).

Genre Cylichna (*Loven.*); **Bullina** (*Risso*), **Cylichnie**.

Ce genre, très voisin du genre *Bulla*, s'en distingue par ses coquilles cylindriques, à spire petite ou tronquée, à ouverture étroite, arrondie en avant, à columelle calleuse et munie d'un pli. L'animal, qui est court et large, a la tête aplatie, tronquée en avant, avec deux yeux enfouis; le pied est oblong; le gésier est armé comme celui des Bulles.

Ces Mollusques vivent dans les mêmes conditions que les Bulles, mais sont moins répandus.

Plusieurs espèces habitent nos côtes :

Cylichna cylindracea (Penn.), Cylichnie cylindracée. Coquille enroulée, assez épaisse, blanche, longue de 10 millimètres; vit sur les fonds sablonneux. Habite les côtes de Bretagne et de la Gironde, golfe de Gascogne, Méditerranée (peu commune).

C. obtusa (Mont.), Cylichnie obtuse (fig. 29, pl. 17). Espèce très variable, à spire tantôt saillante, tantôt enfoncée et obtuse; columelle sans pli. Habite les mêmes parages que la précédente.

C. mamillata (Phil.), Cylichnie mamillaire (fig. 28, pl. 17). Petite espèce lisse, luisante; sommet de la spire tronqué et terminé par un petit mamelon. Habite les mêmes parages (rare).

C. truncata (Adams); *Bulla truncatula* (Brug.), Cylichnie tronquée. Très petite coquille, longue de 2 à 3 millimètres, courte, blanche, hyaline, à sommet tronqué; vit dans les marais salants, sur les Algues. Habite les côtes de l'Océan, le bassin d'Arcachon, sur les Crassats, le littoral de la Méditerranée.

C. umbilicata (Mont.), Cylichnie ombiliquée. Espèce allongée, ovalaire, un peu renflée au centre; coloration hyaline teintée de violet; ouverture étroite, aussi longue que la coquille. Habite les côtes de Bretagne, de la Gironde, le bassin d'Arcachon et la Méditerranée.

(La *C. strigella* (Loven) n'est qu'une variété de cette espèce.)

C. acuminata (Brug.); *Volvula acuminata* (Adams), Cylichnie acuminée (fig. 30, pl. 17). Coquille allongée, ovalaire, lisse, luisante et d'une teinte hyaline; espèce rare sur tout le littoral français.

C. Robagliana (Fischer), Cylichnie de Robaglia. Espèce nouvellement connue; coquille allongée, cylindracée, blanche, assez solide, non ombiliquée, à bord court et réfléchi, longue de 3 millimètres; vit dans le golfe de Gascogne, en dehors de l'embouchure de la Gironde.

On trouve encore, plus rarement, la *C. nitidula* (Loven), sur les côtes du Morbihan et dans le golfe de Gascogne, et la *C. hyalina* (Turt.), sur les côtes d'Arcachon et de Cap-Breton.

Genre Scaphander (*Montf.*), Scaphander.

Ce genre diffère du genre *Bulla* par la forme de sa coquille qui est oblongue, enroulée, striée en spirale, à ouverture très évasée, à spire cachée. L'animal a la tête grande, oblongue, sans yeux; le pied est court et large; le gésier renferme deux grandes plaques triangulaires (voir fig. 23) et une petite plaque transversale étroite; il se nourrit de petites coquilles et principalement de *Dentales*. Une seule espèce vit sur nos côtes:

Scaphander lignarius (Lin.), Bulle oublie (fig. 31, pl. 17).

Coquille enroulée, épaisse, striée longitudinalement : elle est recouverte d'un épiderme brun ; l'intérieur est blanc. Sa forme en cornet et sa coloration jaunâtre lui ont fait donner le nom vulgaire d'*oublie*. Elle vit sur les fonds sablonneux ; elle a 55 millimètres de longueur et 35 de largeur. Assez rare sur toutes nos côtes de l'Océan, elle est plus commune sur celles de la Méditerranée.

Genre Philine (*Ascan.*); Bullæa (*Lam.*), Bullée.

Les *Bullées* se distinguent des *Bulles* par leur coquille qui n'est point visible extérieurement, mais enchâssée dans l'épaisseur du manteau ; elle n'adhère à l'animal par aucun muscle d'attache. Cette coquille est mince, fragile et partiellement enroulée d'un côté. L'animal est pâle, limaciforme, à tête oblongue, sans yeux, à pied large ; le gésier est armé de trois plaques calcaires longitudinales.

Ces Mollusques vivent sur les Algues ; ils peuvent s'enfouir dans le sable comme les *Natices*. Leurs œufs sont renfermés dans des capsules ovoïdes, disposées en séries sur un long ruban spiral qui s'enroule autour des plantes marines.

Deux espèces vivent sur notre littoral :

Philine aperta (Lin.), Bullée plancienne (fig. 32, pl. 17). Coquille mince, hyaline, blanche, longue de 12 à 15 millimètres. Vit sur toutes nos côtes.

P. catena (Mont.), Bullée chaîne. Coquille blanche et transparente, couverte de stries obliques très serrées et disposées comme les anneaux d'une chaîne. Habite les côtes de Bretagne, le golfe de Gascogne, la Méditerranée (rare).

FAMILLE DES APLYSIADÉS OU APLYSIENS.

(Coquilles rudimentaires, oblongues, légèrement enroulées, recouvertes par le manteau. — Animal marin limaciforme, ayant une
tête distincte, des tentacules et des yeux; pied long et prolongé
en arrière.)

Genre Aplysia (*Gmel.*), Aplysie.

Les *Aplysies* sont des Mollusques rampants, à corps
droit, épais, oblong, à cou long et à dos saillant ; la tête
est surmontée de quatre tentacules ; la paire dorsale a la
forme d'oreilles, ce qui leur a fait donner le nom vulgaire de *Lièvres de mer*. Les flancs sont garnis de lobes
se repliant sur le dos et peuvent
servir à la natation. Sur le milieu
du dos se trouve une plaque cartilagineuse (fig. 24) qui protège la branchie. Cette coquille rudimentaire est
d'un roux brillant ; elle est mince
et fragile.

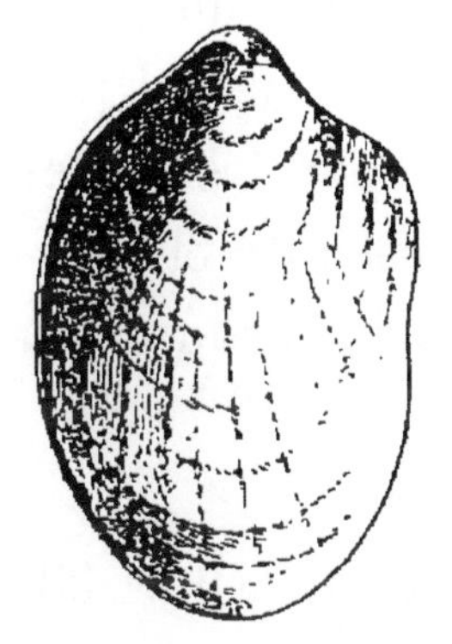

Fig. 24. — Coquille
d'aplysie (*Aplysia
depilans*).

« L'estomac est armé de plusieurs
saillies cartilagineuses, pyramidales,
dont les faces irrégulières se réunissent en un sommet partagé en deux
ou trois pointes émoussées. Il y en a douze grandes placées en quinconce sur trois rangs, et sept ou huit petites
disposées en ligne sur le bord supérieur. Les hauteurs
de ces pyramides sont telles que leurs pointes se touchent au milieu du gésier et qu'il reste entre elles très
peu d'espace pour le passage des aliments, qu'elles doivent par conséquent triturer avec force. » (Cuvier.)

Ces Mollusques, qui sont doux et timides, étaient regardés dans l'antiquité comme des animaux malfaisants. Ils exhalent une odeur désagréable et sécrètent une humeur âcre et caustique. Les anciens considéraient ce liquide comme vénéneux et produisant des taches indélébiles.

« Des bords de leur manteau suinte en abondance une autre liqueur d'un pourpre obscur, dont l'animal colore autour de lui l'eau de mer quand il aperçoit quelque danger. » (Moquin-T.)

Les *Aplysies* ont une alimentation variée ; elles se nourrissent surtout d'Algues, mais dévorent aussi des substances animales. « Elles habitent la zone des Laminaires et déposent leurs œufs dans les Algues au printemps, époque à laquelle elles se réunissent souvent par groupes. » (Forbes.) « En hiver, surtout par les belles journées de mars, elles sortent de leur retraite et viennent en famille dans les anses tapissées de verdure, où elles sont presque à sec. » (Cantraine.)

Quelques espèces vivent sur nos côtes :

Aplysia depilans (Lin.), Aplysie dépilante (fig. 33, pl. 17). C'est une des espèces les plus communes de notre littoral ; sa coloration est un vert noirâtre moucheté de gris ; longueur, 8 à 10 centimètres. Habite toutes nos côtes de l'Océan et de la Méditerranée.

A. fasciata (Poiret), Aplysie fasciée. Corps très grand, bombé ; pied étroit, manteau d'un noir violacé, avec quelques taches pâles étoilées ; les bords des lobes et des tentacules sont de couleur carmin ; longueur moyenne, de 20 à 25 centimètres. Cette espèce, qui est très commune dans le bassin d'Arcachon, se nourrit des longues tiges de *Zostera* que l'on retrouve en grande quantité dans son estomac ; les pêcheurs la nomment *pichevin* ou *pissevinaigre*. Elle vit aussi sur toutes les plages vaseuses de la Bretagne et de la Charente-Inférieure et sur nos côtes de la Méditerranée.

A marmorata (Blainv.), Aplysie marbrée. Espèce plus petite que l'*A. depilans* ; coloration d'un vert-obscur marbré de noir. Habite Royan, la Rochelle, Biarritz.

A. punctata (Cuv.), Aplysie ponctuée. Cette espèce a le corps d'un vert sale, très finement ponctué de noir ; les bords du manteau et les tentacules sont noirâtres. Sa coquille, très concave, à sommet aigu et recourbé, a 17 millimètres de longueur et 13 millimètres de largeur. Habite les côtes de la Charente-Inférieure, le bassin d'Arcachon.

A. virescens (Risso), Aplysie verdoyante. Espèce de couleur verdâtre, marbrée de taches foncées ; coquille transparente, portant une échancrure à gauche et finement striée. Habite les côtes de Provence (peu commune).

A Lafonti (Fischer), Phyllaplysie de Lafont. Espèce très curieuse, à corps ovale, allongé, extrêmement aplati, arrondi en avant, obtus en arrière ; tête courte, cou soudé au corps ; tentacules antérieurs larges, aplatis, creusés en forme de cornet ; coloration d'un vert clair, orné de zones concentriques d'un vert plus foncé et de petites taches éparses blanches, entourées de violet ; longueur, 15 à 20 millimètres.

Cette espèce vit appliquée sur les Zostères ; elle y adhère fortement par son large pied et reste longtemps immobile en gardant une forme elliptique. « Sa nourriture consiste en matières végétales qui remplissent l'intestin et lui donnent une coloration d'un vert foncé qu'on aperçoit par transparence à la partie moyenne du corps. » (Docteur Fischer.)

Ce Mollusque offre un curieux exemple de *mimétisme* (1) : vivant appliqué sur les feuilles des Zostères, il en prend si exactement la couleur qu'on a de la peine à le distinguer. On le trouve accidentellement dans le bassin d'Arcachon.

FAMILLE DES PLEUROBRANCHIADÉS.

(Coquille ou nulle, ou patelliforme et cachée; manteau couvrant le dos de l'animal.)

Genre Pleurobranchus (*Cuvier*), Pleurobranche.

Les *Pleurobranchus* sont faciles à reconnaître aux larges rebords du pied et du manteau, à leur forme ovalaire, à leur tête surmontée de deux tentacules creusés en gouttière et oculés à la base externe ; la bouche est armée de mâchoires cornées. La coquille, quand elle existe, est interne comme celle des *Aplysies*, mais plus grande, flexible, lamelleuse et extrêmement fragile. Ces Mollusques ont les mêmes mœurs que les *Aplysies*.

On trouve sur les côtes de France :

Pleurobranchus membranaceus (Mont.), Pleurobranche membraneux. Animal oblong, convexe, jaunâtre ; coquille très mince, grande, brillante, d'un gris argenté (fig. 34, pl. 17) ; vit sur nos côtes de l'Océan et de la Méditerranée (rare).

---

(1) On nomme *mimétisme* la faculté qu'ont certains animaux de prendre la couleur des objets sur lesquels ils se fixent.

P. plumula (Mont.), Pleurobranche petite plume. Animal d'une coloration jaune pâle en dessus, blanchâtre en dessous ; coquille oblongue, déprimée, jaunâtre, teintée de brun à l'une des extrémités, luisante et ridée par des stries concentriques. C'est cette espèce que de Blainville avait nommée *Berthella porosa* ; vit sur les côtes du Boulonnais, de la Vendée et de la Charente-Inférieure.

P. aurantiacus (Risso), Pleurobranche orangé. Animal d'une coloration brune orangée ; coquille très grande, solide, convexe, brune. Habite les côtes de la Méditerranée : Menton, Nice.

Le *P. Forskalii* (Dellech.). Espèce d'un brun rougeâtre, sans coquille, rare dans la Méditerranée, a été trouvé dans la baie de Bourgneuf, sur les côtes de Bretagne.

Genre Umbrella (*Chemn.*), Ombrelle.

Les *Ombrelles* ont été ainsi nommées à cause de la forme de leur coquille qui est orbiculaire, déprimée, à sommet subcentral, oblique, à bords tranchants ; cette coquille est placée extérieurement sur le dos ; l'animal a le pied très grand et profondément échancré en avant ; la bouche est petite et en forme de trompe rétractile. On ne trouve qu'une espèce sur le littoral français, et seulement sur nos côtes de la Méditerranée :

Umbrella mediterranea (Lam.), Ombrelle de la Méditerranée (fig. 1, pl. 18). Cette espèce a une coquille très déprimée, blanchâtre, ovale, à sommet central, avec une tache rousse à l'intérieur vers le sommet (fig. 2, pl. 18). Elle vit sur nos côtes de Provence où elle est assez rare.

FAMILLE DES PHYLLIDIADÉS.

(Animal oblong, sans coquille, couvert d'un manteau coriace.)

Genre Diphyllidia (*Cuvier*), Diphyllidie.

Dans ce genre, l'animal a des tentacules dorsaux rétractiles, le pied est ovale et élargi. Ces Mollusques vivent à d'assez grandes profondeurs, sur les fonds de sable vaseux. On n'en trouve que peu d'espèces sur nos côtes :

Diphyllidia pustulosa (Schultz), Diphyllidie pustuleuse (fig. 3, pl. 18). Espèce à corps ovale, allongé, recouvert d'un manteau épais de couleur rouge orangée, garni de tubercules blancs. Ses tentacules sont très courts et réunis, à extrémité arrondie. Sa longueur est de 9 à 10 centimètres. Cette espèce, qui vit dans la Méditerranée, a été aussi trouvée dans le bassin d'Arcachon (rare).

D. lineata (Otto), Diphyllidie rayée (fig. 4, pl. 18). Belle espèce jaunâtre, traversée longitudinalement de lignes étroites et onduleuses d'un cendré noirâtre, souvent teinté de violet. Assez commune dans la Méditerranée, elle a été trouvée aussi à la Rochelle.

DEUXIÈME SECTION. — NUDIBRANCHES.

(Animal marin, nu, limaciforme.)

Les *Nudibranches*, qui ont été aussi nommés *Tritoniens*, sont des Mollusques nus. « Leurs branchies, comme leur nom l'indique, sont externes et souvent contractiles dans des cavités du manteau ; à l'état adulte, ils n'ont point de coquille ; leur pied est allongé, canaliculé et propre à une sorte de reptation. Leur corps est long et leur tête est munie d'une ou deux paires de tentacules. Ils vivent sur les rivages garnis de rochers ; quelques-uns habitent la haute mer et se fixent aux Algues et aux Fucus. » (Docteur Chenu.)

« Les Nudibranches se trouvent sur toutes les côtes où le fond est ferme ou rocheux ; depuis la zone comprise entre la haute et la basse marée, jusqu'à une profondeur de 90 mètres. » (Woodward.)

« Ces Mollusques ont, dans le jeune âge, une coquille rudimentaire qui disparaît de bonne heure et n'est jamais remplacée. Leurs mœurs et leurs habitudes paraissent avoir beaucoup d'analogie avec celles des *Limaces;* leurs mouvements sont plutôt lents, et ils étendent leurs branchies et leurs tentacules toutes les fois qu'ils rampent sur les plantes et les cailloux, de même que ces organes se contractent à la volonté de l'animal. Quand ils veulent se fixer sur des Fucus, ils pincent la feuille en rapprochant les bords latéraux du pied, et au moindre danger ils se laissent tomber au fond des eaux. Ils préfèrent pour séjour habituel les plantes marines peu éloignées de la surface de l'eau. Leur nourriture consiste en petits zoophytes et ils cessent de vivre peu de temps après qu'on les a retirés de leur élément. » (Risso.)

On peut dire que ces Mollusques sont de vraies *Limaces de mer*. Plusieurs espèces sont ornées de couleurs brillantes ; mais ces nuances disparaissent rapidement ; aussi ces animaux demandent-ils à être observés et dessinés pendant qu'ils sont vivants et actifs ; après avoir été plongés dans l'alcool, ils perdent leurs formes et leurs couleurs.

De tous les Mollusques, les Nudibranches sont ceux qui sont le moins connus et qui ont besoin d'être encore étudiés. Les genres qui habitent les côtes de France sont nombreux ; mais, comme ils offrent moins d'intérêt que les autres genres, nous n'indiquerons que les espèces les plus connues.

FAMILLE DES DORIDÉS.

(Animal oblong, à branchies plumeuses, disposées en cercle sur le milieu du dos.)

Genre Doris (*Lin.*), Doris.

Ces Mollusques sont ovales, déprimés, pourvus de deux tentacules dorsaux. Ils sont d'une fécondité prodigieuse et une seule Doris pond environ 80,000 œufs disposés en

Fig. 25. — Frai de Doris (*Doris Johnstoni*).

une seule lanière peu épaisse et tournée en cornet (fig. 25). Ils se nourrissent de zoophytes et d'éponges et sont surtout abondants sur les côtes rocheuses, près du niveau de la basse mer.

Les principales espèces des côtes de France sont :

Doris argo (Lin.), Doris argus. Animal de coloration rouge avec de petits points blancs sur le pourtour du manteau. Habite les côtes de l'Océan et de la Méditerranée.

D. tuberculata (Cuvier.), Doris tuberculeuse. Espèce à granulations irrégulières disséminées sur le dos. Habite les côtes de la Loire-Inférieure et de la Charente-Inférieure, la Méditerranée.

D. derelicta (Fischer), Doris délaissée. Animal elliptique, jaune plus ou moins foncé ; manteau large et couvert de tubercules ; longueur, 40 millimètres. Habite toutes les côtes de France.

D. rubra (d'Orb.), Doris rouge. Animal rouge cocciné. Habite les côtes de la Rochelle, Arcachon, la Méditerranée.

D. depressa (Alder et H.), Doris déprimée. Espèce très déprimée, à manteau renforcé de spicules calcaires ; c'est la même espèce que la *Villersia scutigera* de d'Orbigny. Habite les côtes de la Charente-Inférieure.

D. Johnstoni (Alder et H.), Doris de Johnston (fig. 5, pl. 18). Animal gris jaunâtre, parsemé de taches obscures sur le manteau. Habite les côtes de l'Océan.

D. Biscayensis (Fischer), Doris de Biscaye. Animal ovalaire, allongé, jaune clair, long de 20 millimètres. Habite le bassin d'Arcachon.

D. seposita (Fisch.), D. séparée. Espèce voisine de la précédente, à manteau de couleur jaune, longue de 16 millimètres. Habite les mêmes parages.

D. Eubalia (Fischer), Doris Eubalia. Animal à corps ovale, aplati ; manteau très large, jaune; longueur, 6 millimètres ; mêmes parages.

D. tomentosa (Cuvier), Doris tomenteuse . Animal jaune pâle, ponctué de petites taches brunes, manteau tomenteux. Habite toutes les côtes du Sud-Ouest.

Genre Goniodoris (*Forbes*), Goniodoris.

L'animal est oblong, à tentacules feuilletés non rétractiles, à manteau très petit. On trouve sur le littoral français :

Goniodoris elegans (Cantraine), Goniodoris élégante . Espèce étroite, allongée, d'un bleu indigo, parcourue en dessus par une ligne médiane jaune d'or et, de chaque côté, par deux autres de même couleur. Habite la Méditerranée ; on la trouve rarement dans le bassin d'Arcachon.

Genre Œgirus (*Loven*), Œgire.

Dans ce genre, l'animal est allongé, à branchies arborescentes ; il est couvert de très grands tubercules ; on trouve sur les côtes de France :

Œgirus punctilucens (d'Orb.), Œgire à points brillants (fig. 6, pl. 18). Vit sur la zone littorale, côtes de la Manche.

Genre Polycera (*Cuvier*), Polycère.

L'animal est allongé, à tentacules feuilletés non rétractiles. Les *Polycères* vivent sur les Corallines ; elles pondent de juillet en août ; leur frai, en forme de ruban, est enroulé sur des pierres. Une espèce vit sur nos côtes du Sud-Ouest :

Polycera Lessoni (d'Orb.), Polycère de Lesson (fig. 5, pl. 18). Habite les côtes de la Rochelle.

Genre Idalia (*Leach.*), Idalie.

Dans ce genre, l'animal est oblong, élargi, presque lisse. Une seule espèce vit sur notre littoral où elle est assez commune :

Idalia aspersa (Alder et H.), Idalie mouchetée (fig. 8, pl. 18. Vit sur la zone des Corallines. Habite les côtes du Boulonnais, à Arcachon (dans les parcs aux huîtres), à Guéthary et sur les côtes de la Méditerranée.

FAMILLE DES TRITONIADÉS.

(Animal à branchies feuilletées, plumeuses, disposées le long des côtés du dos.)

Genre Tritonia (*Cuvier*), Tritonie.

Ces Mollusques sont allongés ; leurs tentacules ont des filaments ramifiés ; on les trouve souvent sur les bancs de *Pecten*, ils atteignent d'assez grandes dimensions.

L'espèce la plus connue est :

Tritonia Hombergii (Cuvier), Tritonie de Homberg (fig. 9, pl. 18). Grande espèce, d'une couleur cuivrée ; vit sur les rochers, dans les régions profondes, côtes de la Manche et de Bretagne.

Genre Scyllæa (*Lin.*), Scyllée.

Dans ce genre, l'animal est allongé, comprimé, à pied long, étroit et canaliculé.

Les *Scyllées* vivent sur les Algues flottantes, une seule espèce vit sur le littoral français :

Scyllæa pelagica (Lin.), Scyllée pélagique (fig. 10, pl. 18). Cette espèce est commune parmi les Varechs ; son corps est comprimé ; la bouche est munie d'une sorte de trompe. Ce Mollusque embrasse avec son pied étroit, creusé en sillon, les tiges des plantes aquatiques. Habite toutes les côtes de France.

Genre Tethys (*Lin.*), **Téthys.**

Dans ce genre, l'animal est elliptique, déprimé, à tête couverte d'un disque largement étalé et frangé. Les *Téthys* se nourrissent d'autres Mollusques et de crustacés ; elles atteignent de grandes dimensions. Une seule espèce vit sur nos côtes méditerranéennes où elle est rare :

Tethys fimbriata (Lin.), Téthys frangée (fig. 11. pl. 18). L'animal est gris, saupoudré de blanc ; il exhale une odeur fétide. (La *T. leporina* (Gmel.) n'est qu'une variété.)

Genre Dendronotus (*Alder et H.*), **Dendronote.**

Ce genre, très voisin des *Tritonies*, se compose d'animaux à corps allongé, à tentacules lamelleux, à pied étroit. Ils vivent dans le voisinage du littoral, sur les Algues et les Corallines.

On trouve sur nos côtes :

Dendronotus arborescens (Müll.), Dendronote arborescent (fig. 12, pl. 18). Très belle espèce qui vit sur les côtes de la Loire-Inférieure, de la Charente-Inférieure et sur les rochers de Guéthary (Basses-Pyrénées.).

Une espèce voisine, le *D. luteolus* (Lafont), qui diffère de la précédente par son corps lisse et sa coloration jaune, vit dans le chenal du cap Ferret (Gironde), sur les Sertulaires.

Genre Doto (*Oken*), Doto.

L'animal est grêle, allongé, à tentacules linéaires, rétractiles dans des gaines tubiformes; une espèce vit sur le littoral français :

Doto coronata (Gmel.), Doto couronné (fig. 13, pl. 18). Cette espèce vit dans les eaux profondes, sur les Corallines. Habite les côtes de la Charente-Inférieure et des Basses-Pyrénées (Biarritz).

FAMILLE DES ÉOLIDÉS.

(Animal à branchies papilleuses disposées le long des côtés du dos; pas de cuirasse ni de manteau.)

Genre Eolis (*Cuvier*), Éolide.

Les *Éolides* sont ovalaires, à tentacules dorsaux lisses et grêles, à pied étroit. La bouche a une mâchoire supérieure cornée.

« Ce sont des animaux actifs, remuant continuellement leurs tentacules, allongeant et contractant leurs papilles ; ils nagent à la surface de la mer avec le corps renversé ; ils se nourrissent principalement de Sertulariens. » (Woodward.)

« Les Éolides sont vives, irritables, querelleuses ; elles se disputent les proies avec acharnement; elles se mordent et se mutilent ; leurs organes saillants, tentacules ou branchies, se trouvent souvent, après le combat, dans un état déplorable. » (Moquin-T.) Ces Mollusques vivent sous les pierres, où ils déposent leur frai sous la forme d'un ruban ayant plusieurs tours ondulés.

On trouve sur nos côtes :

Eolis Cuvieri (Lam.); *E. papillosa* (Lin.), Éolide de Cuvier (fig. 1, pl. 19). Espèce assez commune sur nos côtes de l'Océan. On la trouve sur le littoral du Boulonnais, à la Rochelle, où elle est commune sur la digue de Richelieu, etc.

E. Drummondi (Thomp.), Éolide de Drummond. Jolie espèce, à papilles dorsales disposées en cinq faisceaux rouges et quelquefois gris dorés ; tentacules inférieurs très longs et roses couleur de chair ; tentacules supérieurs lamelleux et orangés ; corps blanc avec une petite raie rouge entre les yeux ; vit sur les côtes de la Charente-Inférieure et dans le bassin d'Arcachon, où elle est commune d'août en septembre, sur les piles du débarcadère.

E. Landsburgi (Alder et H.), Éolide de Landsburg. Espèce d'un violet tendre; papilles d'un rouge marron à extrémité blanche ; longueur, 13 à 15 millimètres. Vit sur les côtes de la Charente-Inférieure et dans le bassin d'Arcachon; commune par 5 ou 6 brasses, sur les huîtres et les pierres.

E. paradoxa (Quatrefages), Éolide paradoxale (fig. 4, pl. 19). Animal jaune orange sur le dessus du corps; papilles dorsales marbrées de gris et de blanc; longueur, 14 à 15 millimètres. Vit dans le bassin d'Arcachon avec l'espèce précédente.

E. coronata (Forbes), Éolide couronnée (fig. 14, pl. 18). Animal blanchâtre, transparent; dos tacheté de blanc bleuâtre, irisé; papilles dorsales ponctuées de rouge, de bleu et de blanc. Vit à de petites profondeurs, sous les pierres. Habite le bassin d'Arcachon, dans les parcs aux huîtres.

On trouve encore sur nos côtes l'*E. grossularia* (Fischer) et l'*E. conspersa* (Fischer), peu communes dans le bassin d'Arcachon.

C'est au genre *Eolis* qu'on peut rattacher le genre *Amphorina* (Quatrefages) qui est représenté sur nos côtes par une très belle espèce : *Amphorina Alberti* (Quatref.). Ce très petit Mollusque, qui a été trouvé sur nos côtes de l'Océan, à Bréhat, parmi les goémons, a une tête plus grosse et plus haute que le corps; sa queue est effilée et pointue ; il a quatre cornes inégales disposées comme celles des Hélices; les douze branchies qui s'élèvent sur son dos sont alternativement fusiformes et ovoïdes, ce qui lui donne l'apparence la plus bizarre ; sa coloration est splendide ; il est ponctué de jaune d'or sur un fond blanc. « L'Amphorine est un vrai bijou de la nature. » (Moquin-T.)

FAMILLE DES PHYLLIROIDÉS.

(Animal pélagique, comprimé, dépourvu de pied, nageant au moyen d'une queue en forme de nageoire.)

Genre Phyllirhoe (*Péron*), Phyllirhoé.

Ce genre a été placé par quelques auteurs avec les Hétéropodes. Ces Mollusques sont fusiformes, translucides, à queue lobée, à mâchoires cornées. Ils nagent lentement en remuant la queue comme une nageoire et se laissant entraîner par les courants.

Une seule espèce habite nos côtes méditerranéennes : *Phyllirhoe Bucephalum* (Péron), Phyllirhoé Bucéphale (fig. 2, pl. 19). Animal hyalin, grisâtre, à mufle rosé ; vit dans le golfe de Nice.

FAMILLE DES ÉLYSIADÉS.

(Animal sans manteau ni organe respiratoire distincts ; yeux sessiles sur les côtés de la tête.)

Genre Elysia (*Risso*), Élysie.

Les *Elysies* sont elliptiques, déprimées, à pied étroit ; elles vivent sur les Zostères et les Algues et nagent à la surface de l'eau, comme les Éolides ; elles ont l'apparence des Aplysies ; leurs œufs sont réunis en un long cordon enroulé en disque.

« Ces Mollusques aiment les anses peuplées de Fucus où l'eau est tranquille ; ils vivent en famille ; si on les touche, ils se laissent aller au fond de l'eau. » (Cantraine.)

Une seule espèce vit sur nos côtes :

Elysia viridis (Mont.), Élysie verte (fig. 3, pl. 19). Espèce d'un vert pâle ; on la trouve dans le bassin d'Arcachon où elle est rare ; elle est plus commune dans la Méditerranée.

Genre Acteonia (*Quatrefages*), Actéonie.

Ces Mollusques sont très petits, hirudiniformes, à tête obtuse, avec des crêtes latérales partant de deux courts tentacules coniques, derrière lesquels sont les yeux.

Deux espèces vivent sur nos côtes de la Manche :

Acteonia corrugata (Alder et H.), Actéonie ridée (fig. 5, pl. 19).

A. senestra (Quatref.), Actéonie sénestre (fig. 6, pl. 19).

Genre Limapontia (*Johnston*), Limapontie.

Animal petit, à tête tronquée en avant, avec des crêtes latérales arquées portant les yeux; pied linéaire; corps lisse, très contractile, aplati latéralement. Ces petits Mollusques se trouvent au printemps et en été entre le niveau des hautes et des moyennes marées; ils se nourrissent de Conferves et déposent leur frai en petites masses pyriformes contenant chacune de 50 à 150 œufs.

Une espèce vit sur nos côtes :

Limapontia nigra (John.), Limapontie noire (fig. 7, pl. 19). Habite le littoral de la Manche et de la Bretagne.

ORDRE DES NUCLÉOBRANCHES (Blainv.).

Cet ordre se compose d'animaux marins qui nagent à la surface, au lieu de ramper sur le fond de la mer. Ils progressent rapidement par de vigoureux mouvements de leur queue en nageoire, ou au moyen d'une nageoire ventrale en éventail et ils adhèrent aux Algues par un petit suçoir placé sur le bord de cette dernière. (Woodward.)

Ces Mollusques habitent la haute mer, mais ils sont fréquemment poussés par les courants sur les côtes de France; nous indiquons les genres qui sont le plus souvent capturés sur notre littoral :

FAMILLE DES FIROLIDÉS.

(Animal allongé, cylindrique, translucide, muni d'une nageoire ventrale et d'une nageoire caudale; bouche munie d'une lèvre circulaire.)

Genre Firola (*Péron*), Firole.

Les *Firoles* sont des animaux fusiformes, à tête longue et grêle, à nageoire rétrécie à la base et munie d'un petit suçoir. Ces Mollusques ont la vie très tenace et vivent plusieurs heures après qu'ils ont échoué sur le sable; une seule espèce se rencontre sur le littoral français :

Firola coronata (Forsk.), Firole couronnée. C'est la plus grande espèce du genre; son corps est hyalin et sans taches. On la trouve quelquefois sur nos côtes méditerranéennes, dans les parages de Nice et de Menton.

Genre Carinaria (*Lam.*), Carinaire.

Dans ce genre, l'animal est grand, translucide, granuleux, à tête grosse et cylindrique, à tentacules longs et grêles, oculés près de la base; il est muni d'une nageoire ventrale arrondie, à base large, avec un petit suçoir marginal; sa queue est grande, comprimée latéralement; les branchies, qui sont nombreuses, sortent sous la coquille. Celle-ci est fragile, hyaline, à carène dorsale dentelée et ayant quelque analogie avec celles du genre *Pileopsis*.

« La Carinaire est douée d'organes de préhension et de déglutition proportionnés à sa voracité; avec des râtelures de fortes dents en carde, elle saisit sa proie, qui ne peut plus lui échapper et qui, en un instant, se trouve dans son estomac, dont les parois peuvent considérablement se distendre. » (Cantraine.)

Une seule espèce vit sur nos côtes méditerranéennes : *Carinaria Mediterranea* (Péron); *C. cymbium* (Lam.), Carinaire de la Méditerranée (fig. 8 et 9, pl. 19). Cette belle espèce fait de fréquentes apparitions sur nos côtes, principalement sur le littoral de Nice et de Menton.

PTÉROPODES.

Cette classe se compose d'animaux dont toute la vie se passe dans la haute mer et dont l'organisation est spécialement adaptée à ce genre d'existence. Comme ils n'appartiennent à aucun continent, nous n'en parlerions pas, si quelques espèces n'étaient fréquemment rejetées sur nos côtes par les tempêtes et ne méritaient d'être décrites.

Les *Ptéropodes*, par leur structure, se rapprochent surtout des Gastéropodes marins ; mais ils leur sont de beaucoup inférieurs. Ils possèdent des tentacules et des yeux très imparfaits; le vrai pied est petit ou presque nul : les nageoires se développent sur les côtés de la bouche ou du cou. La coquille, lorsqu'elle existe, est fragile et translucide ; elle se compose d'une plaque dorsale et d'une plaque ventrale réunies, avec une ouverture antérieure pour la tête, des fentes latérales pour le passage des filaments du manteau, et se termine en arrière par une ou trois pointes ; quelquefois elle est conique, ou enroulée en spirale, ou fermée par un opercule spiral. Ces Mollusques constituent donc un groupe bien distinct, qui est le plus inférieur des ordres d'*univalves* ou *céphalés*, et qui ne se rapproche cependant nullement des *bivalves*. Ils sont surtout caractérisés par les deux larges ailes ou nageoires membraneuses situées à droite et à gauche de leur tête. Ces expansions sont à la fois des organes de mouvement et de respiration. Elles ont fait donner à ce groupe le nom de *Ptéropodes* (*pieds-ailes*). De Blainville les divise en deux sections : *Thécosomatés* et *Gymnosomatés*. Les espèces qui fréquentent nos côtes n'appartiennent qu'à la première section.

THÉCOSOMATÉS (Blainville).

Animal muni d'une coquille externe ; tête indistincte, pied et tentacules rudimentaires réunis avec les nageoires.

FAMILLE DES HYALÉIDÉS.

(Coquille droite ou courbée, globuleuse ou subulée. — Animal muni de deux grandes nageoires ; corps enfermé dans un manteau.)

Genre Hyalea (*Lam.*). Hyale.

Dans ce genre la coquille est globuleuse, translucide ; la plaque dorsale est légèrement aplatie et prolongée en capuchon ; l'ouverture est contractée et fendue de chaque côté ; l'extrémité postérieure est tridentée.

« Les *Hyales* nagent dans une position verticale, un peu oblique, agitant horizontalement leurs nageoires ; mais, quoique leurs mouvements soient assez vifs, leur progression est lente. » (Cantraine.) On ne trouve généralement que deux espèces sur nos côtes :

Hyalea tridentata (Gmel), Hyale tridentée (fig. 10 et 11, pl. 19). L'animal a les nageoires d'un brun roux velouté, bordées de bleu violacé ; la coquille est de couleur d'ambre plus ou moins foncé, transparente, fragile et marquée de stries concentriques. A la suite des tempêtes, on la trouve fréquemment sur les plages du Roussillon et de la Provence : à Cette, Marseille, Toulon, Nice, etc...

H. vaginella (Cantr.) ; *H. inflexa* (Lesueur), Hyale recourbée. Cette espèce est beaucoup plus petite que la précédente ; la coquille est allongée, hyaline, lisse, d'un blanc laiteux, légèrement courbée et terminée par trois pointes : deux petites et celle du centre beaucoup plus longue et recourbée. On trouve cette espèce dans les mêmes parages que la précédente, mais surtout sur les côtes de Nice et de Menton, et très rarement sur celles de l'Océan.

Genre **Cleodora** (*Péron*), **Cléodore.**

Les *Cléodores* ont une coquille très fragile, pyramidale, à trois faces striées transversalement ; la face ventrale est plate, la face dorsale carénée. L'ouverture est simple et triangulaire avec les angles prolongés, le sommet aigu. L'animal a des yeux rudimentaires et des tentacules presque nuls. Ces Mollusques ont le même mode d'existence que les Hyales et voguent par troupes dans la haute mer ; ils servent de nourriture à certains poissons du genre *Trigla* (Rougets et Grondins) et on trouve souvent dans l'estomac de ces poissons la coquille intacte, malgré sa fragilité. Deux espèces se rencontrent sur nos côtes :

Cleodora pyramidata (Lin.); *C. lanceolata* (Less.), Cléodore pyramidale (fig. 12, pl. 19). Coquille hyaline, très fragile. Se rencontre sur notre littoral de la Méditerranée et rarement sur celui de l'Océan.

C. cuspidata (Bosc.), Cléodore à pointes (fig. 13, pl. 19). Coquille hyaline, encore plus fragile que la précédente; ne se rencontre que sur nos côtes de la Méditerranée.

Genre Cymbulia (*Péron*), Cymbulie.

Dans ce genre, l'animal a de grandes nageoires arrondies; la coquille est représentée par une masse gélatineuse, en forme de pantoufle, ornée de crêtes dentelées, pointue en avant, tronquée en arrière, à ouverture allongée, ventrale.

Les *Cymbulies*, quand elles nagent, se tiennent dans une position horizontale et remuent les nageoires de haut en bas.

Une seule espèce se rencontre sur nos côtes méditerranéennes :

Cymbulia Peronii (Cuvier); *C. proboscidea* (Péron), Cymbulie de Péron (fig. 14, pl. 19). Curieuse espèce, entièrement gélatineuse, transparente et ayant l'apparence d'un fragment de cristal.

TABLE GÉNÉRALE

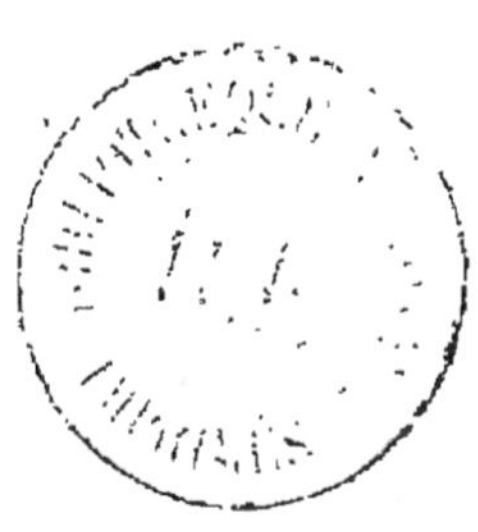

FIN DE LA TABLE ALPHABÉTIQUE.

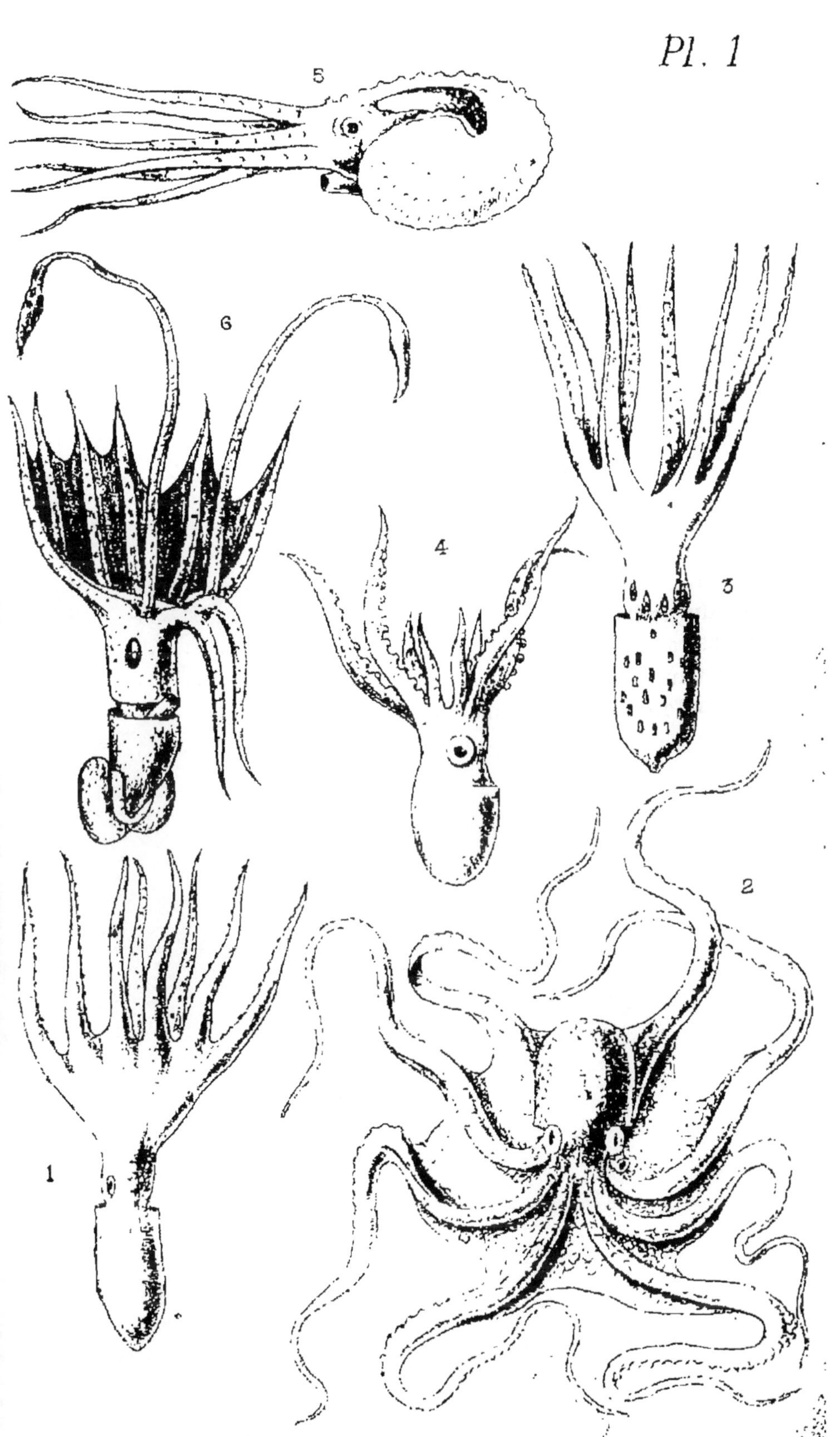

Pl. 1
5
6
4
3
2
1

EXPLICATION DES PLANCHES

PLANCHE I

PLANCHE II

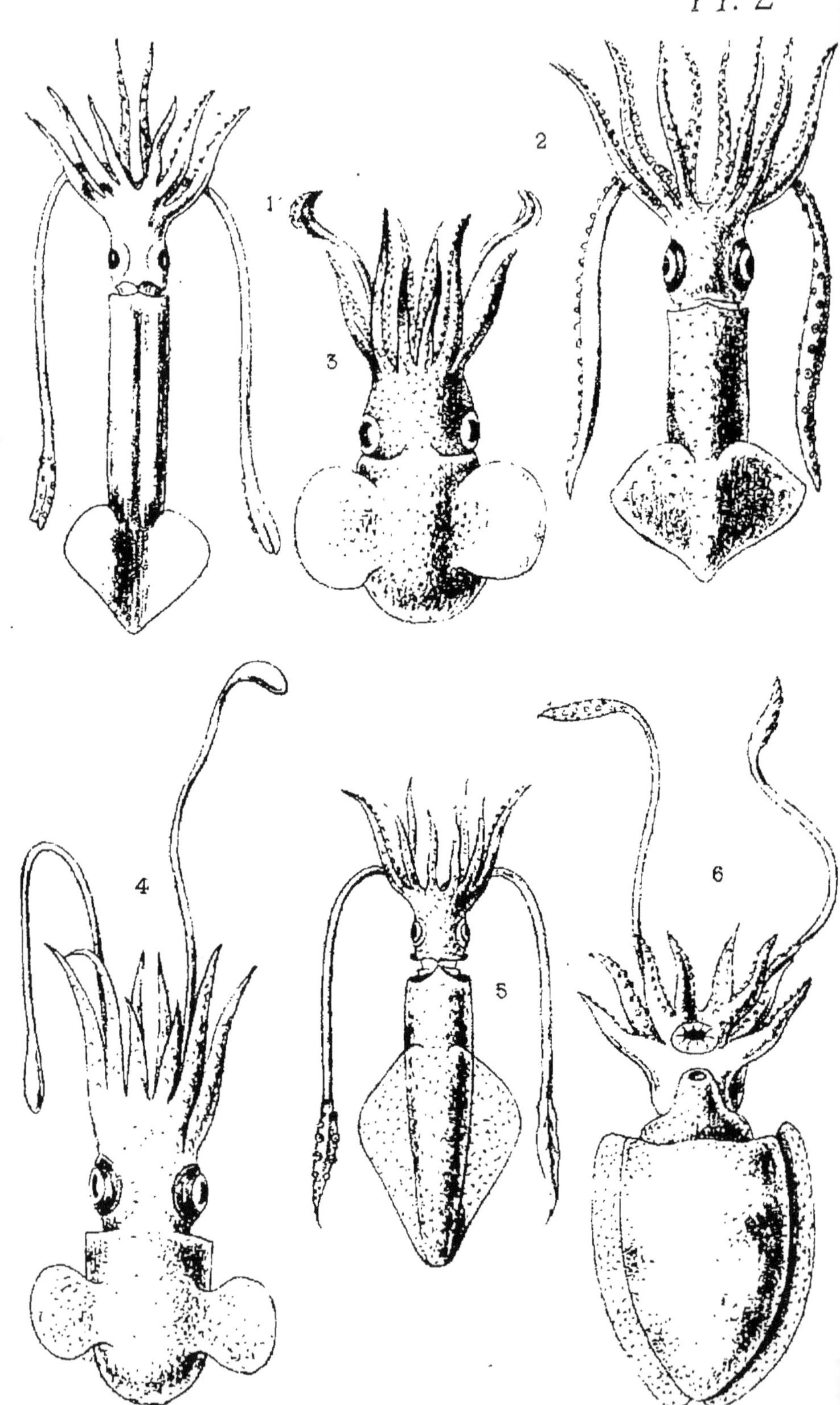

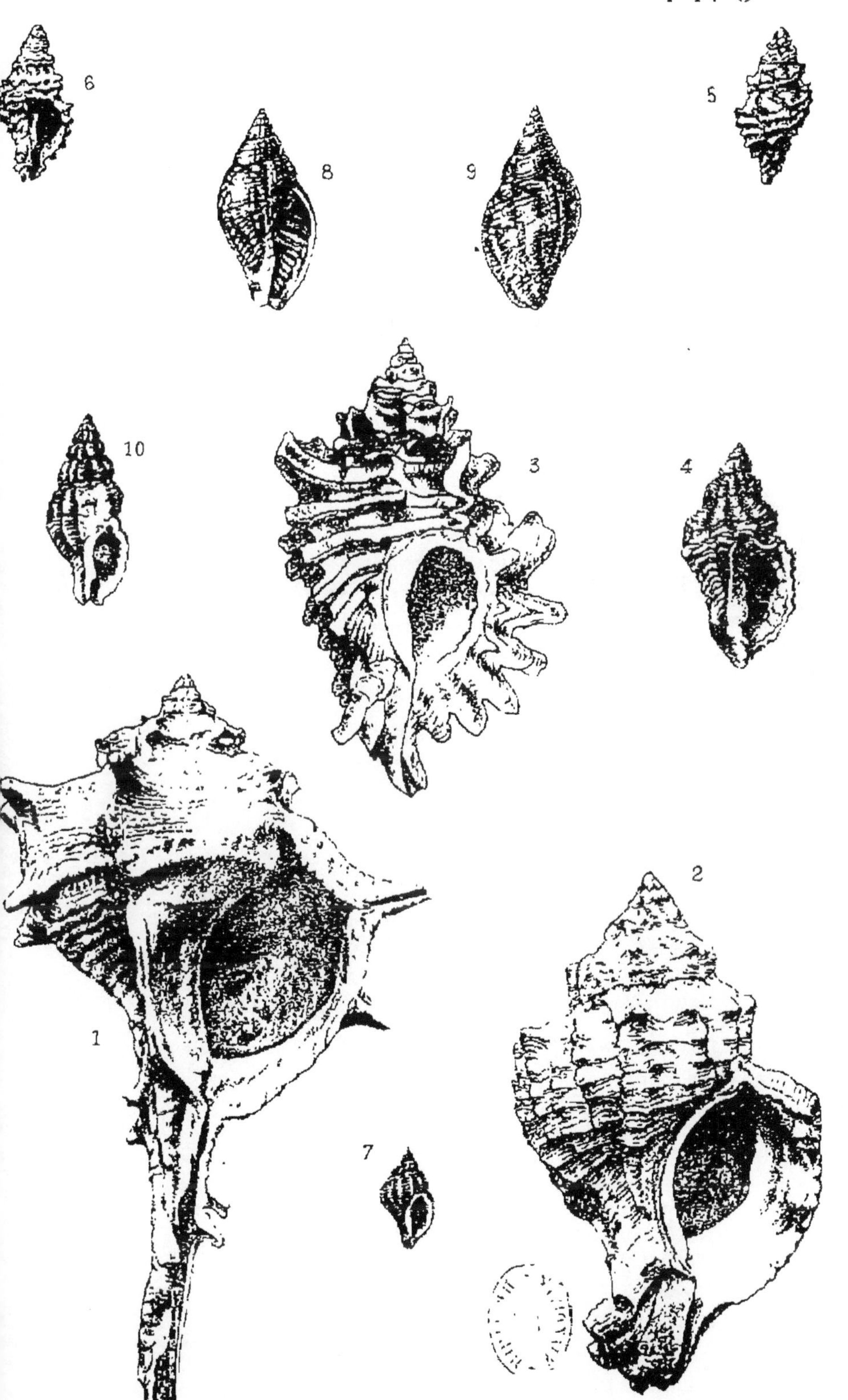
Pl. 3

PLANCHE III

PLANCHE IV

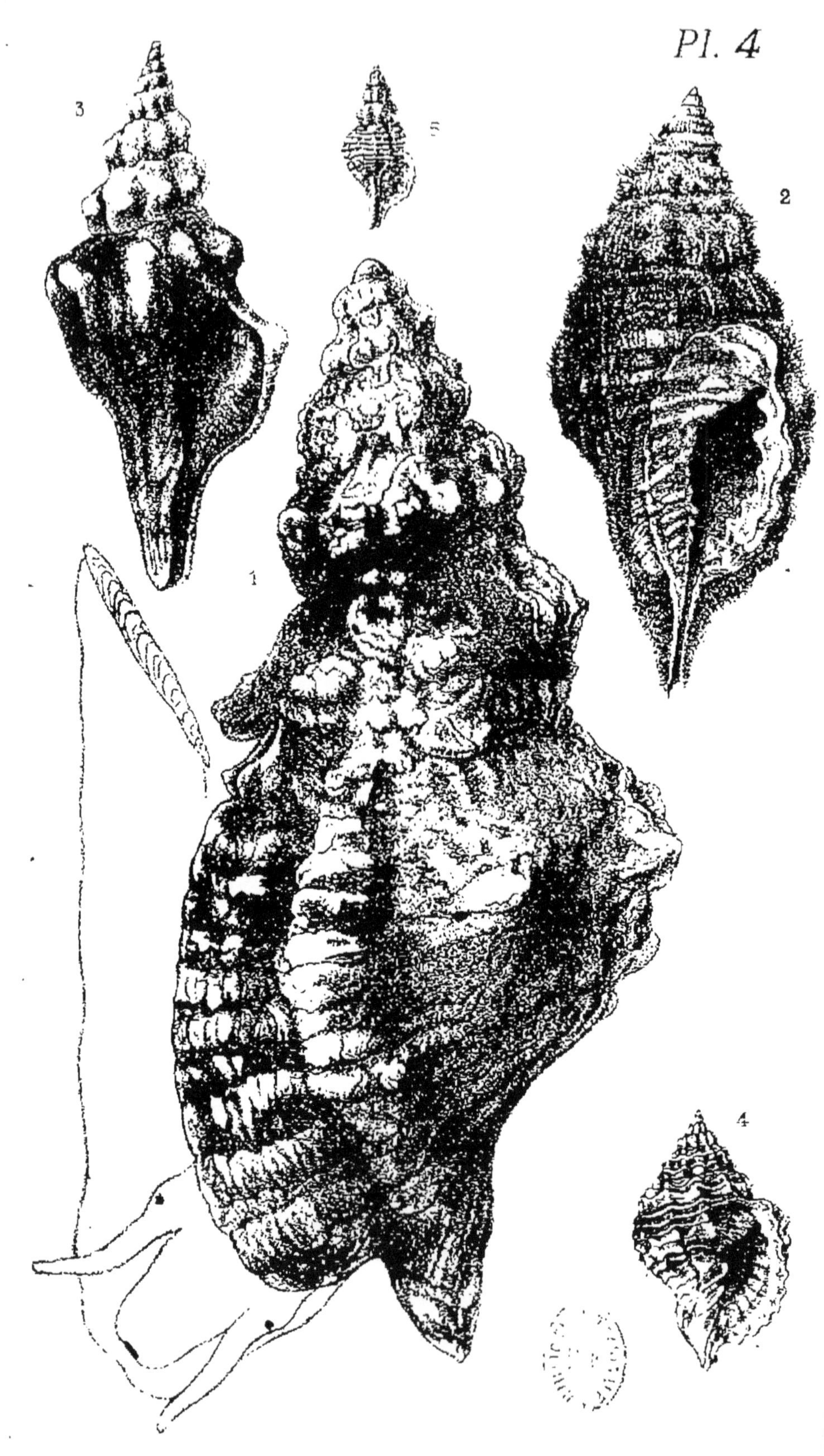

Pl. 4
3
5
2
1
4

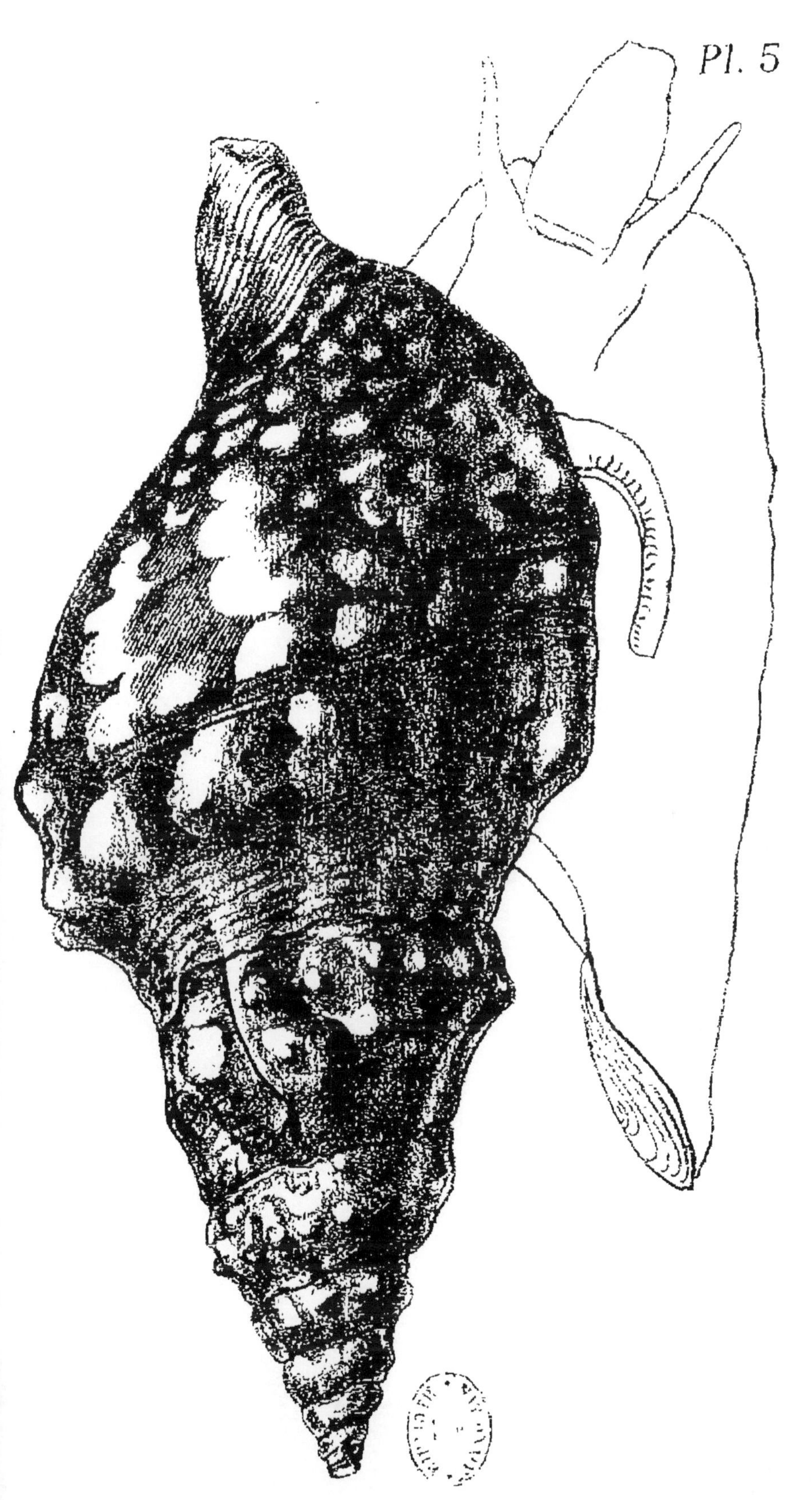

PLANCHE V

PLANCHE VI

Pl. 6

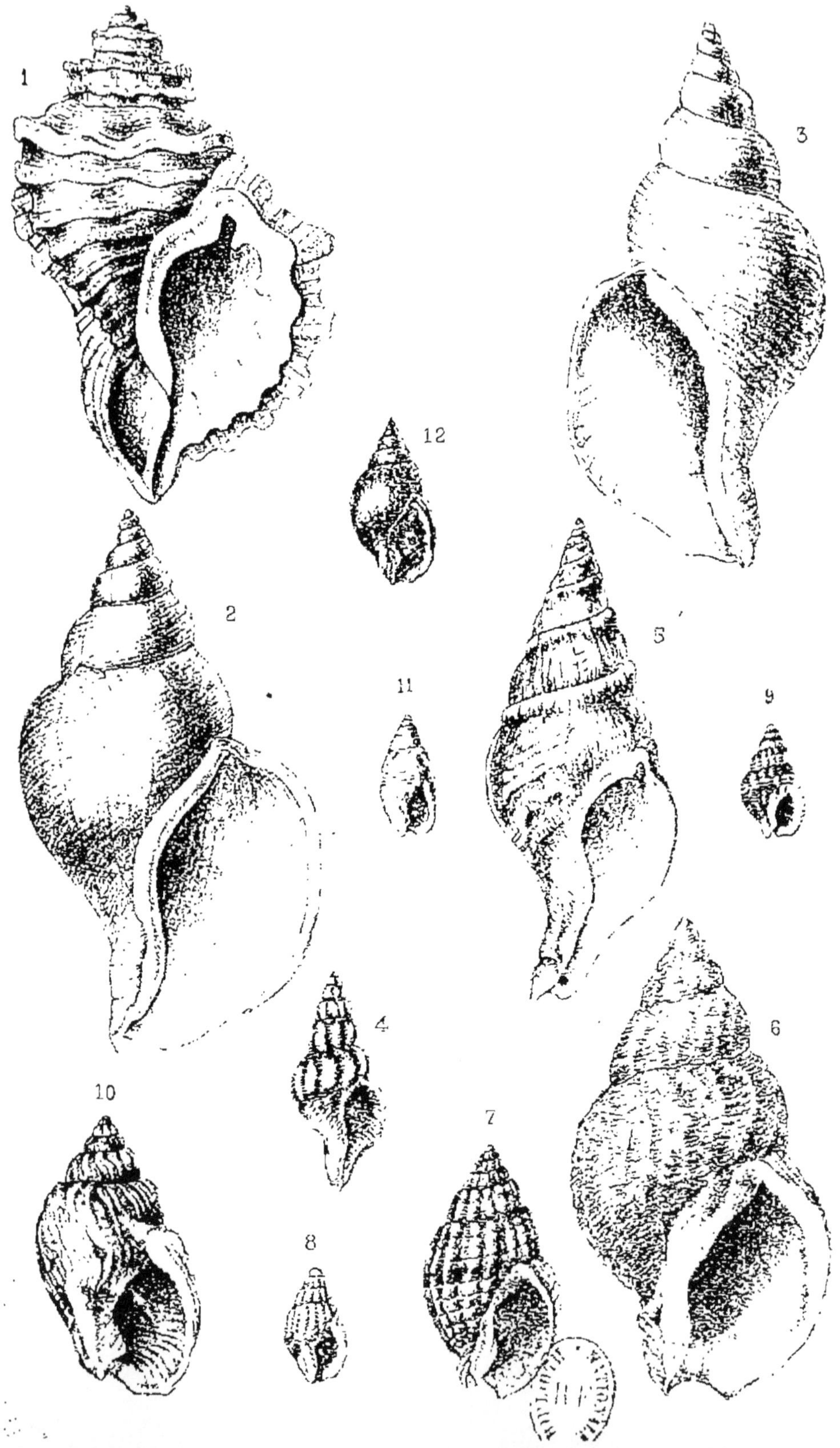

Pl. 7

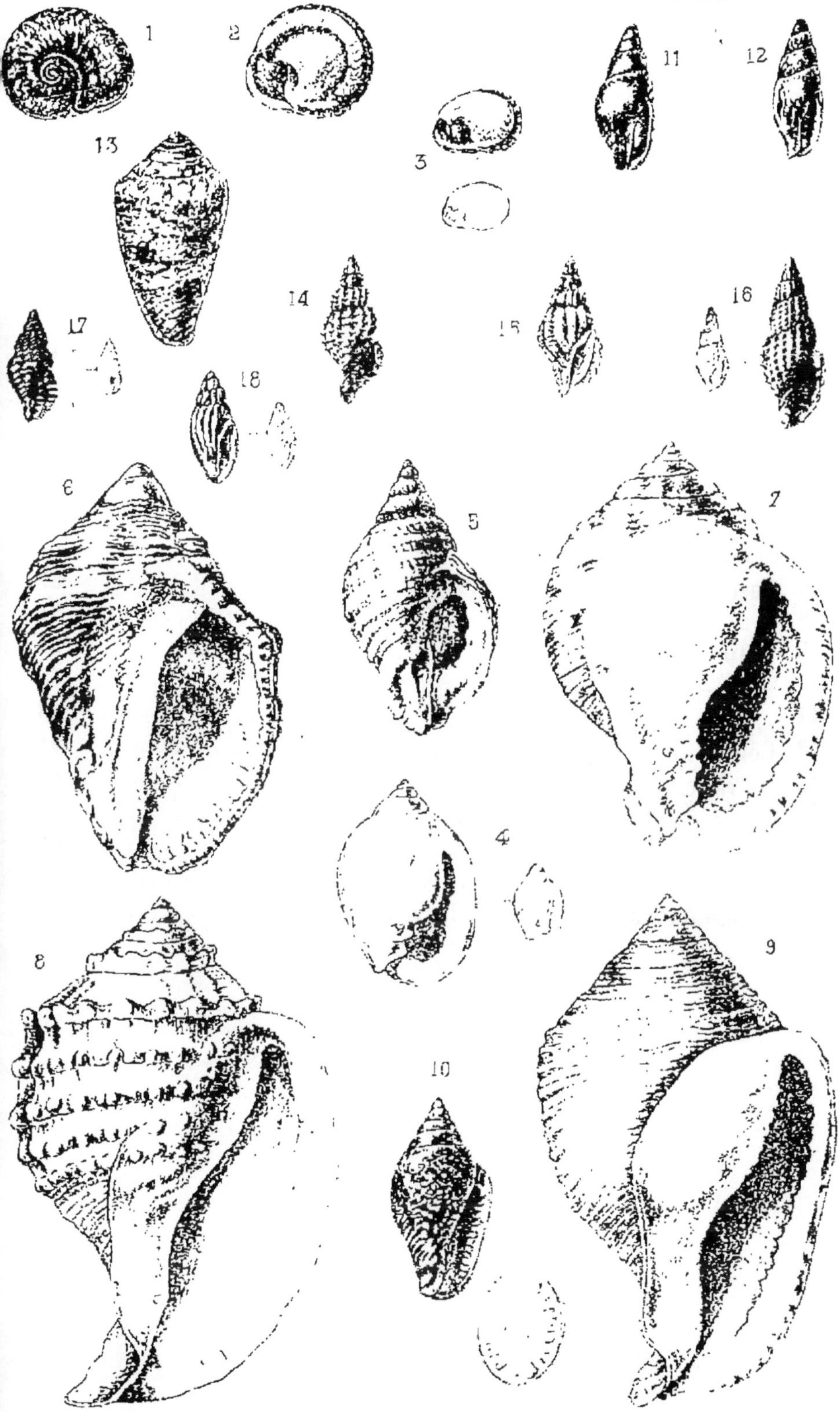

PLANCHE VII

PLANCHE VIII

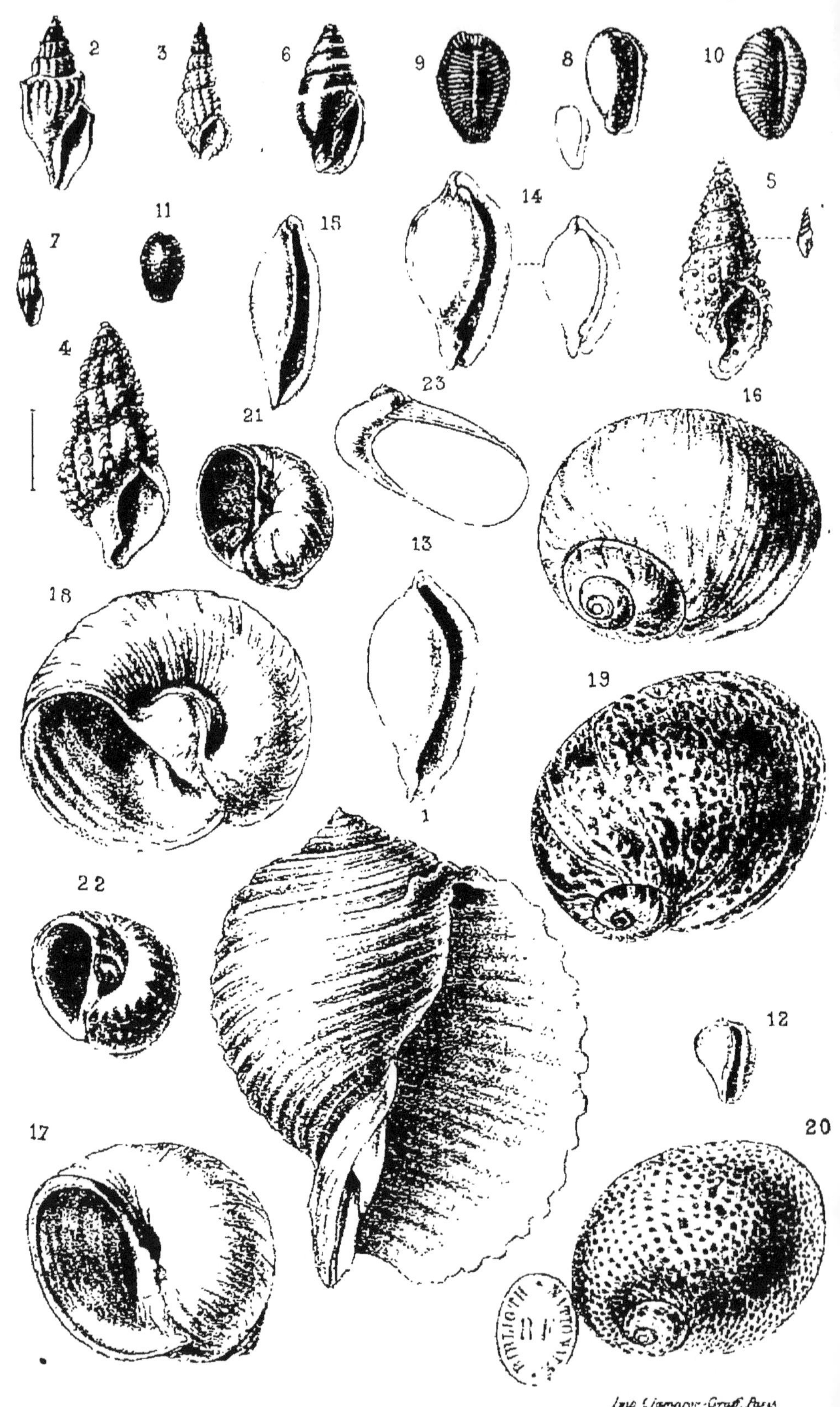

Pl. 8
2
3
6
9
8
10
7
11
15
14
5
4
21
23
16
18
13
19
22
1
12
17
20
Imp Clamann-Graff, Paris

Pl. 9
8
2
4
13
6
24
12
1
7
17
14
11
3
20
25
10
18
21
22
23
19
9
15
16

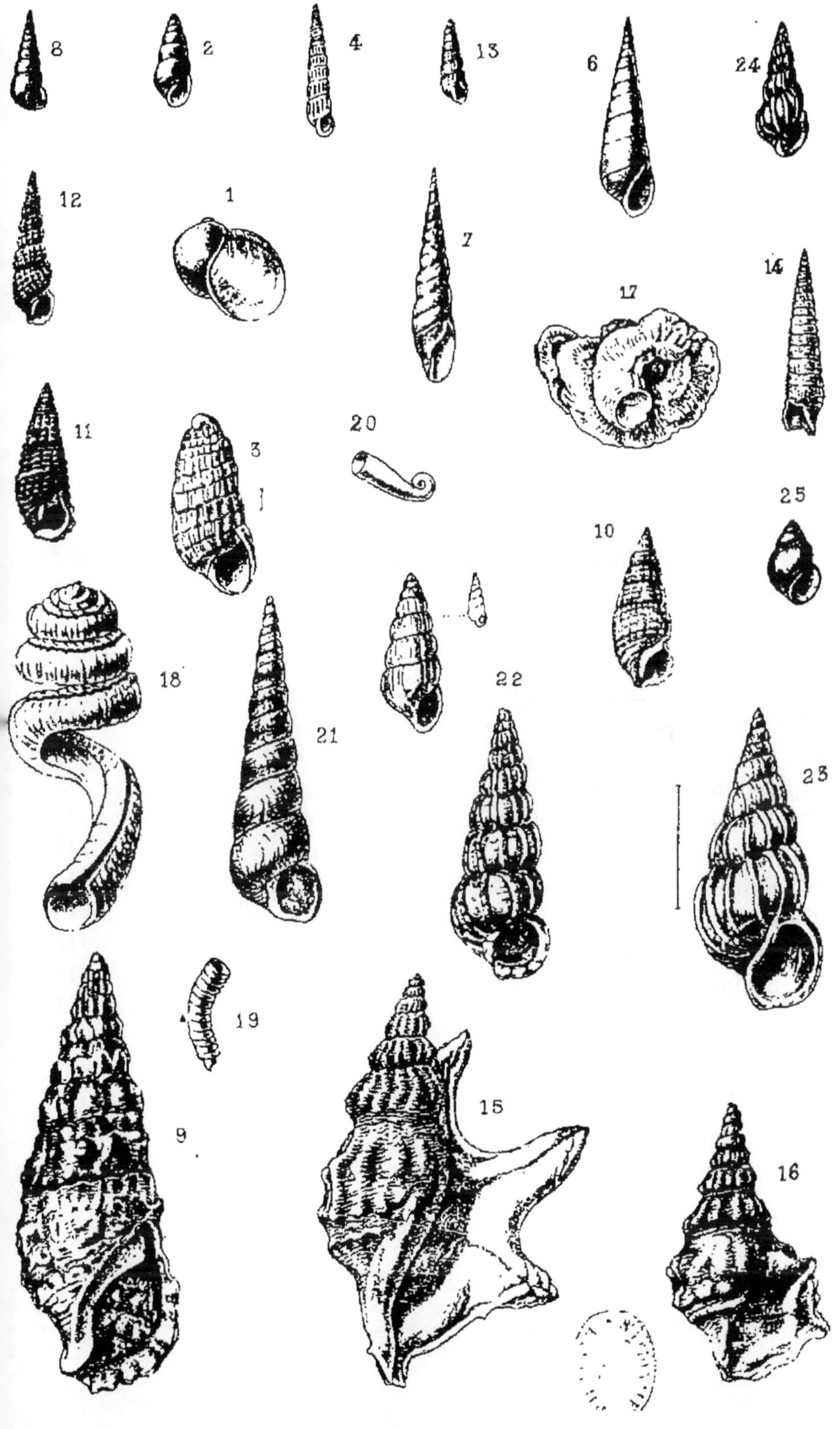

PLANCHE IX

PLANCHE X

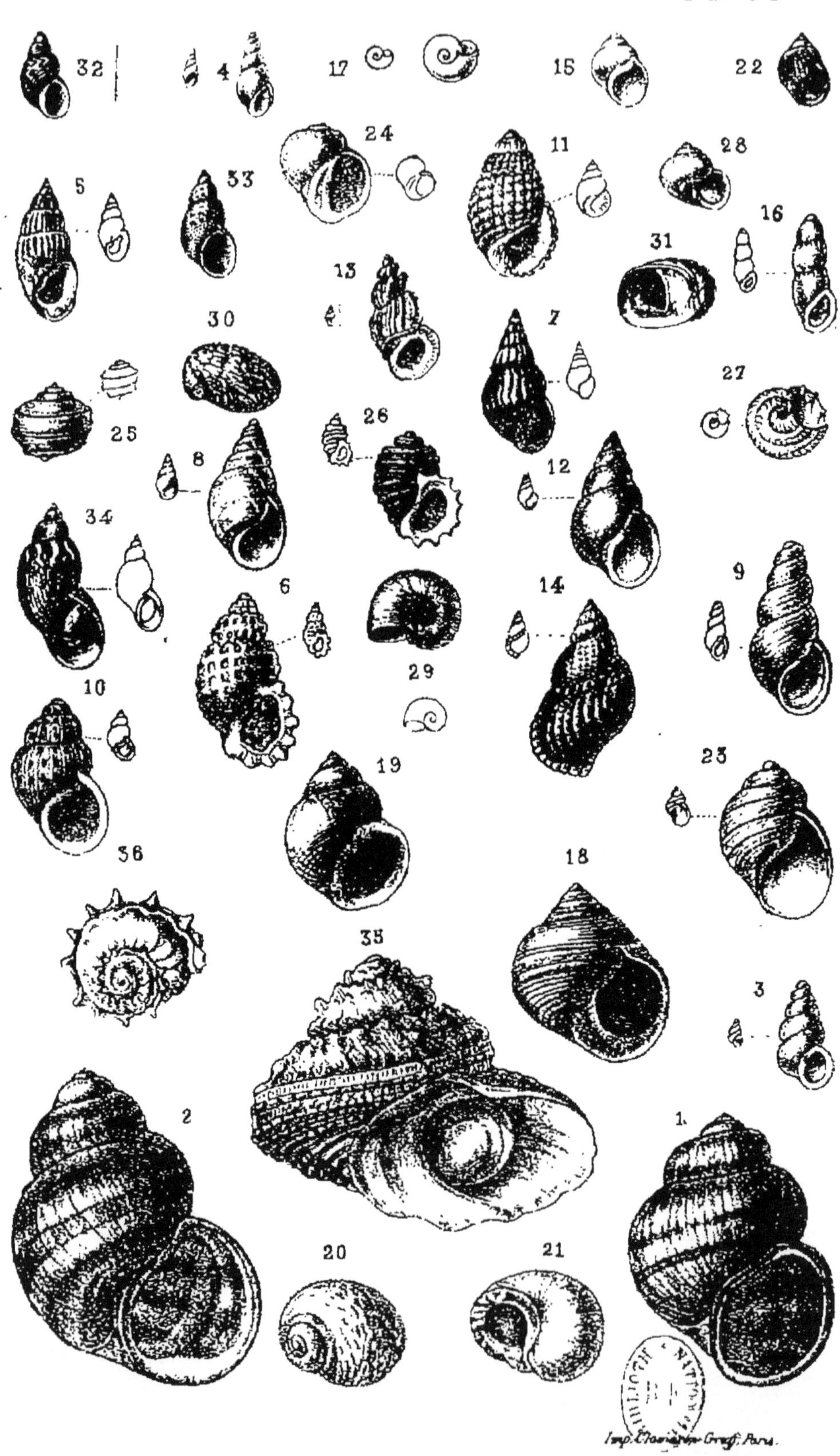

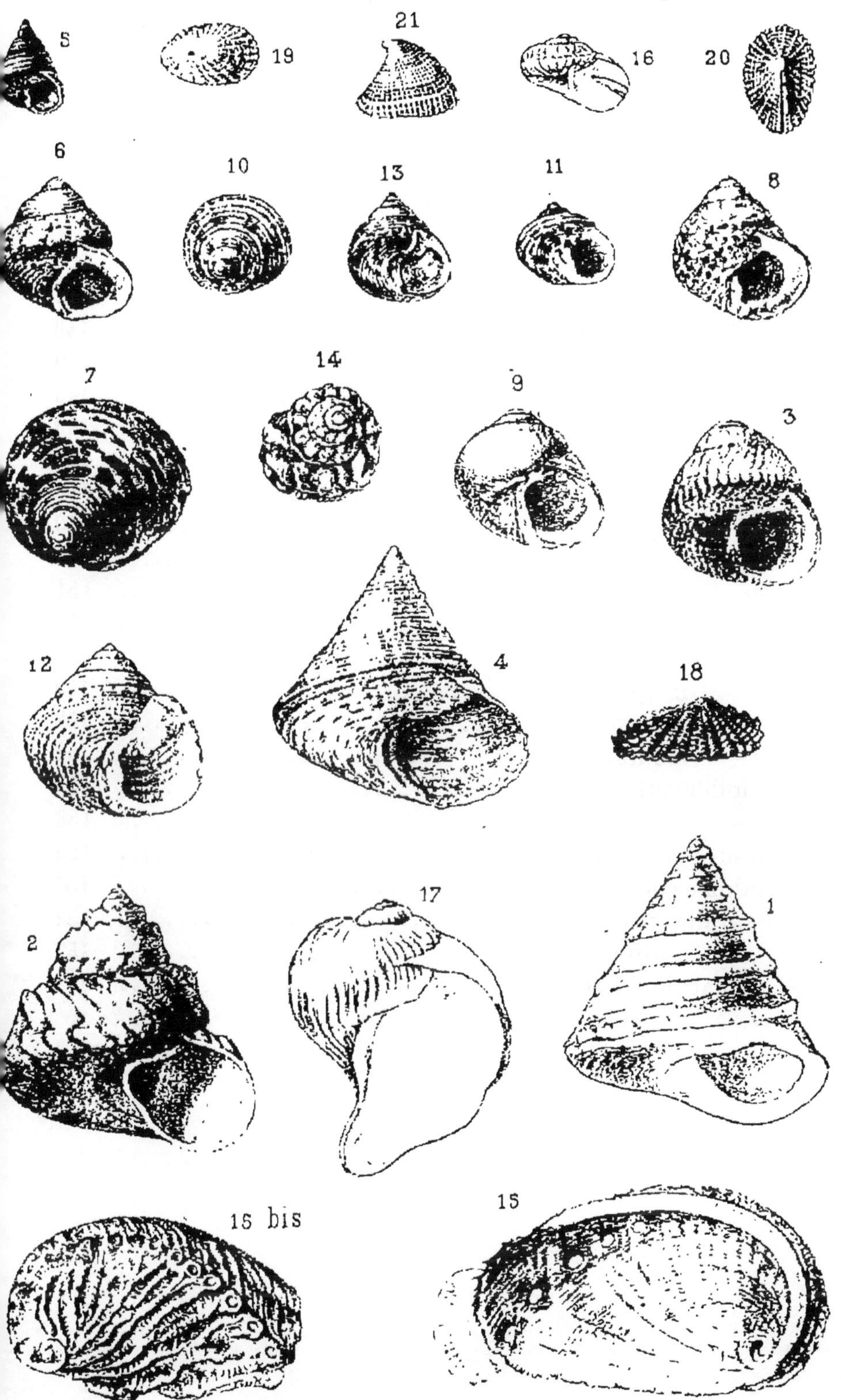

PLANCHE XI

PLANCHE XII

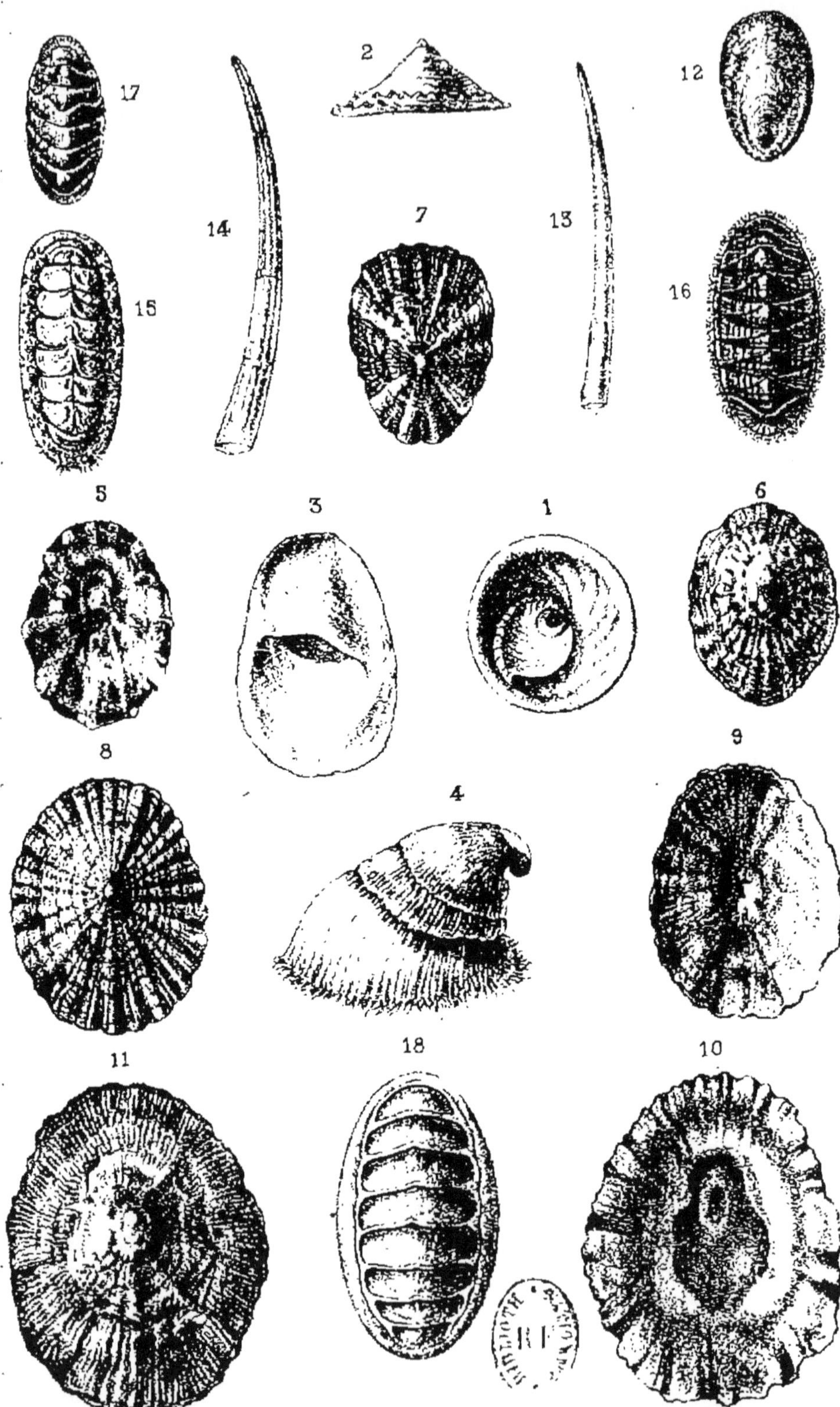
Pl. 12
Imp Clamaron-Graff, Paris.

Pl. 13

PLANCHE XIII

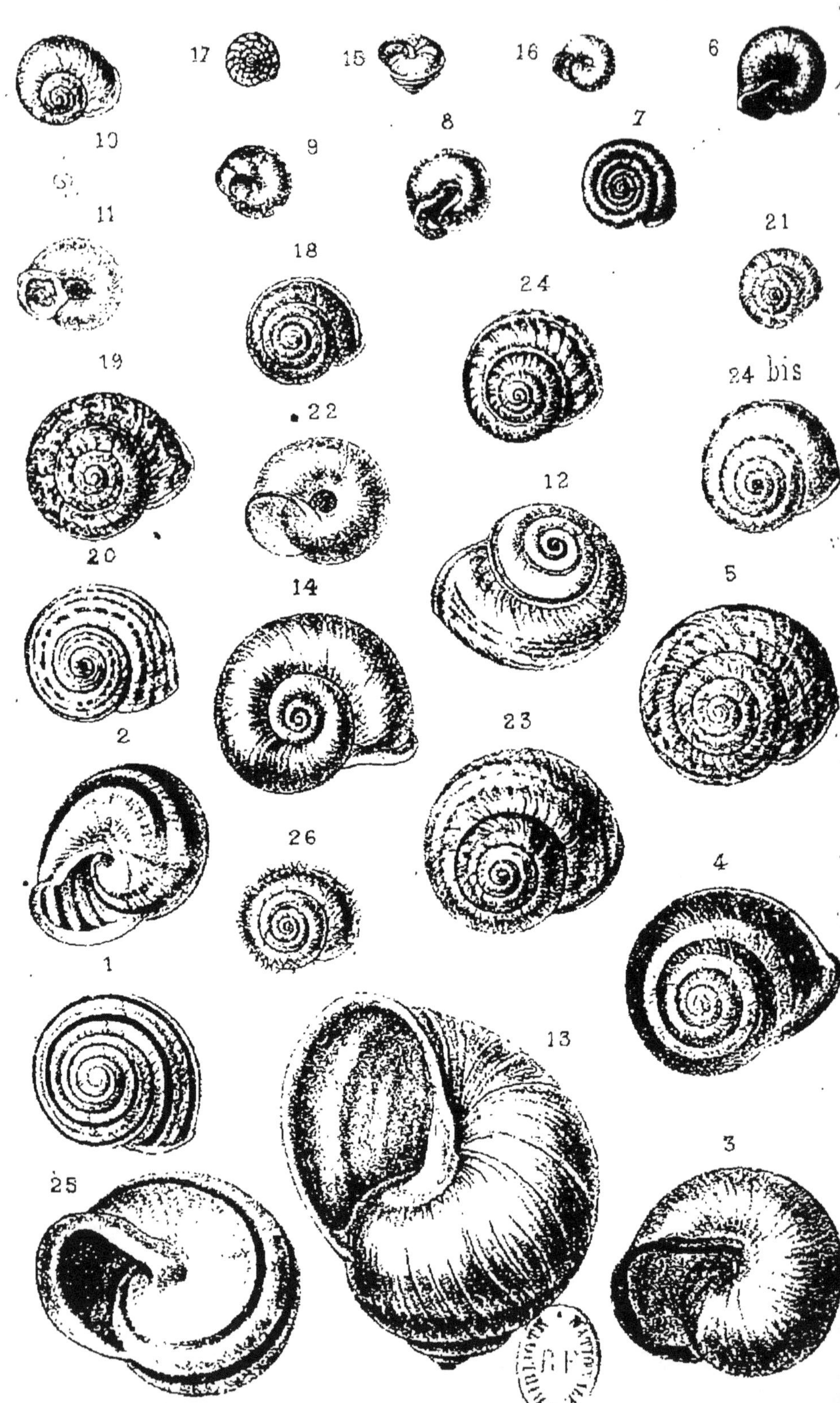
17
15
16
6
10
9
8
7
11
21
18
24
19
24 bis
22
12
20
5
14
2
23
26
1
4
13
25
3

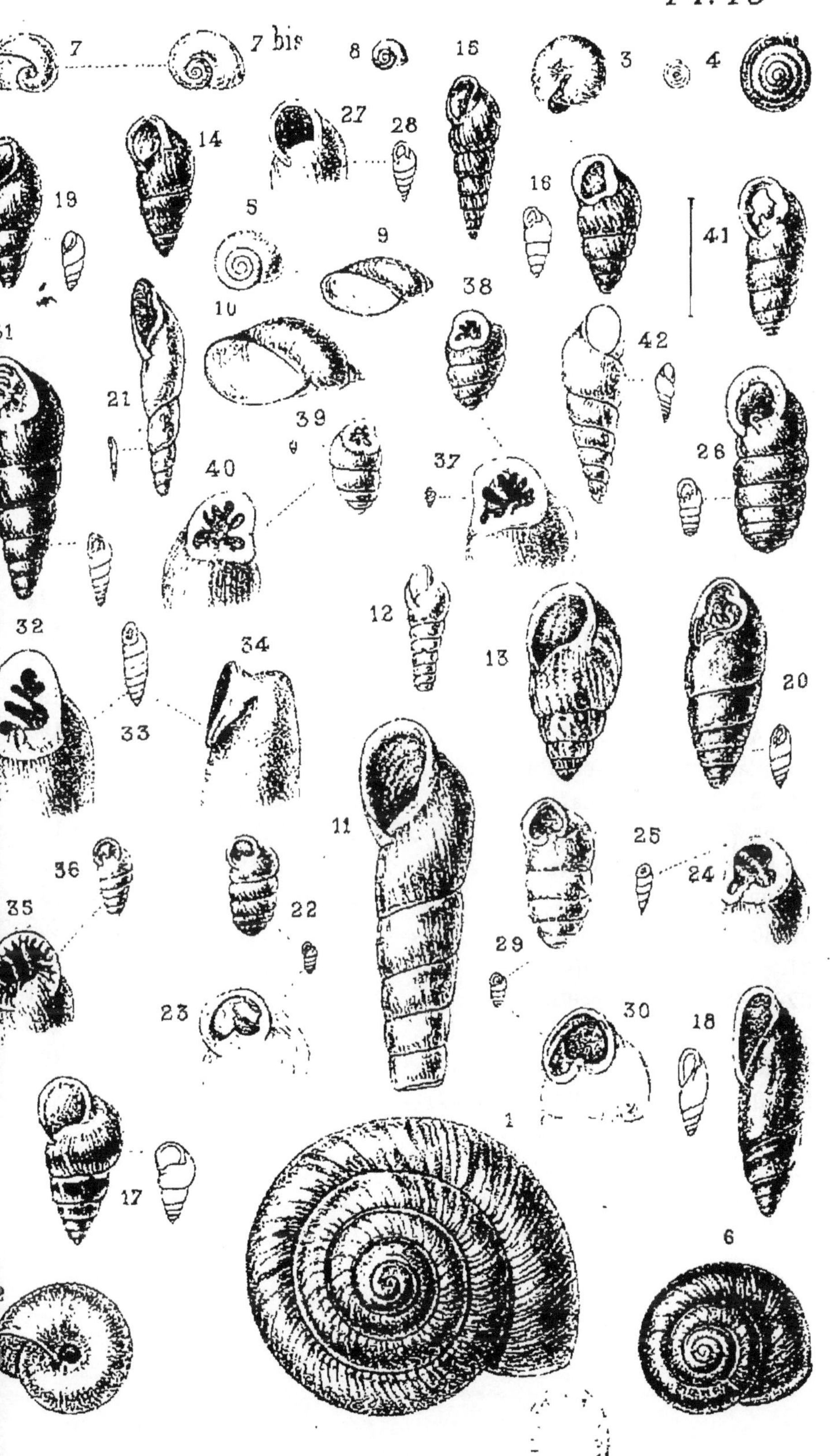
Pl. 15
7
7 bis
8
15
3
4
14
27
28
19
16
41
5
9
38
10
42
31
21
39
37
26
40
32
33
34
12
13
20
35
36
22
23
11
25
24
29
30
18
17
1
6

PLANCHE XV

PLANCHE XVI

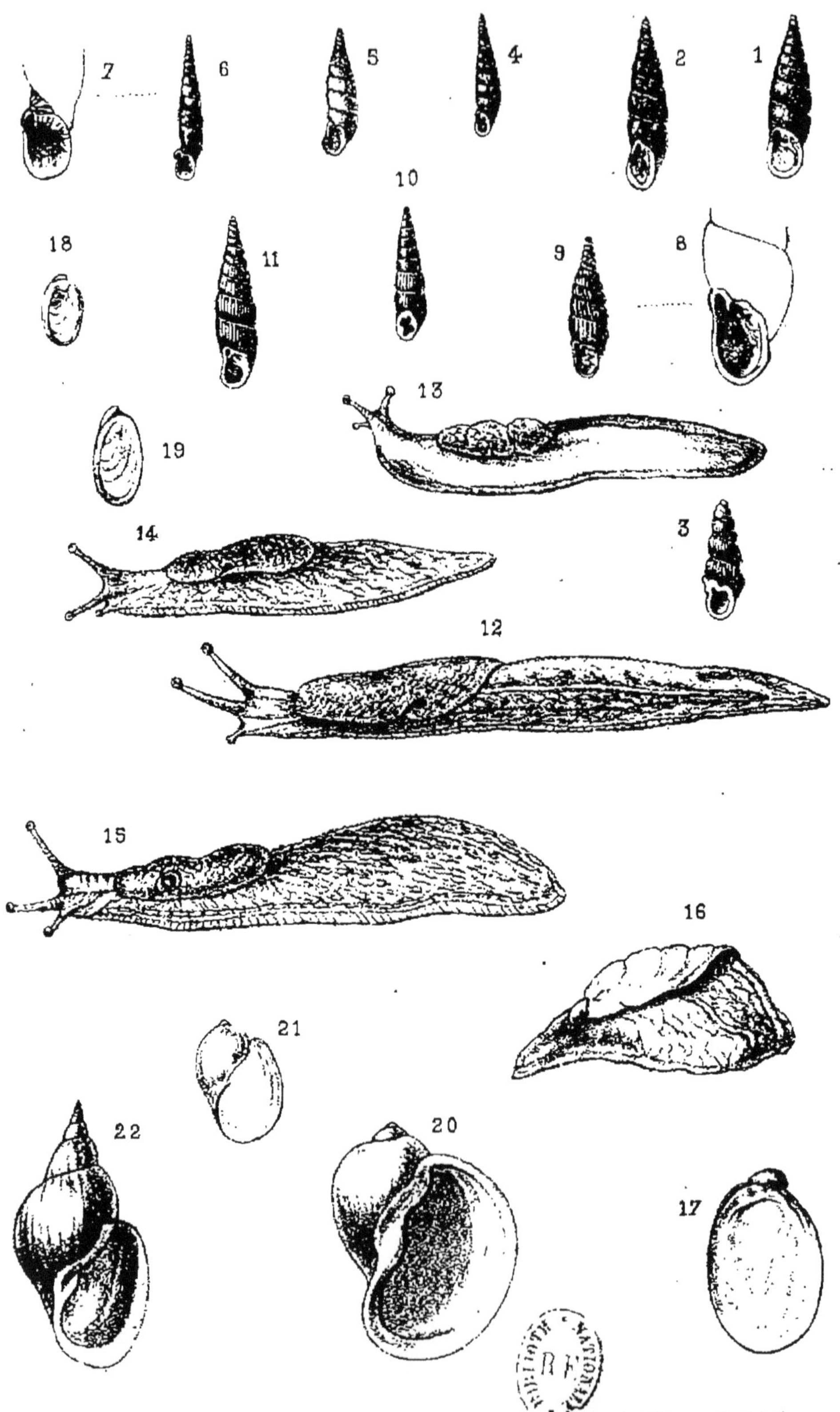

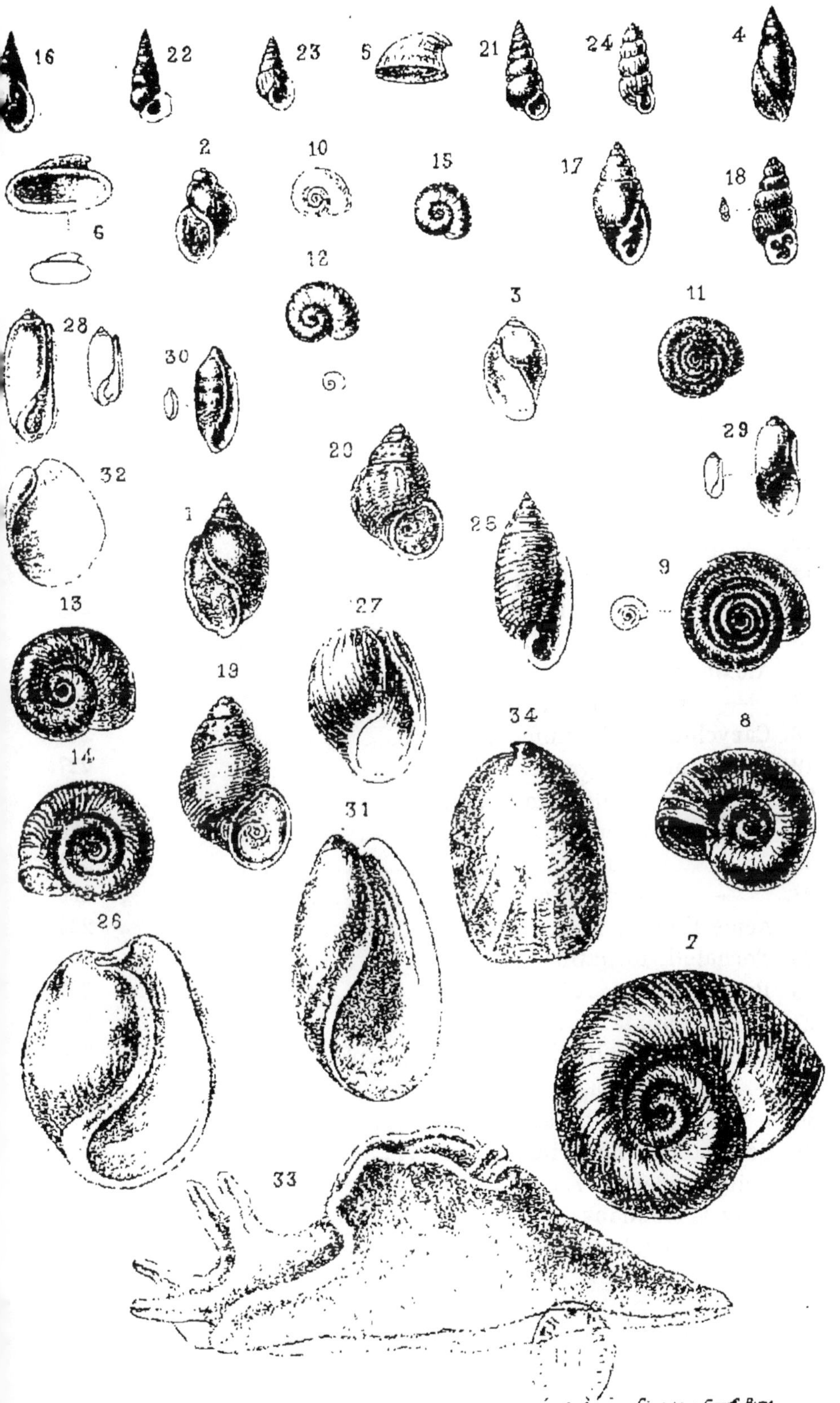

imp. Thomson Graff, Paris.

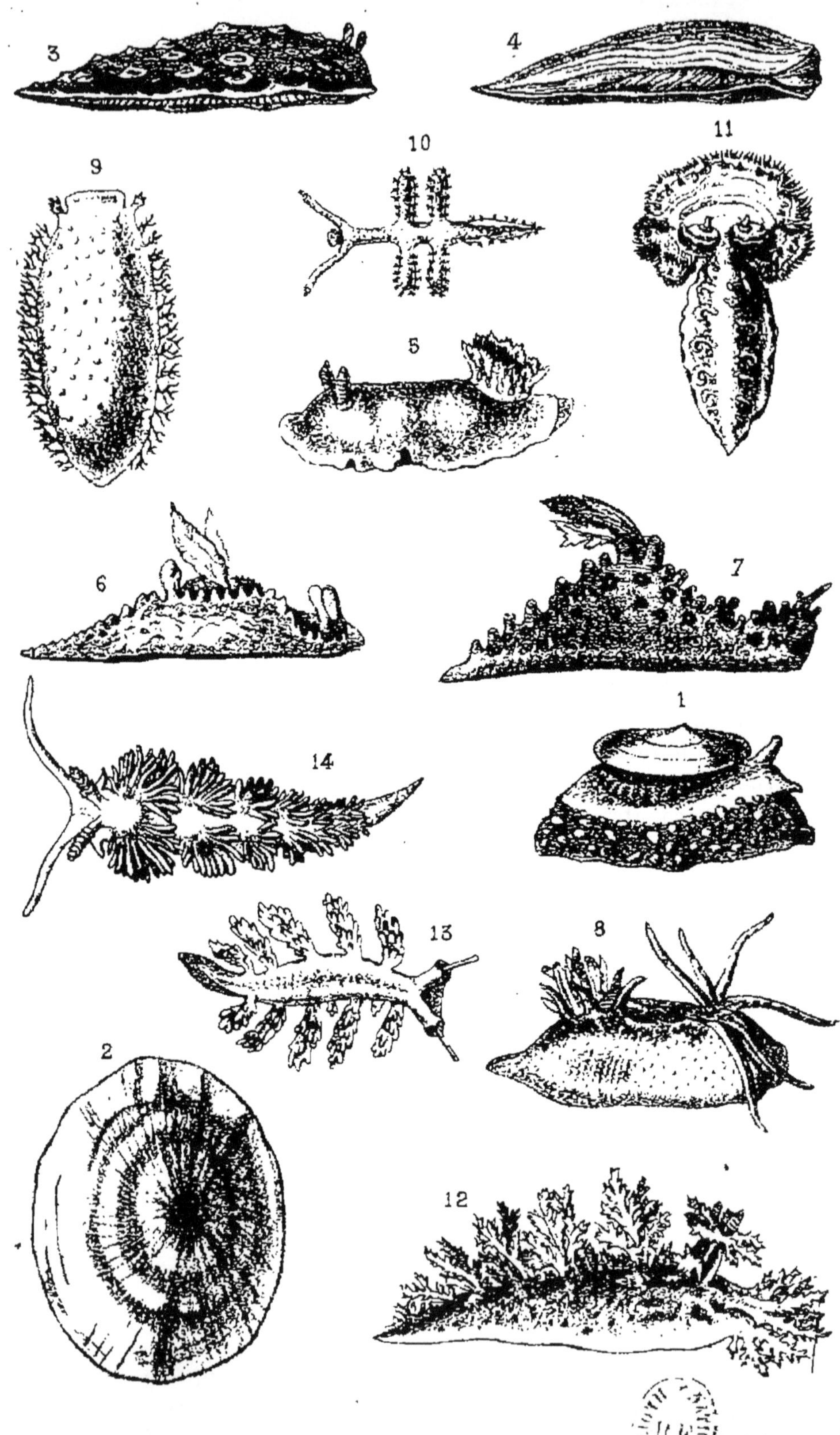

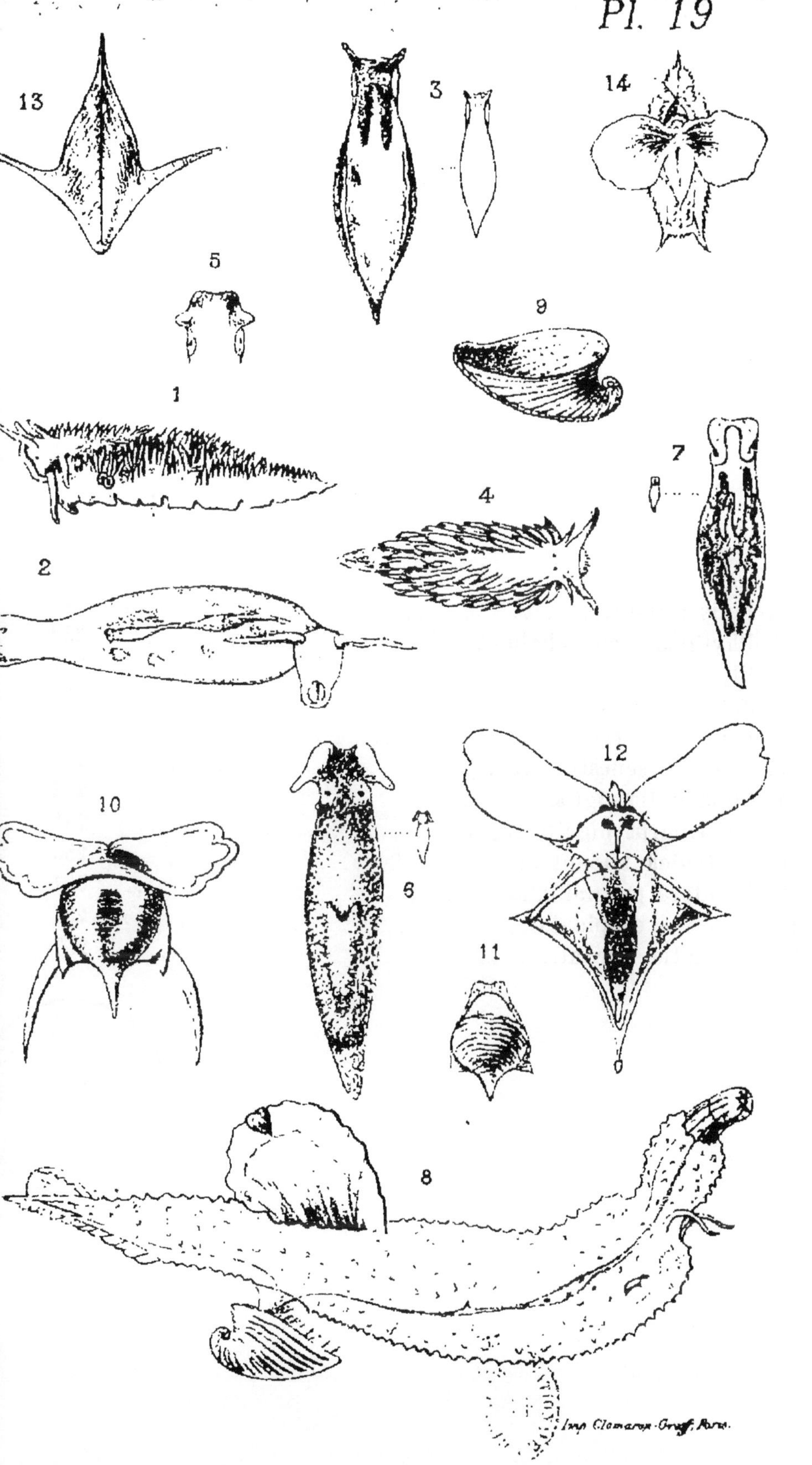

PLANCHE XIX

EXTRAIT DES CATALOGUES

Boîte pour envoi par la poste.................. 2 50

Afin d'éviter les ports onéreux, les échanges entre amateurs se font par la poste, mais les objets fragiles comme les coquilles ont besoin d'être dans un double emballage pour amortir les chocs et éviter le bris qui en résulterait. Ces boîtes de poste sont en bois extérieurement, l'intérieur est capitonné et elles contiennent une boîte toute en liège, fort légère ; le tout pèse environ 150 grammes.

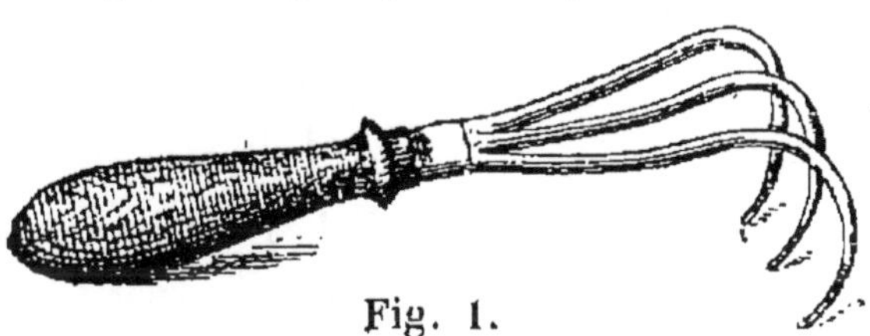

Fig. 1.

Crochets à trois branches (fig. 1), manche en bois.. 3 50
— grand modèle pouvant être fixé au manche
du filet troubleau ou fauchoir........... 5 »

Les feuilles tombées, les débris végétaux en général, recèlent un grand nombre de coquilles ; pour les découvrir, il faut souvent remuer de grandes quantités de ces détritus, ce qu'on ne peut faire qu'à l'aide de cet instrument.

Cuvettes en carton pour ranger les collections de minéraux, de fossiles, de coquilles, etc.

N° 1. de 15 centimètres sur 12 centimètres, le cent......	13 »
— 2. de 11 — sur 8 — —	10 »
— 3. de 8 — sur 5 1/2 — —	8 »
— 4. de 5 1/2 — sur 5 — —	6 »

Sur le devant il y a une coulisse pour placer l'étiquette ; ces cuvettes se multiplient les unes par les autres, de sorte qu'il n'y a aucune place de perdue dans les tiroirs ; c'est le système et les dimensions adoptés maintenant par tous les musées.

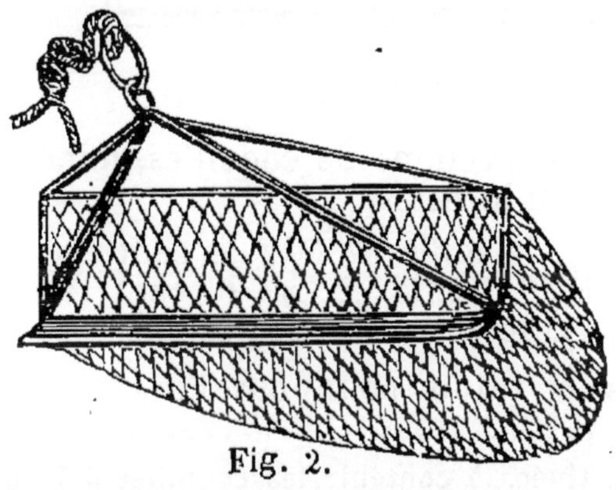

Fig. 2.

Drague pour recueillir au fond de la mer les coquilles, suivant la dimension (fig. 2)..... de 25 à 65 »

Écorçoir pliant Deyrolle (fig. 3)............... 0   »

L'instrument que les naturalistes appellent écorçoir ne sert pas
seulement à écorcer les arbres morts ou ayant des plaies, donnant
asile à des insectes ou des chrysalides, il est aussi utile pour fouiller

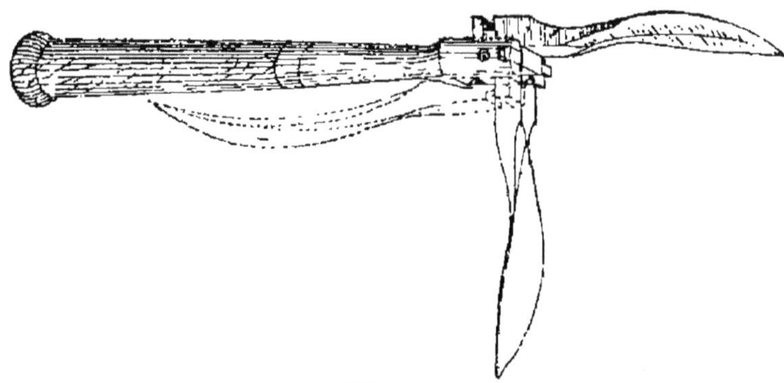

Fig. 3.

la terre, rechercher les coquilles. Le modèle le plus pratique est
celui appelé écorçoir pliant ; pour l'emporter en poche, on replie la
lame le long du manche ; on peut la maintenir à angle droit avec ce
dernier et disposer l'instrument en pioche ; en allongeant la lame,
il devient l'écorçoir ordinaire, pour fouiller dans les terrains meubles.

Fig. 4, 5, 6.

Étiquettes pour collections de coquilles, minéraux,
roches, fossiles ou insectes.

    Nᵒˢ 1 (fig. 6), le mille 2 50 ; le cent   30 c.
       2 (fig. 5), le mille 2 » ; le cent   25 c.
       3 (fig. 4), le mille 1 50 ; le cent   20 c.

Étiquettes avec talon pour cuvettes, le mille 5 fr. ;
le cent.. 50 c.

Les cuvettes destinées à contenir les coquilles doivent avoir une
coulisse dans laquelle on glisse le talon de l'étiquette, de façon que
le cadre et l'inscription se trouvent au-dessus.

Filet troubleau, fort cercle en fer plat, poche en
  toile claire.. 12 50

Ce filet est surtout destiné à pêcher les mollusques dans les mares
ou les eaux courantes ; le cercle en fer, plat, les charnières en tête
de compas, en font un instrument des plus solides ; le manche est
en jonc, par conséquent presque incassable.

Filet aubé, petit modèle pour pêcher dans les
  ornières... » 75

On trouve fréquemment dans les petites flaques d'eau ou dans les
ornières, après les pluies d'orages, de petits mollusques entraînés
par les eaux, qui le plus souvent sont des types qu'on rencontre
rarement ; pour les découvrir au milieu de l'eau bourbeuse, on
emploie un tout petit filet dont le sac est en étoffe assez lâche
pour laisser passer l'eau boueuse mais retient les petits animal-
cules.

Gibecière en toile avec trois compartiments, ban-
  doulière en forte tresse de 5 centim. de large.... 5 »

En excursion, il faut éviter de se charger inutilement ; mais,
d'autre part, les poches sont insuffisantes pour contenir les instruments nécessaires et les objets récoltés ; une gibecière a donc son
utilité ; mais, tout en étant solide, il faut qu'elle soit très légère et
divisée par compartiments, de façon que les outils lourds ne se
se trouvent pas pêle-mêle avec les objets fragiles qui ont été
récoltés.

Loupe de naturaliste donnant le même grossisse-
  ment que le Stanhope, mais avec un long foyer

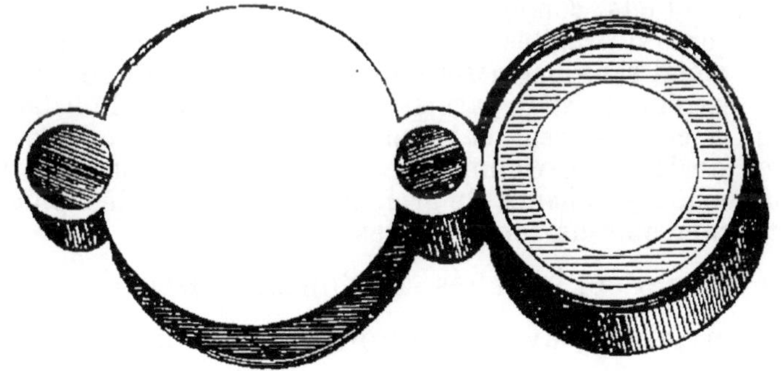

Fig. 7.

de 3 centimètres et un vaste champ permettant de
voir en entier les petits objets, monture maillechort (fig. 7)....................................... 10 »

Préparations microscopiques de différentes parties
  des mollusques et des espèces microscopiques.
  Prix de chaque préparation de............. 1 25 à 1 50

Le catalogue spécial (en préparation) sera envoyé dès son apparition à toutes les personnes qui en feront la demande.

Outils pour dissections et préparations microscopiques; ce.
petits instruments de précision sont montés sur manches
en ivoire.

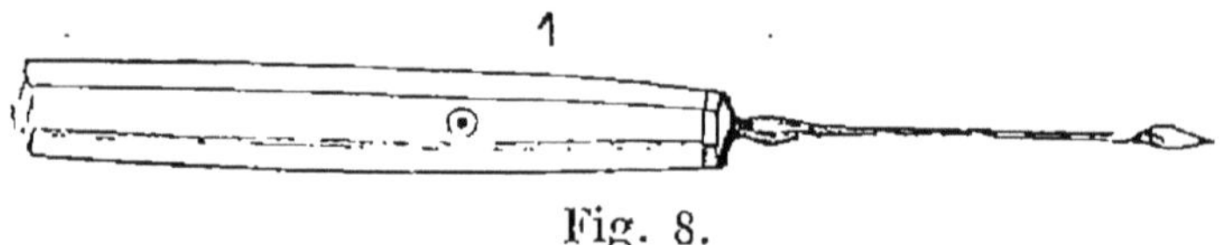

Fig. 8.

Modèle n° 1 (fig. 8)...................................... 4 »

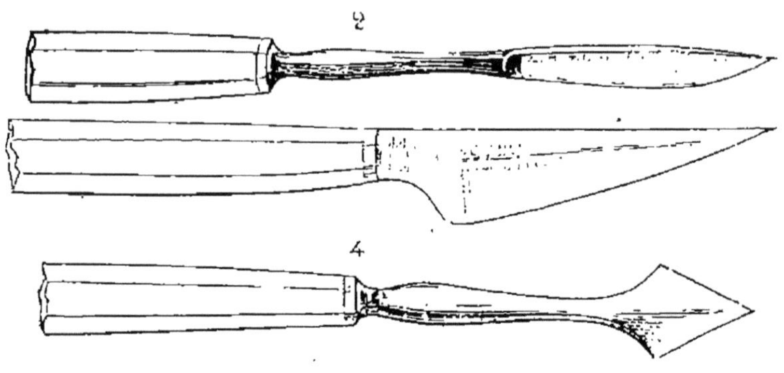

Fig. 9, 10, 11.

Modèles n°s 2, 3, 4 (fig. 9, 10, 11)................ 4 »

Pince à pointes en baleine..................... 5 »

Il est des objets, comme des foraminifères, les petites coquilles,
etc., qui sont si fragiles qu'on ne saurait les prendre avec une
pince en métal sans les casser; on a donc construit des instruments
dont les extrémités sont garnies de deux morceaux de baleine, longs
d'environ 5 centimètres, et disposés de telle façon que les deux
branches de la pince viennent se toucher dès qu'on serre un peu;
on peut ainsi, sans chance de bris, saisir les objets les plus délicats
et les tourner en tous sens pour les examiner.

Tubes en verre, bouchés. La douzaine assortie... 1 25

Tubes en verre, avec bouchons en liège fin:

Longueur, 35 mill.; diam., 10 mill. Le cent, 6 fr. La douz.	»	80
— 40 — — 17 — — 8 » —	1	10
— 50 — — 7 — — 3 » —	»	30
— 70 — — 15 — — 7 » —	1	»
— 80 — — 16 — — 10 « —	1	50
— 100 — — 18 — — 18 » —	2	50
— 120 — — 22 — — 28 » —	4	»

Les deux derniers modèles sont en verre très épais,
les mêmes tubes à fond plat, pouvant se tenir debout, 25 p. 100
en sus.

Trousse de tubes, en boîte recouverte en peau chagrinée, contenant 12 tubes de 5 cent. de haut, bouchon compris, 7 mill. de diamètre (fig. 12)...   6   »

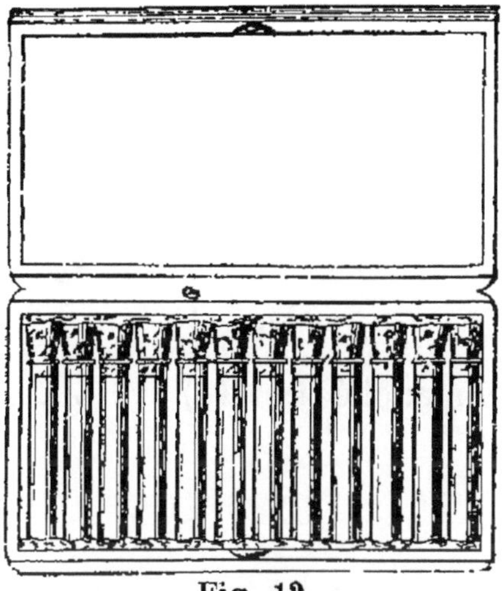

Fig. 12.

La même, avec case réservée dans le couvercle pour mettre des pinces et autres petits outils...........   6   50

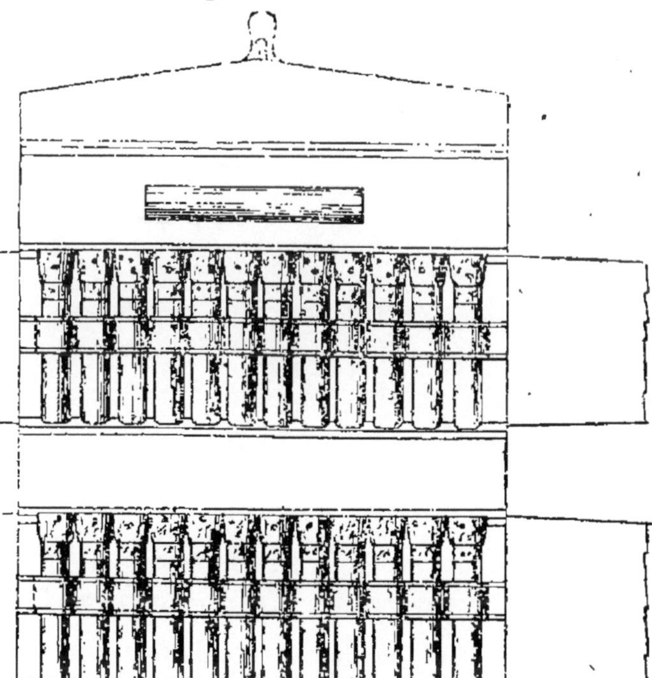

Fig. 13.

Trousses de tubes en forme de portefeuille, avec

fermoir en maillechort, contenant 24 tubes de
5 centimètres de haut, 9 millimètres de diamètre
(fig. 13)...   9   »
La même contenant 12 tubes.....................   7   »

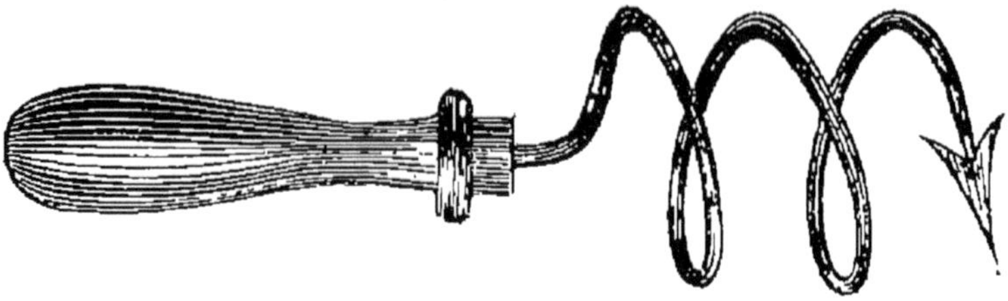

Fig. 14.

Vide-coquille emmanché (fig. 14)..................   1   50

COLLECTION DE 100 MOLLUSQUES. FRANÇAIS

Les figures, jointes à une bonne description, aident sans contredit beaucoup à la détermination des espèces ; mais ce travail qui n'est qu'un jouet pour des personnes expérimentées devient très aride pour les débutants.

Afin donc de faciliter leurs recherches et de leur permettre d'étudier avec fruit cette partie de l'histoire naturelle, nous avons composé à leur intention des collections élémentaires, en suivant pour l'arrangement la classification adoptée dans cet ouvrage.

Ces collections composées entièrement de mollusques français renferment les représentants des principaux genres. Les 100 espèces...................................... 20 fr.

Les mêmes, placées dans des cuvettes avec étiquette indiquant le genre, l'espèce et l'habitat. Prix, le tout... 30 fr.

En outre, un approvisionnement considérable et des envois réguliers de nos correspondants font que nous pouvons offrir constamment des genera de coquilles et collections plus considérables représentant les types les plus saillants et les plus indispensables pour l'étude.

Collection

—	de	200	—	—	....	35
—	de	300	—	—	....	75
—	de	500	—	—	....	200
—	de	1,000	—	—	....	600
—	de	2,000	—	—	....	2,000
—	de	5,000	—	—	....	7,000

Le prix des cuvettes (voir Catalogue d'ustensiles) et les étiquettes sont en sus.

Le Catalogue spécial sera envoyé *franco*.

242-84. — CORBEIL. Typ. et stér. CRÉTÉ.